例題で学ぶ半導体デバイス

沼居貴陽 著

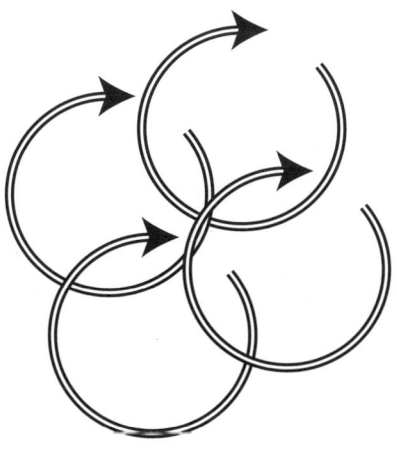

森北出版株式会社

● 本書のサポート情報を当社 Web サイトに掲載する場合があります．下記の URL にアクセスし，サポートの案内をご覧ください．

http://www.morikita.co.jp/support/

● 本書の内容に関するご質問は，森北出版 出版部「(書名を明記)」係宛に書面にて，もしくは下記の e-mail アドレスまでお願いします．なお，電話でのご質問には応じかねますので，あらかじめご了承ください．

editor@morikita.co.jp

● 本書により得られた情報の使用から生じるいかなる損害についても，当社および本書の著者は責任を負わないものとします．

■ 本書に記載している製品名，商標および登録商標は，各権利者に帰属します．

■ 本書を無断で複写複製（電子化を含む）することは，著作権法上での例外を除き，禁じられています．複写される場合は，そのつど事前に（社）出版者著作権管理機構（電話 03-3513-6969，FAX 03-3513-6979，e-mail：info@jcopy.or.jp）の許諾を得てください．また本書を代行業者等の第三者に依頼してスキャンやデジタル化することは，たとえ個人や家庭内での利用であっても一切認められておりません．

はしがき

　半導体デバイスは，エレクトロニクスにおけるきわめて重要な素子です．半導体デバイスの研究開発を進めるうえではもちろんのこと，本当によい回路，機器，システムを作ろうとすれば，半導体デバイスに対する深い理解が大切となります．そして，半導体デバイスの動作特性を理解するためには，電磁気学，統計力学，量子力学など，広範な分野に習熟しておくことが重要です．しかし，教科書を読んだだけでは，なかなか本質をつかむことは難しく，数式の相互関係もよくわからないというのが，正直なところでしょう．理解への近道は，やはり，自分で問題を解いてみることだと思います．ただし，日本の大学では，半導体デバイスの演習をしているところは少なく，自習せざるを得ないのが実状です．本書は，そのような状況を踏まえて，例題や演習問題を解きながら半導体デバイスを学ぶことを目指し，筆者が作成した講義ノートをまとめたものです．レベルとしては，学部2〜3年生を想定しており，大学院受験の準備にもなると考えています．また，研究開発に従事している社会人にとっても，基礎を固めるのに役立つと思われます．いずれにせよ，本書が少しでも半導体デバイスの理解の手助けになれば幸いです．

　本書では，各章のはじめに章ごとの目的とキーワードをまとめたうえで，半導体デバイスの説明をしています．そして，例題を随所に設けていますが，例題の解答をいきなり読むのではなく，まずは自分の頭でじっくり考え，そして自分の手を動かして例題に取り組んでほしいと思います．また，重要な箇所は，Point としてまとめましたので，学んだことを整理するのに役立てていただければ幸いです．さらに，章末には演習問題を設けました．ぜひ，力試しのつもりで取り組んでもらえればと思います．なお，演習問題の解答は，巻末にまとめてあります．問題を解き終わったら，本書の解答と比べてみるだけでなく，ぜひ数値のオーダー（桁）を頭に入れておいてください．物理量のオーダーをつかんでおくことは，研究開発にたずさわるうえで，とても大切なことだからです．また，解答を終えた後で，学んだ章を復習することも，理解を深めるには有効でしょう．例題と演習問題を活用して，半導体デバイスに対する理解を深めてもらえれば，このうえない喜びです．丸暗記ではなく，理解することに重点をおいて，本書を読み進めていただくことを願っています．

　さて，近年，単位系については，SI 単位系 (Système International d'Unités) を用

いることが推奨されています．しかし，半導体の分野では，キャリア濃度の単位として，cm^{-3} を用いることが多いようです．本書でも，慣例にならってキャリア濃度の単位として，cm^{-3} を用いています．例題や演習問題では，単位換算を進めながら計算をしていますので，これを機会に単位換算にも慣れ親しんでほしいと思います．

なお，本書を作成するにあたり，自分で理解した内容を自分の言葉で書くという方針をベースにしました．それだけに，もし考え違いや誤りがあれば，なるべく早い機会に訂正したいので，ご連絡いただけると幸いです．

最後に，筆者が，これまで研究や若手の指導に従事してくることができたのは，学生時代からご指導いただいている東京大学名誉教授（元慶應義塾大学教授）霜田光一先生，慶應義塾大学名誉教授 上原喜代治先生，元慶應義塾大学教授 藤岡知夫先生，慶應義塾大学教授 小原 實先生のおかげであり，ここで改めて感謝したいと思います．また，本書を出版する機会をいただいた森北出版株式会社の石井智也氏はじめ編集部の方々にお礼を申し上げます．

2006 年 8 月

沼居貴陽

目 次

序 章	半導体と半導体デバイス	1
0.1	真空管から半導体へ …………………………………………	1
0.2	半導体の特徴と応用 …………………………………………	3
第 1 章	半導体の基礎	4
1.1	結晶構造 ………………………………………………………	4
1.2	エネルギーバンド ……………………………………………	10
1.3	真性半導体と不純物半導体 …………………………………	14
1.4	キャリア濃度 …………………………………………………	19
1.5	半導体中の電気伝導 …………………………………………	26
	演習問題 ………………………………………………………	30
第 2 章	pn 接合ダイオード	32
2.1	pn 接合 ………………………………………………………	32
2.2	電気的中性領域を流れる電流 ………………………………	42
2.3	キャリアの発生と再結合 ……………………………………	44
2.4	降伏現象 ………………………………………………………	49
	演習問題 ………………………………………………………	52
第 3 章	金属–半導体接合	54
3.1	仕事関数，真空準位，電子親和力 …………………………	54
3.2	金属–半導体接合界面 ………………………………………	55
3.3	電気伝導 ………………………………………………………	61
3.4	ショットキーダイオード ……………………………………	63
	演習問題 ………………………………………………………	64
第 4 章	バイポーラトランジスタ	66
4.1	増幅作用 ………………………………………………………	66
4.2	電流輸送率 ……………………………………………………	71

4.3	小信号等価回路	78
4.4	四端子回路	78
4.5	電流輸送率の遮断周波数	81
4.6	高周波等価回路	82
	演習問題	85

第5章　ユニポーラトランジスタ　89

5.1	理想 MIS 構造	89
5.2	実際の MIS 構造	97
5.3	基本特性	99
5.4	動特性	106
5.5	利得帯域幅積	108
	演習問題	110

第6章　アクティブデバイス　113

6.1	サイリスタ	113
6.2	ユニジャンクショントランジスタ	118
6.3	ガンダイオード	121
6.4	インパットダイオード	124
	演習問題	125

第7章　光デバイス　127

7.1	半導体の光物性	127
7.2	光検出デバイス	130
7.3	発光素子	134
	演習問題	135

第8章　半導体プロセス　136

8.1	熱拡散	136
8.2	イオン注入	140
8.3	シリコンの熱酸化	141
	演習問題	142

演習問題の解答　144

付録 A	**電磁気学の基礎**	175
A.1	ガウスの法則とクーロンの法則	175
A.2	ストークスの法則とアンペールの法則	179
A.3	電位と電界	181
付録 B	**統計力学の基礎**	184
B.1	エントロピーと絶対温度	184
B.2	ボルツマン因子と分配関数	184
B.3	ギブス因子とギブス和	185
B.4	分布関数	187
付録 C	**量子力学の基礎**	189
C.1	シュレーディンガーの波動方程式	189
C.2	箱型井戸	190
C.3	水素原子	191
付録 D	**有効質量**	194
D.1	有効質量の定義と意義	194
D.2	状態密度有効質量	196
D.3	伝導率有効質量	197
参考文献		198
索　引		202

本書でよく用いられる物理定数

名　称	記号	値
アボガドロ定数	N_A	$6.022 \times 10^{23}\,\mathrm{mol^{-1}}$
真空中の光速	c	$2.99792458 \times 10^8\,\mathrm{m\,s^{-1}}$
真空中の電子の質量	m_0	$9.109 \times 10^{-31}\,\mathrm{kg}$
真空の誘電率	ε_0	$8.854 \times 10^{-12}\,\mathrm{F\,m^{-1}}$
電気素量	e	$1.602 \times 10^{-19}\,\mathrm{C}$
ディラック定数	$\hbar = \frac{h}{2\pi}$	$1.05457 \times 10^{-34}\,\mathrm{J\,s}$
プランク定数	h	$6.626 \times 10^{-34}\,\mathrm{J\,s}$
ボルツマン定数	k_B	$1.381 \times 10^{-23}\,\mathrm{J\,K^{-1}}$

序章　半導体と半導体デバイス

◆この章の目的◆

エレクトロニクスにおける，半導体デバイスの位置づけについて，開発の経緯と特徴について概観する．

◆キーワード◆

真空管，半導体，整流性，増幅

0.1　真空管から半導体へ

1950 年代までは，電子回路でスイッチングや増幅機能をもつ能動部品といえば，**真空管** (vacuum tube) であった．真空管の例を図 0.1 に示す．

これらの真空管では，**プレート** (plate) とよばれる陽極と**カソード** (cathode) とよばれる陰極の間に電圧を印加する．そして，高温になったカソードから電子が飛び出し（これを熱電子放出という），プレートに到達することで電流が流れる．

図 0.1 (a) の二極管では，プレートとカソード間に存在する，電子が局所的に集まって形成された空間電荷層によって，整流性が生じる．一方，図 0.1 (b)，(c) の三極管や四極管では，プレートとカソード間に**グリッド** (grid) とよばれる格子状の電極を入れてある．そして，グリッドに印加する電圧を制御することで，プレート–カソード間を流れる電流を制御している．グリッドに印加する電圧を変化させると，プレート–カソード間電圧が，グリッドに印加する電圧よりも大きく変化す

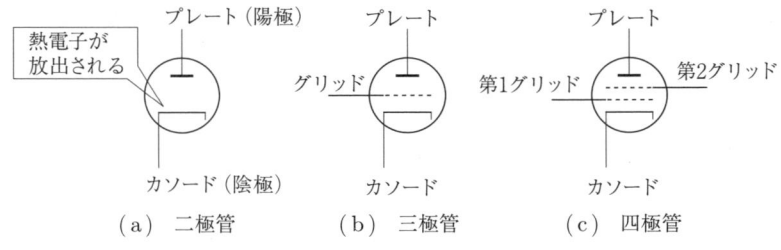

図 0.1　真空管の例

るので，増幅デバイスとなる．たとえば，オーディオでは，微小な音声信号を人間の耳に聞こえるまで大きくするために用いられる．また，ラジオやテレビでは，放送局あるいは中継局から遠く離れた場所まで送られて減衰した信号を大きくして，人間が感知できるようにするために利用されている．

半導体デバイスでは，二極管の役割をダイオードが果たしている．三極管のように二つの電極間に制御用のグリッドを挿入するといったアイディアは，半導体デバイスにも生かされており，ユニポーラトランジスタ（第 5 章参照）では，二電極（ソースとドレイン）間の電流を制御する役割をゲートが果たしている．

さて，真空管は，いまでもオーディオファンの間では評価が高いが，寿命が短いという問題がある．1930 年代に，当時のベル電話研究所 (Bell Telephone Laboratories) の電子管部長（真空管の研究開発の責任者）であったケリー (M. Kelley) は，広大な米国に電話ネットワークを構築するうえでの真空管の限界を見抜いていた．そして，真空管をはるかに超える増幅デバイスの研究開発を目指して，ショックレー (W. Shockley) をベル電話研究所にスカウトした．ショックレーの研究チームは，固体による増幅デバイスの研究開発を開始し，1947 年にバーディーン (J. Bardeen) とブラッテン (W. H. Brattain) によって，初めての固体増幅デバイスである，点接触トランジスタ（図 0.2 参照）が発明された．そして，点接触トランジスタの論文は，1948 年に Physical Review 誌に掲載された．引き続き，ショックレーによって，現在バイポーラトランジスタ（第 4 章参照）として知られている接合型トランジスタが発明され，半導体デバイスの研究が本格化した．

ただし，初期のトランジスタの性能は，広大な米国に電話ネットワークを構築するという期待には程遠く，米国では補聴器への利用が主流であった．そのような状況のなかで，東京通信工業株式会社（現在，ソニー株式会社）が 1954 年に日本で始めてバイポーラトランジスタの試作に成功した．東京通信工業株式会社は，翌 1955 年に日本初のトランジスタラジオを発売し，半導体デバイスの発展のきっかけとなった．

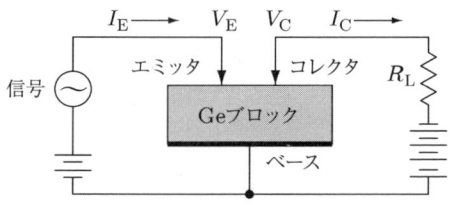

図 0.2 点接触トランジスタ

0.2 半導体の特徴と応用

　通常の半導体デバイスでは，真空管と違って，熱電子放出や気体プラズマを利用しない．このため，気体分子が電極に衝突することによって生じる電極の損傷がない．したがって，半導体デバイスでは，真空管よりも長寿命化できる可能性がある．たとえば，電話やインターネットで利用されている光ファイバー通信用光源の半導体レーザーでは，推定寿命は27年にもおよぶ．

　さて，半導体には，何ができて，どのような特徴があるのだろうか．これから，半導体材料の特徴を挙げてみよう．

1. 添加する不純物によって，次の2種類のキャリア濃度と伝導形を制御できる．
    (a) キャリア：電子（n形），(b) キャリア：正孔（p形）
2. pn接合，金属–半導体接合，ヘテロ接合，量子構造などを採用することにより，エネルギーバンドの空間分布を制御することができる．この結果，キャリア濃度の空間分布を制御することができる．
3. 歪の導入や量子構造を採用することにより，エネルギーバンドの波数空間における分布を制御することができる．
4. 材料や組成によって，さまざまなバンドギャップが得られる．材料や組成を適切に選択することで，所望の光波長に対する光デバイスを作ることができる．
5. キャリア移動度の大きい材料を用いれば，高速動作が可能となる．
6. 温度，宇宙線，外部電磁場などの影響によって，特性が変化する．
7. 基板上にデバイスを集積化することができる．

　上記のような半導体材料の特徴から，整流性やスイッチング機能を利用した半導体デバイスや，発光ダイオードや半導体レーザーなどの発光デバイス，フォトダイオードやアバランシェフォトダイオードなどの光検出デバイス，ソーラーセルなどの電力供給源，センサーなどが作られている．そして，半導体デバイスの搭載されていない機器を見つけるのが難しいくらい，半導体デバイスは日常生活にとって不可欠な存在となっている．

第1章　半導体の基礎

◆この章の目的◆

半導体デバイスについて学ぶ準備として，結晶構造，エネルギーバンド，半導体中のキャリアと電気伝導について解説する．

◆キーワード◆

結晶面，結晶構造，エネルギーバンド，有効質量，ドナー，アクセプター，フェルミ–ディラック分布関数，移動度，ドリフト，拡散

1.1 結晶構造

格子　結晶 (crystal) とは，原子，分子，またはイオンが，空間的に規則正しく周期的に配列した固体である．このような結晶の構造は，一つの**格子** (lattice) を考え，その中の各々の**格子点** (lattice point) に 1 個の原子または 1 団の原子群を配置したものとして表すことができる．そして，格子点に配置した 1 個の原子または 1 団の原子群を**単位構造** (basis) という．

いま，結晶の中の任意の点を考える．そして，点の位置を表すために位置ベクトル r を用い，点 r とよぶことにする．結晶では，原子が周期的に並んでいるから，点 r から周囲を見たときと，点 r' から周囲を見たときとで，あらゆる点が一致するような点 r' が存在する．このとき，u_1, u_2, u_3 を任意の整数として

$$r' = r + u_1 a_1 + u_2 a_2 + u_3 a_3 \tag{1.1}$$

と表すことができる．このような点 r' の集合によって格子が定義され，上の式が常に成り立つようなベクトル a_1, a_2, a_3 を**基本並進ベクトル** (primitive translation vector) という．3 次元の格子には，結晶の対称性から，**表 1.1** に示すような 14 種類の**ブラベ格子** (Bravais lattice) が存在する．P は単純格子 (primitive unit cell)，C は底心格子 (base-centered unit cell)，I は体心格子 (body-centered unit cell, Innenzentrierte 独語)，F は面心格子 (face-centered unit cell)，R は菱面格子 (rhombohedral unit cell) を表す．基本的にこれらの記号は，英語の頭文字である

表 1.1 14種類の3次元ブラベ格子

結晶系 [格子の数]	通常の単位格子の 軸と角に対する制限	格子形状
三斜晶系 [1] (triclinic)	$a_1 \neq a_2 \neq a_3$ $\alpha \neq \beta \neq \gamma$	三斜晶 P
単斜晶系 [2] (monoclinic)	$a_1 \neq a_2 \neq a_3$ $\alpha = \gamma = 90° \neq \beta$	単斜晶 P　単斜晶 C
斜方晶系 [4] (orthorhombic)	$a_1 \neq a_2 \neq a_3$ $\alpha = \beta = \gamma = 90°$	斜方晶 P　斜方晶 C 斜方晶 I　斜方晶 F
正方晶系 [2] (tetragonal)	$a_1 = a_2 \neq a_3$ $\alpha = \beta = \gamma = 90°$	正方晶 P　正方晶 I
立方晶系 [3] (cubic)	$a_1 = a_2 = a_3$ $\alpha = \beta = \gamma = 90°$	立方晶 P　立方晶 I 立方晶 F
菱面体晶系 [1] (trigonal)	$a_1 = a_2 = a_3$ $\alpha = \beta = \gamma < 120°,\ \neq 90°$	菱面体晶 R
六方晶系 [1] (hexagonal)	$a_1 = a_2 \neq a_3$ $\alpha = \beta = 90°,\ \gamma = 120°$	六方晶 P

が，例外として C は base-centered の centered の頭文字，I は独語 Innenzentrierte の頭文字である．

結晶面の面指数 結晶面 (crystal plane) の位置と方向は，結晶面上にある 3 点を使って決めることができる．ただし，この 3 点は一直線上に並んでいないことが必要である．

どのようにして結晶面の方向を決めるか，またそのために結晶面上のどの 3 点を用いるかについて，立方晶系 ($a_1 = a_2 = a_3$, $\alpha = \beta = \gamma = 90°$) を例にとって説明することにしよう．図 1.1 のように，結晶面の法線ベクトル $\bm{n}$ を整数 h, k, l を用いて，

$$\bm{n} = h\bm{a}_1 + k\bm{a}_2 + l\bm{a}_3 \tag{1.2}$$

と表すことにする．このとき，結晶面の**面指数** (index of the plane) を (hkl) と定義する．つまり，結晶面の法線ベクトルの成分を用いて，面指数を定義する．なお，結晶面の法線方向は，かっこの種類を変更して $[hkl]$ と定義する．

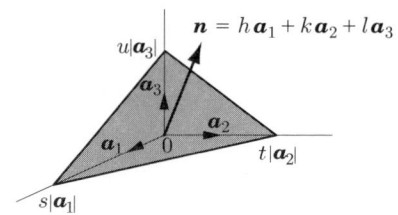

図 1.1 立方晶系における結晶面の例

結晶では原子，分子，またはイオンが，空間的に規則正しく周期的に配列しているので，物理的性質が同じ結晶面が複数存在する．このように物理的性質が同じ結晶面を等価な結晶面といい，等価な結晶面の面指数を $\{hkl\}$ と表す．また，等価な結晶面の法線方向は，$\langle hkl \rangle$ と表す約束となっている．

図 1.1 のように，この結晶面が，$\bm{a}_1, \bm{a}_2, \bm{a}_3$ 軸とそれぞれ $s|\bm{a}_1|, t|\bm{a}_2|, u|\bm{a}_3|$ で交わっているとすると，結晶面上に存在するベクトルとして，

$$\begin{aligned} \bm{R}_1 &= s\bm{a}_1 - t\bm{a}_2 \\ \bm{R}_2 &= t\bm{a}_2 - u\bm{a}_3 \\ \bm{R}_3 &= u\bm{a}_3 - s\bm{a}_1 \end{aligned} \tag{1.3}$$

を考えることができる．結晶面の法線ベクトル $\bm{n}$ と結晶面上に存在するベクトル

R_1, R_2, R_3 は直交するから，

$$n \cdot R_1 = n \cdot R_2 = n \cdot R_3 = 0 \tag{1.4}$$

が成り立つ．したがって，式 (1.2), (1.3) を式 (1.4) に代入すると，

$$sh = tk = ul \tag{1.5}$$

が得られる．式 (1.5) から，c を定数として，

$$h = \frac{c}{s}, \quad k = \frac{c}{t}, \quad l = \frac{c}{u} \tag{1.6}$$

と表すことができる．ここで，s, t, u が結晶面と**結晶軸** (crystal axis) との切片を**格子定数** (lattice constant) $|a_1| = a_1, |a_2| = a_2, |a_3| = a_3$ を単位として表したものであることに注意しよう．つまり，結晶面の面指数は，結晶面と結晶軸との切片の逆数を求め，これらの逆数と同じ比を表すような整数で表されることになる．ただし，整数の選び方は多数あるので，もっとも簡単にするために，これらの逆数と同じ比をみたす最小の整数を面指数とする．面指数の例を図 1.2 に示す．図 1.2 の場合，結晶面は，結晶軸 a_1, a_2, a_3 と $3|a_1|, 2|a_2|, 2|a_3|$ で交わり，$s = 3, t = 2, u = 2$ となる．これらの数値 3, 2, 2 の逆数は $\frac{1}{3}, \frac{1}{2}, \frac{1}{2}$ である．これらの数値と同じ比をもつ最小の整数は 2, 3, 3 だから，面指数は (233) である．

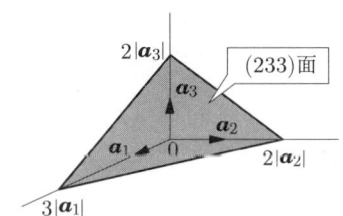

図 1.2 面指数の例

- Point -　・面指数を求めるには，結晶面の切片の逆数を最小の整数比に直す．

例題 1.1 図 1.3 (a), (b) に示した結晶面の面指数をそれぞれ求めよ.

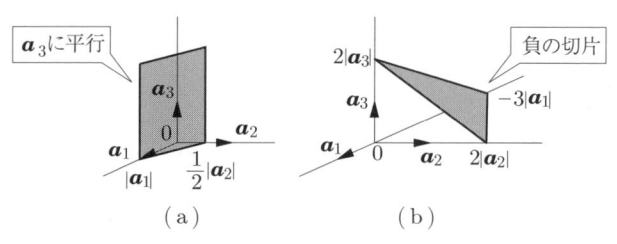

図 1.3 面指数の例

◆解答◆ 図 1.3 (a) の場合, 結晶面は, 結晶軸 $\boldsymbol{a}_1$, $\boldsymbol{a}_2$ と $|\boldsymbol{a}_1|$, $\frac{1}{2}|\boldsymbol{a}_2|$ で交わり, $\boldsymbol{a}_3$ に平行である. このときは, 結晶面が $\boldsymbol{a}_3$ と無限遠 ∞ で交わると考える. これらの数値の逆数は $1, 2, \frac{1}{\infty} = 0$ である. これらの数値と同じ比をもつ最小の整数は $1, 2, 0$ だから, 面指数は (120) となる.

図 1.3 (b) の場合, 結晶面は, 結晶軸 $\boldsymbol{a}_1$, $\boldsymbol{a}_2$, $\boldsymbol{a}_3$ と $-3|\boldsymbol{a}_1|$, $2|\boldsymbol{a}_2|$, $2|\boldsymbol{a}_3|$ で交わる. これらの数値の逆数は $-\frac{1}{3}, \frac{1}{2}, \frac{1}{2}$ である. これらの数値と同じ比をもつ最小の整数は $-2, 3, 3$ であるが, 面指数は負の数については, 絶対値の上にバー − をつけて表すことになっている. したがって, 図 1.3 (b) の結晶面の面指数は ($\bar{2}33$) と表される.

例題 1.2 半導体デバイスを作製するうえで, どの結晶面を用いるかは, とても重要である. この理由について, 考えてみよ.

◆解答◆ 結晶面によって, 原子の配置が異なるため, ポテンシャルエネルギーの空間分布が異なる. この結果, 原子間の結合力が方向によって異なり, 半導体プロセスにおけるエッチングレート (半導体が削られるときの速さ), トラップ準位の数, へき開の可否などが決まるため.

結晶構造 図 1.4 に結晶構造の例を示す. **塩化ナトリウム (NaCl) 構造**は, 格子定数 $a\,(= a_1 = a_2 = a_3)$ を単位として $(x, y, z) = (0, 0, 0)$ に存在する Cl⁻ イオンと $\left(\frac{1}{2}, \frac{1}{2}, \frac{1}{2}\right)$ に存在する Na⁺ イオンを単位構造とする面心立方格子である. **塩化セシウム (CsCl) 構造**は, 格子定数 $a\,(= a_1 = a_2 = a_3)$ を単位として $(0, 0, 0)$ に存在する Cs⁺ イオンと $\left(\frac{1}{2}, \frac{1}{2}, \frac{1}{2}\right)$ に存在する Cl⁻ イオンを単位構造とする単純立方格子である. **六方最密構造** (hexagonal closed-packed structure) は, $(0, 0, 0)$ と $\left(\frac{2a}{3}, \frac{a}{3}, \frac{c}{2}\right)$ に存在する同種原子を単位構造とする単純六方格子である. **ダイヤモンド構造** (diamond structure) は, 格子定数 $a\,(= a_1 = a_2 = a_3)$ を単位として $(0, 0, 0)$ と $\left(\frac{1}{4}, \frac{1}{4}, \frac{1}{4}\right)$ に同種の原子をもち, これを単位構造とする面心立方格子である. **閃亜鉛鉱構造** (zinc blende structure) は, 格子定数 $a\,(= a_1 = a_2 = a_3)$ を単位として

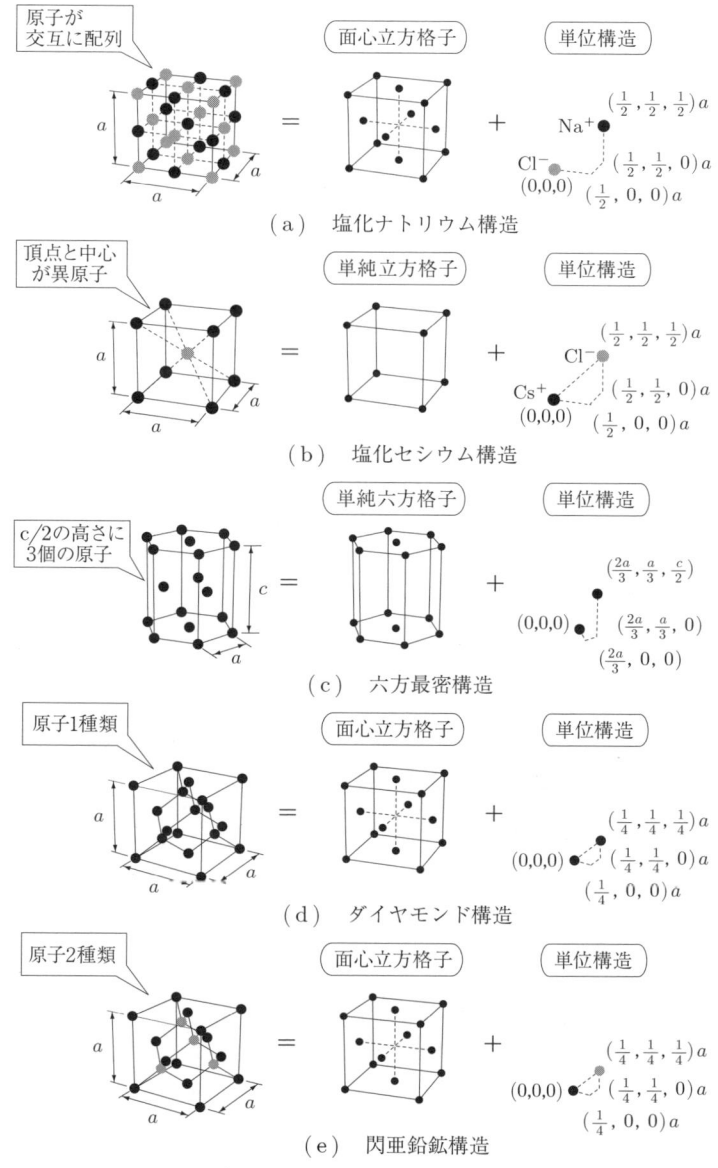

図 1.4 結晶構造の例

$(0,0,0)$ と $\left(\frac{1}{4},\frac{1}{4},\frac{1}{4}\right)$ に異種の原子をもち，これを単位構造とする面心立方格子である．

半導体デバイスにおいてよく用いられるシリコン (Si) やゲルマニウム (Ge) は，

ダイヤモンド構造をもっている．また，発光ダイオード，半導体レーザー，フォトダイオードなどの光デバイスに用いられる化合物半導体の多くは，閃亜鉛鉱構造をもっている．

1.2 エネルギーバンド

原子間距離と電子のエネルギー　図 1.5 に原子間距離と電子のエネルギーとの関係を，ダイヤモンドを例にして示す．気体などのように原子間距離が大きい場合は，電子のエネルギーは**離散的** (discrete) で，**エネルギー準位** (energy level) を形成している．しかし，原子間距離が小さくなると，電子の波動関数（付録 C 参照）が重なるようになるため，**パウリの排他律** (Pauli exclusion principle) を満足するように，エネルギー準位が分裂する．しかも，近接原子数が多くなるほど，エネルギー準位の分裂数は大きくなり，各エネルギー準位の間隔は小さくなる．なお，図 1.5 に示した**凝集エネルギー** (cohesive energy) とは，もっとも安定な結晶を構成している原子どうしを，原子間の相互作用がなくなる距離まで引き離すのに必要なエネルギーである．

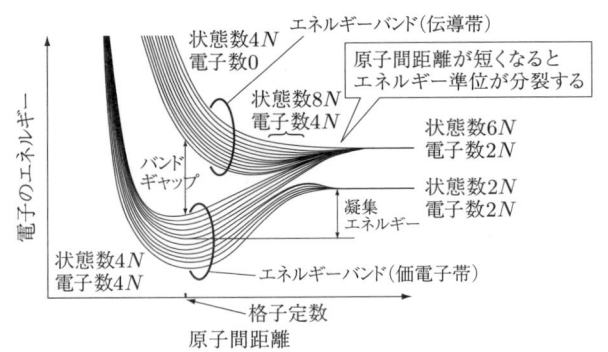

図 1.5 原子間距離と電子のエネルギーとの関係
（原子 N 個のダイヤモンド）

半導体結晶の場合，1 cm^3 あたりの原子数は約 10^{22} 個（格子定数は約 0.5 nm，原子間距離は約 0.2 nm）であり，分裂してできたエネルギー準位の間隔は約 10^{-18} eV である．**バンドギャップ** (band gap) の大きさは，半導体の場合には数 eV であり，この値に比べて，エネルギー準位の間隔は無視できるほど小さいので，エネルギーはほぼ**連続** (continuous) とみなすことができ，**エネルギーバンド** (energy band) が

形成される．

　バンドギャップをはさんで，電子のエネルギーが大きいほうのエネルギーバンドを**伝導帯** (conduction band) という．このエネルギーをもつ電子は，結晶内を動くことができ，電気伝導に寄与する．したがって，伝導帯のエネルギーをもつ電子を伝導電子という．また，電子が伝導帯のエネルギーをもつことを，電子が伝導帯に存在するともいう．

　一方，バンドギャップをはさんで，電子のエネルギーが小さいほうのエネルギーバンドを**価電子帯** (valence band) といい，このエネルギーをもつ電子は，結晶を構成するための原子間の結合に寄与する．価電子帯のエネルギーをもつ電子を価電子という．また，電子が価電子帯のエネルギーをもつことを，電子が価電子帯に存在するともいう．

　外部から熱や光などのエネルギーを受け取って，価電子帯から伝導帯に電子が励起されると，価電子帯には電子の抜け殻である正孔が生成され，伝導帯に励起された電子は伝導電子となる．この様子を図 1.6 に示す．

　さて，電子は，バンドギャップ内の値のエネルギーをもつことはできない．しかし，半導体に不純物を添加すれば，不純物原子のエネルギー準位（不純物準位）がバンドギャップ内に形成される．また，結晶内の欠陥によって，伝導電子や正孔を

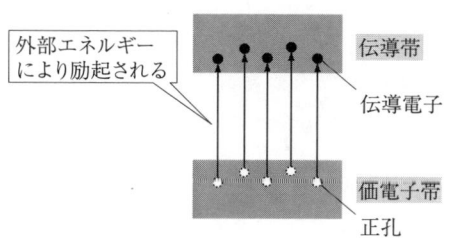

図 1.6　価電子帯から伝導帯への電子の励起

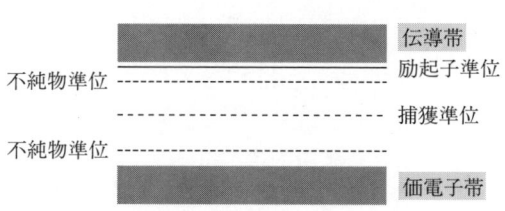

図 1.7　バンドギャップ内に形成される不純物準位，捕獲準位，励起子準位

トラップする捕獲中心が形成され，捕獲中心のエネルギー準位（捕獲準位）がバンドギャップ内に生じることもある．電子と正孔が一対となって励起子が形成されると，励起子準位ができるが，この励起子準位もバンドギャップ内に形成される．これらのバンドギャップ内に形成される準位を図 1.7 に示す．

例題 1.3

温度が変わると，半導体がもつ熱エネルギーが変わるため，原子間の間隔が変化する．このため，半導体のバンドギャップは，温度に依存する．シリコン (Si) のバンドギャップ $E_g^{Si}(T)$ と，ヒ化ガリウム (GaAs) のバンドギャップ $E_g^{GaAs}(T)$ の温度依存性は，絶対温度 T の関数として，次式で与えられることが実験的にわかっている．なお，ここでバンドギャップの単位は，電子ボルト (eV) である．

$$E_g^{Si}(T) = 1.17 - \frac{4.73 \times 10^{-4} T^2}{T + 636} \tag{1.7}$$

$$E_g^{GaAs}(T) = 1.519 - \frac{5.405 \times 10^{-4} T^2}{T + 204} \tag{1.8}$$

シリコン (Si) のバンドギャップ $E_g^{Si}(T)$ とヒ化ガリウム (GaAs) のバンドギャップ $E_g^{GaAs}(T)$ を絶対温度 T の関数として図示せよ．また，$T = 200$ K，300 K，400 K における $E_g^{Si}(T)$ と $E_g^{GaAs}(T)$ を求めよ．

◆解答◆ シリコン (Si) のバンドギャップ $E_g^{Si}(T)$ とヒ化ガリウム (GaAs) のバンドギャップ $E_g^{GaAs}(T)$ は，図 1.8 のようになり，絶対温度 T が高くなるにつれて，バンドギャップは小さくなる．また，$T = 200$ K，300 K，400 K におけるバンドギャップの値は，次のとおりである．

$E_g^{Si}(200\text{ K}) = 1.15$ eV, $E_g^{Si}(300\text{ K}) = 1.12$ eV, $E_g^{Si}(400\text{ K}) = 1.10$ eV

$E_g^{GaAs}(200\text{ K}) = 1.465$ eV, $E_g^{GaAs}(300\text{ K}) = 1.422$ eV,

$E_g^{GaAs}(400\text{ K}) = 1.376$ eV

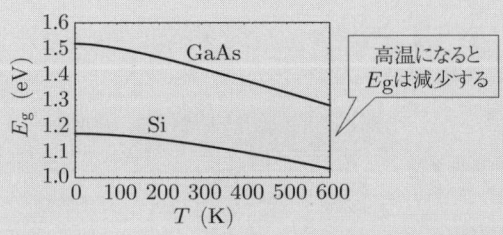

図 1.8 シリコン (Si) とヒ化ガリウム (GaAs) におけるバンドギャップの温度依存性

有効質量 エネルギーバンドは，シュレーディンガーの波動方程式の解として求められる．そして，波動関数 $\exp(i\boldsymbol{k}\cdot\boldsymbol{r})$ の波数ベクトル $\boldsymbol{k}$ の成分の関数として，エネルギーバンドを図示することが多い．伝導帯と価電子帯の**バンド端** (band edge) が波数空間で一致している半導体を**直接遷移型半導体** (direct-gap semiconductor) といい，波数空間で一致していない半導体を**間接遷移型半導体** (indirect-gap semiconductor) という．直接遷移型半導体の場合，バンド端付近のバンド図は図 1.9 のようになり，価電子帯は，重い正孔 (heavy hole) 帯，軽い正孔 (light hole) 帯，スプリット–オフ (split-off) 帯の三つのバンドから構成される．

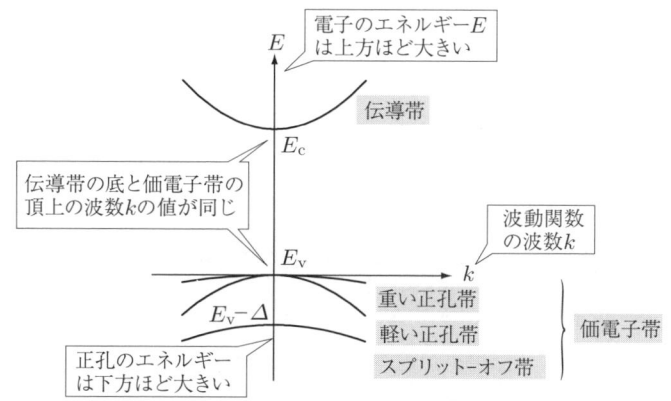

図 1.9 直接遷移型半導体のバンド端付近の概略

さて，量子力学では，質量 m をもつ自由粒子の運動エネルギー E_0 が

$$E_0 = \frac{\hbar^2 k^2}{2m} \tag{1.9}$$

と表される．なお，$\hbar = h/(2\pi)$ はディラック定数，$h = 6.626 \times 10^{-34}$ J s はプランク定数，k は波数ベクトルの大きさである．半導体結晶中の電子や正孔に対しても，式 (1.9) と同様な形で電子のエネルギーを表すと，エネルギーに対する表式が簡単となる．このため，

$$\left(\frac{1}{m}\right)_{ij} \equiv \frac{1}{\hbar^2}\frac{\partial^2 E}{\partial k_i \partial k_j} \tag{1.10}$$

によって，**有効質量** (effective mass) を定義する．図 1.9 における価電子帯の重い正孔，軽い正孔は，この有効質量の大小に対応している．有効質量は，結晶のポテンシャルの影響を質量として取り込んだものである．なお，有効質量の詳しい内容については，付録 D を参照してほしい．

> **・Point・**
> - 半導体では，エネルギーバンドが形成される．
> - 有効質量は，周期的ポテンシャルの影響を質量として取り込んだものである．

例題 1.4 半導体の有効質量は，サイクロトロン共鳴の実験によって決定する．サイクロトロン共鳴とは，結晶に磁場（磁束密度 B）を印加した状態で，結晶に電磁波を照射したとき，特定の周波数の電磁波が吸収される現象である．伝導電子の有効質量を m^*，電気素量を e とするとき，吸収される電磁波の角周波数，すなわちサイクロトロン角周波数 ω_c を求めよ．

◆解答◆ 図 1.10 に示すように，磁場中では，伝導電子はローレンツ力を受け，円運動をする．このような運動をサイクロトロン運動という．この円運動の半径を r，伝導電子の速さを v とすると，遠心力 m^*v^2/r とローレンツ力による向心力 evB とがつりあうので，

$$\frac{m^*v^2}{r} = evB \tag{1.11}$$

が成り立つ．したがって，サイクロトロン角周波数 $\omega_c = v/r$ は

$$\omega_c = \frac{v}{r} = \frac{eB}{m^*} \tag{1.12}$$

となる．たとえば，磁束密度 $B = 1\,\mathrm{G} = 10^{-4}\,\mathrm{T}$，伝導電子の有効質量 $m^* = 0.1 m_0$（m_0 は真空中の電子の質量）のとき，$\omega_c = 1.76 \times 10^8\,\mathrm{rad\,s^{-1}}$ となる．この場合，サイクロトロン周波数 $f_c = \omega_c/(2\pi)$ は $2.80 \times 10^7\,\mathrm{Hz}$ である．

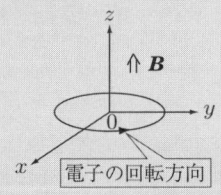

図 1.10 サイクロトロン運動

1.3 真性半導体と不純物半導体

(**真性半導体**) 一般に，室温での抵抗率が 10^{-2}–$10^9\,\Omega\,\mathrm{cm}$ の範囲にある固体を**半導体** (semiconductor) という．そして，不純物を含まない純粋な半導体を**真性半導体** (intrinsic semiconductor) という．真性半導体では，**伝導電子** (conduction electron) の濃度 (concentration) n と**正孔** (hole) の濃度 p が等しい．つまり，

$$n = p \tag{1.13}$$

が成り立つ．

　温度が上がると，図1.11に示すように，価電子帯から伝導帯に電子がどんどん熱的に励起され，価電子帯には電子の抜け殻である正孔がつぎつぎに生成される．伝導帯における電子（伝導電子）と価電子帯における正孔は，どちらも電気伝導に寄与するので，温度の上昇にともない，真性半導体の抵抗は小さくなる．

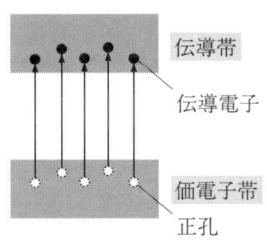

図 1.11　熱励起による価電子帯から伝導帯への電子の遷移

（**不純物半導体**）　一方，不純物を含んだ半導体を**不純物半導体**あるいは**外因性半導体** (extrinsic semiconductor) という．デバイスに用いる半導体では，電気伝導を制御するために，意図的に不純物が添加されていることが多い．このような目的で不純物を添加することを，**ドーピング** (doping) とよんでいる．そして，伝導帯に伝導電子を与える不純物を**ドナー** (donor)，価電子帯から電子を受け取る不純物を**アクセプター** (acceptor) という．また，伝導電子濃度 n が正孔濃度 p よりも大きい，すなわち $n > p$ である半導体を n 形半導体とよんでいる．一方，伝導電子濃度 n が正孔濃度 p よりも小さい，すなわち $n < p$ である半導体を p 形半導体という．

（**シリコン (Si) の電子配置**）　さて，VI族元素では，最外殻の s 軌道，p 軌道にそれぞれ2個の電子が配置されている．VI族元素の例として，シリコン (Si) の場合，最外殻の電子配置は，$(3s)^2(3p)^2$ と表される．シリコン (Si) が単結晶となるときは，$(3s)^1(3p)^3$ のように **sp^3 混成軌道**を形成して原子間の結合が起こり，図1.4 (d) のような**ダイヤモンド構造**をとる．図1.4 (d) において，● がシリコン (Si) 原子を示しており，ひとつのシリコン (Si) 原子から，正四面体的に4本の結合が生じる．また，伝導帯の底は s 軌道的，価電子帯の頂上付近は p 軌道的になっている．図1.12 (a) に s 軌道，(b)–(d) に3個の p 軌道 (p_x, p_y, p_z)，(e) に sp^3 混成軌道を示す．

（**ドナー**）　さて，シリコン (Si) のようなIV族元素に，リン (P) のようなV族元素をドーピングした場合を考える．V族元素では，最外殻電子が5個存在し，IV族元素

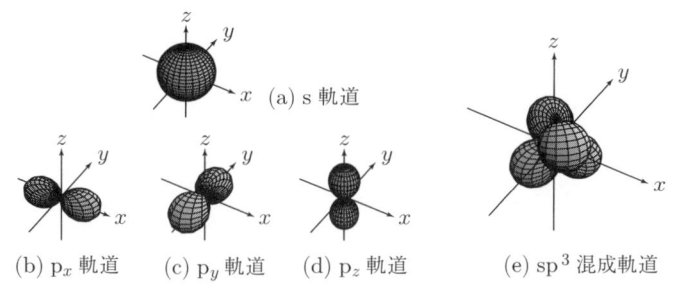

(a) s 軌道　(b) p_x 軌道　(c) p_y 軌道　(d) p_z 軌道　(e) sp^3 混成軌道

図 1.12 s 軌道，3 個の p 軌道（p_x, p_y, p_z），sp^3 混成軌道

と結合すると，最外殻電子が 1 個余る．V 族元素が熱などのエネルギーを受け取って，この余った電子を伝導帯に放出すると，伝導帯における伝導電子濃度 n が大きくなる．つまり，V 族元素は，IV 族元素中でドナーとして機能することができる．このような場合の V 族元素のエネルギー準位を**ドナー準位** (donor level) という．図 1.13 のように，ドナー準位のエネルギー E_d は，伝導帯の底のエネルギー E_c よりも小さい．そして，ドナーからできるだけ効率よく伝導電子を供給できるように，ドナーのイオン化エネルギー $E_c - E_d$ が数十 meV 以下になるような材料を V 族元素として選ぶことが多い．

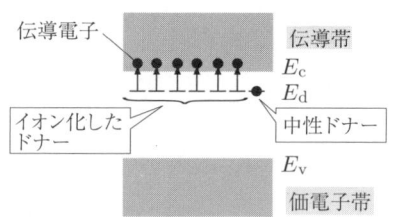

図 1.13 ドナー準位

最外殻電子が 1 個余っているとき，ドナーは電気的に中性である．そして，1 個余った最外殻電子のスピンの上向き，下向きに対応して，このような状態は 2 個存在する．ドナーが余った電子を伝導帯に放出すると，ドナーは負の電荷を失うので，ドナー自身は正のイオンになる．このような状態は，ただ 1 個である．図 1.14 に中性ドナーとイオン化したドナーを模式的に示す．この図において，網掛けの大きな丸●が原子であり，矢印のついた小さな丸●が電子である．そして，矢印の向きによって，スピンの上向き，下向きを区別している．

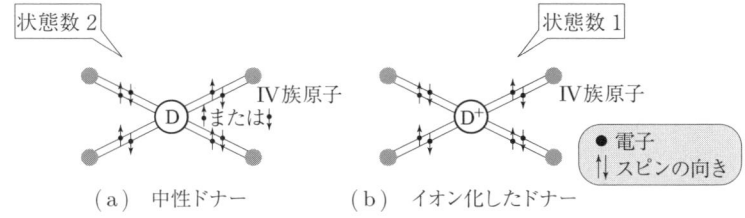

図 1.14 中性ドナーとイオン化したドナー

> **・Point・**
> ・ドナーは，熱エネルギーを受け取って，原子間結合に寄与しない余分な電子を伝導帯に放出する．
> ・伝導帯に放出された電子は，伝導電子となり，電気伝導に寄与する．

例題 1.5 ドナーがイオン化している確率 $f(D^+)$ と，ドナーが電気的に中性である確率 $f(D)$ を求めよ．

◆**解答**◆ 付録 B.3 のギブス因子とギブス和の比から，$f(D^+)$ と $f(D)$ を求めることができる．ドナーがイオン化しているときは，電子はドナー準位を占めていない．このとき，ドナー準位を占める電子数 $N=0$，エネルギー $E=0$ である．このような状態はただ 1 個であり，ギブス因子は $\exp[(0 \times E_F - 0)/(k_B T)] = 1$ である．一方，ドナーが電気的に中性なときは，1 個の電子がドナー準位を占めている．このとき，ドナー準位を占める電子数 $N=1$，エネルギー $E=E_d$ だから，ギブス因子は $\exp[(1 \times E_F - E_d)/(k_B T)]$ となる．そして，ドナー準位を占める電子のスピンの上向き，下向きに対応して，このような状態は 2 個存在する．したがって，ギブス和 $\mathcal{Z}$ は，次のようになる．

$$\mathcal{Z} = 1 + \exp\left(\frac{E_F - E_d}{k_B T}\right) + \exp\left(\frac{E_F - E_d}{k_B T}\right) = 1 + 2\exp\left(\frac{E_F - E_d}{k_B T}\right) \quad (1.14)$$

この結果，ドナー準位が空，すなわちドナーがイオン化している確率 $f(D^+)$ は，次式で与えられる．

$$f(D^+) = \frac{1}{\mathcal{Z}} = \frac{1}{1 + 2\exp[(E_F - E_d)/(k_B T)]} \quad (1.15)$$

一方，ドナー準位が電子によって占有されている場合，すなわちドナーが中性である確率 $f(D)$ は，次のようになる．

$$f(D) = \frac{2\exp[(E_F - E_d)/(k_B T)]}{\mathcal{Z}} = \frac{1}{1 + \frac{1}{2}\exp[(E_d - E_F)/(k_B T)]} \quad (1.16)$$

アクセプター つぎに，シリコン (Si) のような IV 族元素に，ホウ素 (B) のような III 族元素をドーピングした場合を考える．III 族元素では，最外殻電子が 3 個存在

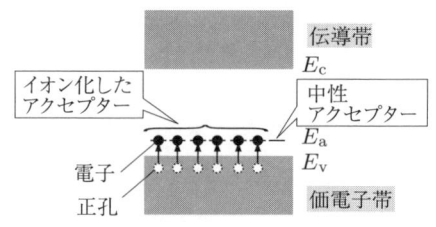

図 1.15 アクセプター準位

し，Ⅳ族元素と結合するとき，最外殻電子が1個不足する．このとき，Ⅲ族元素が，熱などのエネルギーによって励起された価電子帯の電子を受け取ると，価電子帯に正孔が生成される．つまり，価電子帯における正孔濃度 p が大きくなる．つまり，Ⅲ族元素は，Ⅳ族元素中でアクセプターとしてはたらくことができる．このような場合のⅢ族元素のエネルギー準位を**アクセプター準位** (acceptor level) という．図 1.15 のように，アクセプター準位のエネルギー E_a は，価電子帯の頂上のエネルギー E_v よりも大きい．そして，アクセプターができるだけ効率よく価電子帯から電子を受容できるように，アクセプターのイオン化エネルギー $E_a - E_v$ が数十 meV 以下になるような材料をⅢ族元素として選ぶことが多い．

最外殻電子が1個不足しているとき，アクセプターは電気的に中性である．そして，結合に寄与していないⅣ族元素の最外殻電子のスピンの上向き，下向きに対応して，このような状態は2個存在する．さらに，価電子帯が重い正孔帯と軽い正孔帯から構成されている場合，状態数は4個になる．アクセプターが電子を価電子帯から受け取ると，アクセプターは負の電荷を得るので，アクセプター自身は負のイオンになる．このような状態は，ただ1個である．図 1.16 に中性アクセプターとイオン化したアクセプターを模式的に示す．この図においても，網掛けの大きな丸●が原子であり，矢印のついた小さな丸●が電子である．そして，矢印の向きによって，スピンの上向き，下向きを区別している．

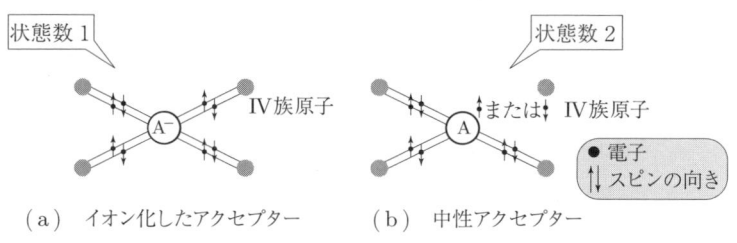

(a) イオン化したアクセプター　　(b) 中性アクセプター

図 1.16 中性アクセプターとイオン化したアクセプター

- **Point**
  - アクセプターは，熱エネルギーによって価電子帯から励起された電子を受容する．
  - 価電子帯には，電子の抜け殻である正孔が生じ，電気伝導に寄与する．

例題 1.6 アクセプターがイオン化している確率 $f(A^+)$ と，アクセプターが電気的に中性である確率 $f(A)$ を求めよ．

◆**解答**◆ 付録 B.3 のギブス因子とギブス和の比から，$f(A^+)$ と $f(A)$ を求めることができる．アクセプターがイオン化しているときは，電子はアクセプター準位を占めている．このとき，ドナー準位を占める電子数 $N=1$，エネルギー $E=E_a$ である．このようなとき，アクセプターは周囲の原子と正四面体結合をしており，結合に寄与していない最外殻電子をもっていない．したがって，このような状態はただ 1 個であり，ギブス因子は $\exp[(1 \times E_F - E_a)/(k_B T)]$ である．一方，アクセプターが電気的に中性なときは，電子はアクセプター準位を占めていない．このとき，アクセプター準位を占める電子数 $N=0$，エネルギー $E=0$ だから，ギブス因子は $\exp[(0 \times E_F - 0)/(k_B T)] = 1$ となる．そして，アクセプターの最外殻電子のうち 1 個の電子が原子間の結合に寄与しておらず，この結合に寄与していない電子のスピンの上向き，下向きに対応して，このような状態は 2 個存在する．

したがって，ギブス和 $\mathcal{Z}$ は，次のようになる．

$$\mathcal{Z} = \exp\left(\frac{E_F - E_a}{k_B T}\right) + 1 + 1 = \exp\left(\frac{E_F - E_a}{k_B T}\right) + 2 \tag{1.17}$$

この結果，アクセプター準位が電子によって占有されている場合，すなわちアクセプターがイオン化している確率 $f(A^-)$ は，次式で与えられる．

$$f(A^-) = \frac{\exp\left[(E_F - E_a)/(k_B T)\right]}{\mathcal{Z}} = \frac{1}{1 + 2\exp[(E_a - E_F)/(k_B T)]} \tag{1.18}$$

一方，アクセプター準位が空，すなわちアクセプターが中性である確率 $f(A)$ は，次のようになる．

$$f(A) = \frac{2}{\mathcal{Z}} = \frac{1}{1 + \frac{1}{2}\exp[(E_F - E_a)/(k_B T)]} \tag{1.19}$$

1.4 キャリア濃度

フェルミ-ディラック分布関数 伝導電子と正孔は，電荷の運び手となるので，キャリア (carrier) とよばれている．そして，電子は，量子力学において状態を指定するスピン (spin) 量子数の値として 1/2 をもつフェルミ粒子 (Fermi particle) だから，フェルミ統計にしたがって分布する．フェルミ-ディラック分布関数 $f(E)$ は，

エネルギー E をもつフェルミ粒子の平均個数を示しており，

$$f(E) = \frac{1}{\exp[(E - E_\mathrm{F})/(k_\mathrm{B}T)] + 1} \tag{1.20}$$

で与えられる．ここで，E_F は**フェルミ準位** (Fermi level)，$k_\mathrm{B} = 1.381 \times 10^{-23}\,\mathrm{J\,K^{-1}}$ は**ボルツマン定数** (Boltzmann constant)，T は絶対温度である．フェルミ準位は化学ポテンシャル（付録 B 参照）ともよばれ，伝導電子の流れを支配している因子である．たとえば，同一温度でフェルミ準位の異なる 2 種類の物質の接合を形成すると，フェルミ準位の大きい物質からフェルミ準位の小さい物質に伝導電子が拡散する．そして，2 種類の物質のフェルミ準位が一致するまで拡散が継続する．フェルミ準位が一致した段階で拡散が停止し，熱平衡状態かつ拡散平衡状態となる．

図 1.17 にフェルミ–ディラック分布関数をエネルギー E の関数として示す．パラメータは，絶対温度 T であり，破線が絶対零度 ($T = 0\,\mathrm{K}$) に，実線が $k_\mathrm{B}T/E_\mathrm{F} = 0.25$ ($T \neq 0\,\mathrm{K}$) に対応している．温度が上昇すると，フェルミ準位よりも大きいエネルギー $E > E_\mathrm{F}$ に対する $f(E)$ が増加し，フェルミ準位よりも小さいエネルギー $E < E_\mathrm{F}$ に対する $f(E)$ が減少する．また，式 (1.20) から，

$$f(E_\mathrm{F}) = \frac{1}{2} \tag{1.21}$$

が成り立つことがわかる．

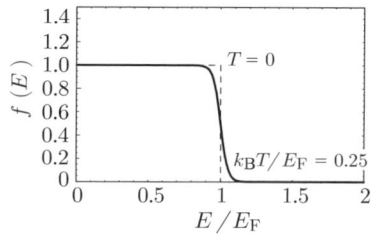

図 1.17 フェルミ–ディラック分布関数

（**電子数の考え方**）エネルギー $E \sim E + \mathrm{d}E$ の間に，単位体積あたり $g(E)\,\mathrm{d}E$ 個の状態が存在するとする．この $g(E)$ を**状態密度** (density of states) という．単位体積あたりの状態数を W とすると，$g(E) = \partial W/\partial E$ である．3 次元結晶の場合，粒子の質量を m とすると，量子力学から

$$W = \frac{1}{3\pi^2}\left(\frac{2mE}{\hbar^2}\right)^{\frac{3}{2}}, \qquad g(E) = \frac{1}{2\pi^2}\left(\frac{2m}{\hbar^2}\right)^{\frac{3}{2}} E^{\frac{1}{2}} \tag{1.22}$$

が導かれる．

フェルミ–ディラック分布関数 $f(E)$ は，エネルギー E をもつフェルミ粒子が一つの状態を占有する平均個数を示しているから，エネルギー $E \sim E+dE$ の間には，単位体積あたり $g(E)f(E)\,dE$ 個のフェルミ粒子が存在する．この考え方は，たとえ話でいうと，教室内での学生数を，座席数と，一つの座席に座る学生の平均人数（一人の学生が一つの座席に座る確率）との積で与えることに相当する．この場合，状態数と座席数が対応し，電子と学生が対応する．この様子を図 1.18 に示す．この例では，図 1.18 (a) のように，座席数 10，一つの座席に座る学生の平均人数，すなわち一人の学生が一つの座席に座る確率を 0.7 としている．このとき，図 1.18 (b) のように，学生数は 7 となる．ただし，半導体では単位体積あたりの状態数 W は，$W \simeq 10^{22}$ cm^{-3} であり，きわめて大きな値となる．

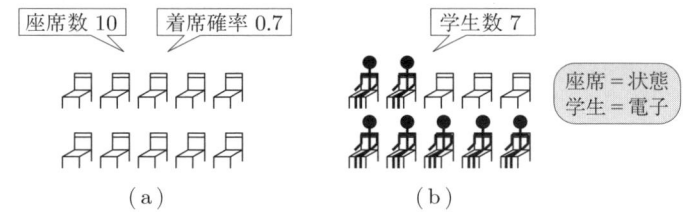

図 1.18 電子数を計算するときの考え方：状態を座席に，電子を学生にたとえた例

伝導電子の濃度 以上の考え方から，フェルミ粒子である伝導電子の濃度（単位体積あたりの個数）n は，

$$n = \int_{E_c}^{E_0} g(E-E_c)f(E)\,dE \simeq \int_{E_c}^{\infty} g(E-E_c)f(E)\,dE = N_c \exp\left(-\frac{E_c - E_F}{k_B T}\right) \tag{1.23}$$

で与えられる．ここで，E_c は伝導帯のエネルギーが最小となる点，すなわち伝導帯の底（伝導帯のバンド端）のエネルギー，E_0 は半導体の真空準位である．また，N_c は伝導帯における**有効状態密度** (effective density of states) とよばれ，伝導電子の有効質量 m_n と**プランク定数** (Planck's constant) $h = 6.626 \times 10^{-34}$ J s を用いて，

$$N_c \equiv 2\left(\frac{2\pi m_n k_B T}{h^2}\right)^{\frac{3}{2}} M_c \tag{1.24}$$

で定義される．ここで，M_c は，伝導帯のバンド端の数である．伝導帯のバンド端が一つしかなければ，もちろん $M_c = 1$ である．

一般に，伝導電子の有効質量 m_n は，波数ベクトルの方向によって異なる．波数ベクトルの主軸に沿った有効質量をそれぞれ m_1^*, m_2^*, m_3^* と表すと，伝導電子

の有効質量 m_n は，

$$m_n = m_{\mathrm{de}} \equiv (m_1{}^* m_2{}^* m_3{}^*)^{\frac{1}{3}} \tag{1.25}$$

と表される．式 (1.25) で定義した m_{de} を伝導帯の**状態密度有効質量** (density-of-state effective mass) という．たとえば，ゲルマニウム (Ge) やシリコン (Si) では，**横有効質量** (transverse effective mass) m_{t} と**縦有効質量** (longitudinal effective mass) m_{l} を用いて

$$m_1{}^* = m_2{}^* = m_{\mathrm{t}}, \quad m_3{}^* = m_{\mathrm{l}} \tag{1.26}$$

と表され，この結果

$$m_n = m_{\mathrm{de}} = \left(m_{\mathrm{t}}{}^2 m_{\mathrm{l}}\right)^{\frac{1}{3}} \tag{1.27}$$

となる．なお，状態密度有効質量については，付録 D.2 を参照してほしい．

正孔の濃度 一方，正孔の濃度 p は，

$$p = \int_{-\infty}^{E_{\mathrm{v}}} g(E_{\mathrm{v}} - E)[1 - f(E)]\,\mathrm{d}E \simeq N_{\mathrm{v}} \exp\left(-\frac{E_{\mathrm{F}} - E_{\mathrm{v}}}{k_{\mathrm{B}} T}\right) \tag{1.28}$$

で与えられる．ここで，E_{v} は価電子帯のエネルギーが最大となる点，すなわち価電子帯の頂上（価電子帯のバンド端）のエネルギー，N_{v} は価電子帯における有効状態密度であり，正孔の有効質量 m_p を用いて，

$$N_{\mathrm{v}} \equiv 2\left(\frac{2\pi m_p k_{\mathrm{B}} T}{h^2}\right)^{\frac{3}{2}} \tag{1.29}$$

で定義される．正孔の有効質量 m_p は，**重い正孔** (heavy hole) の有効質量 m_{hh} と**軽い正孔** (light hole) の有効質量 m_{lh} を用いて，

$$m_p = m_{\mathrm{dh}} \equiv \left(m_{\mathrm{hh}}^{\frac{3}{2}} + m_{\mathrm{lh}}^{\frac{3}{2}}\right)^{\frac{2}{3}} \tag{1.30}$$

と表される．式 (1.30) で定義した m_{dh} を価電子帯の状態密度有効質量という．

真性キャリア濃度 真性半導体におけるキャリア濃度，すなわち**真性キャリア濃度** (intrinsic carrier concentration) を n_{i} とすると，

$$n_{\mathrm{i}} = n = p \tag{1.31}$$

だから，バンドギャップ $E_{\mathrm{g}} = E_{\mathrm{c}} - E_{\mathrm{v}}$ を用いて，

$$n_{\mathrm{i}}{}^2 = np = N_{\mathrm{c}} N_{\mathrm{v}} \exp\left(-\frac{E_{\mathrm{c}} - E_{\mathrm{v}}}{k_{\mathrm{B}} T}\right) = N_{\mathrm{c}} N_{\mathrm{v}} \exp\left(-\frac{E_{\mathrm{g}}}{k_{\mathrm{B}} T}\right) \tag{1.32}$$

という関係が成り立つ．したがって，真性キャリア濃度 n_i は，

$$n_i = \sqrt{N_c N_v} \exp\left(-\frac{E_c - E_v}{2k_B T}\right) = \sqrt{N_c N_v} \exp\left(-\frac{E_g}{2k_B T}\right) \quad (1.33)$$

と表される．なお，熱平衡状態では，真性半導体だけでなく，不純物半導体（外因性半導体）でも，式 (1.32), (1.33) が成り立つことに注意してほしい．

(真性フェルミ準位) さて，真性半導体におけるフェルミ準位，すなわち**真性フェルミ準位** (intrinsic Fermi level) を E_i とすると，式 (1.23), (1.28), (1.31) から，真性キャリア濃度 n_i は，

$$n_i = N_c \exp\left(-\frac{E_c - E_i}{k_B T}\right) = N_v \exp\left(-\frac{E_i - E_v}{k_B T}\right) \quad (1.34)$$

と表される．したがって，有効状態密度 N_c と N_v は，真性キャリア濃度 n_i と真性フェルミ準位 E_i を用いて，

$$N_c = n_i \exp\left(\frac{E_c - E_i}{k_B T}\right) \quad (1.35)$$

$$N_v = n_i \exp\left(\frac{E_i - E_v}{k_B T}\right) \quad (1.36)$$

と書き換えることができる．

・**Point**・
・伝導電子の個数を求めるには
 1. 電子が占有可能な状態数 $g(E)\,dE$ を考える．
 2. 一つの状態を占有する電子の平均個数 $f(E)$（一つの電子が状態を占有する確率）を考える．
 3. 積 $g(E)f(E)\,dE$ をエネルギー E について積分する．
・熱平衡状態では，$np = n_i{}^2$ が成り立つ．

例題 1.7 (a) 伝導帯の底のエネルギー E_c，価電子帯の頂上のエネルギー E_v，絶対温度 T，有効状態密度 N_c, N_v を用いて，真性フェルミ準位 E_i を示せ．
(b) 伝導帯の底のエネルギー E_c，価電子帯の頂上のエネルギー E_v，絶対温度 T，状態密度有効質量 m_{de}, m_{dh} を用いて，真性フェルミ準位 E_i を示せ．
(c) 真性キャリア濃度 n_i，フェルミ準位 E_F，真性フェルミ準位 E_i，絶対温度 T を用いて，伝導電子濃度 n と正孔濃度 p を示せ．
◆解答◆ (a) 真性フェルミ準位 E_i とは，真性半導体におけるフェルミ準位 E_F のことである．真性半導体では，伝導電子濃度 n と正孔濃度 p が等しいので，式 (1.23) と (1.28)

から
$$N_c \exp\left(-\frac{E_c - E_i}{k_B T}\right) = N_v \exp\left(-\frac{E_i - E_v}{k_B T}\right) \tag{1.37}$$

が成り立つ．ただし，式 (1.23)，(1.28) において，$E_F = E_i$ とおいた．式 (1.37) から，真性フェルミ準位 E_i は，次のように求められる．

$$E_i = \frac{1}{2}(E_c + E_v) + \frac{1}{2}k_B T \ln \frac{N_v}{N_c} \tag{1.38}$$

なお，バンドギャップ $E_g = E_c - E_v$ を用いると，真性フェルミ準位 E_i は，

$$E_i = \frac{1}{2}E_g + E_v + \frac{1}{2}k_B T \ln \frac{N_v}{N_c} \tag{1.39}$$

と表される．この結果から，真性フェルミ準位 E_i は，バンドギャップの中央 $E_g/2$ からわずかにずれていることがわかる（N_v と N_c の値を計算して式 (1.39) に代入し，確かめてみるとよい）．

(b) 例題 1.7(a) の式 (1.38) に式 (1.24)，(1.25)，(1.29)，(1.30) を代入すると，

$$E_i = \frac{1}{2}(E_c + E_v) + \frac{1}{2}k_B T \ln \left[\left(\frac{m_{dh}}{m_{de}}\right)^{\frac{3}{2}} \frac{1}{M_c}\right] \tag{1.40}$$

が得られる．ここで，バンドギャップ $E_g = E_c - E_v$ を用いると，真性フェルミ準位 E_i は，

$$E_i = \frac{1}{2}E_g + E_v + \frac{1}{2}k_B T \ln \left[\left(\frac{m_{dh}}{m_{de}}\right)^{\frac{3}{2}} \frac{1}{M_c}\right] \tag{1.41}$$

となる．

(c) 真性半導体では，式 (1.23) において，$n = n_i$, $E_F = E_i$ とおくことができる．すなわち，

$$n_i = N_c \exp\left(-\frac{E_c - E_i}{k_B T}\right) \tag{1.42}$$

が成り立つ．式 (1.42) から，伝導帯における有効状態密度 N_c は，

$$N_c = n_i \exp\left(\frac{E_c - E_i}{k_B T}\right) \tag{1.43}$$

と表される．式 (1.43) を式 (1.23) に代入すると，電子濃度 n は，次のように表される．

$$n = n_i \exp\left(-\frac{E_i - E_F}{k_B T}\right) \tag{1.44}$$

同様にして，真性半導体では，式 (1.28) において，$p = n_i$, $E_F = E_i$ とおくことができる．すなわち，

$$n_i = N_v \exp\left(-\frac{E_i - E_v}{k_B T}\right) \tag{1.45}$$

が成り立つ．式 (1.45) から，価電子帯における有効状態密度 N_v は，

$$N_v = n_i \exp\left(\frac{E_i - E_v}{k_B T}\right) \tag{1.46}$$

と表される．式 (1.46) を式 (1.28) に代入すると，正孔濃度 p は，次のように表される．

$$p = n_i \exp\left(\frac{E_i - E_F}{k_B T}\right) \tag{1.47}$$

例題 1.8 n 形半導体におけるフェルミ準位 E_F と電子濃度 n との関係を図示せよ．また，p 形半導体におけるフェルミ準位 E_F と正孔濃度 p との関係を図示せよ．

◆解答◆ n 形半導体の場合，式 (1.23) から，次のようになる．

$$E_F = E_c - k_B T \ln \frac{N_c}{n} \tag{1.48}$$

一方，p 形半導体の場合，式 (1.28) から，次のように表される．

$$E_F = E_v + k_B T \ln \frac{N_v}{p} \tag{1.49}$$

で与えられる．

シリコン (Si) の場合の計算結果を示すと，図 1.19 のようになる．なお，縦軸は，フェルミ準位 E_F と価電子帯の頂上のエネルギー E_v との差 $E_F - E_v$ とした．ここで，式 (1.24)，(1.27)，(1.29)，(1.30) と，演習問題 1.2 の表 1.3 の値を用いた．また，シリコン (Si) の場合，$(\pm k_0, 0, 0)$，$(0, \pm k_0, 0)$，$(0, 0, \pm k_0)$ において伝導帯のエネルギーが最小となるから，式 (1.24) において，$M_c = 6$ である．なお，k_0 は伝導帯のエネルギーが最小となるときの波数ベクトルの大きさである．

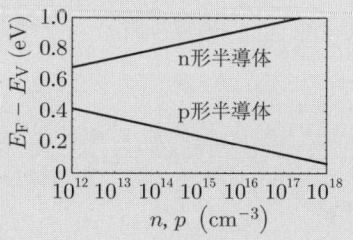

図 1.19 フェルミ準位 E_F と電子濃度 n，正孔濃度 p との関係

例題 1.9 n 形半導体と p 形半導体において，フェルミ準位 E_F と絶対温度 T との関係を図示せよ．ただし，伝導電子濃度 n と正孔濃度 p との間には，

$$n = p + \Delta n \tag{1.50}$$

の関係があるとし，Δn をパラメータとせよ．

◆解答◆ 式 (1.32) に式 (1.50) を代入すると，

$$np = (p + \Delta n)p = n_i^2 \tag{1.51}$$

となる．ここで，$p > 0$ であることに注意して，2 次方程式 (1.51) を解くと，

$$n = \frac{1}{2}\left[\Delta n + \sqrt{(\Delta n)^2 + 4n_i^2}\right] \tag{1.52}$$

$$p = \frac{1}{2}\left[-\Delta n + \sqrt{(\Delta n)^2 + 4n_i^2}\right] \tag{1.53}$$

が得られる．n 形半導体では $\Delta n > 0$，p 形半導体では $\Delta n < 0$ であり，式 (1.48)，(1.49) に式 (1.52)，(1.53) を代入すると，図 1.20 のようになる．なお，縦軸は，フェルミ準位 E_F と価電子帯の頂上のエネルギー E_v との差 $E_F - E_v$ とした．

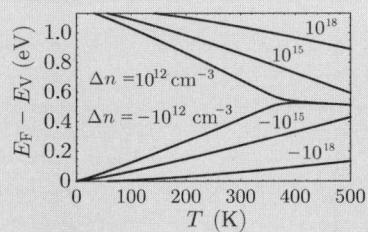

図 1.20 フェルミ準位 E_F と絶対温度 T との関係

1.5 半導体中の電気伝導

（ドリフト電流） 半導体中のキャリアは，結晶を構成している原子や不純物に衝突しながら，半導体中を移動する．平均衝突時間を τ とすると，キャリアに対する運動方程式は，

$$m^* \frac{d\bm{v}}{dt} = q\bm{E} - \frac{m^*\bm{v}}{\tau} \tag{1.54}$$

と表すことができる．ここで，m^* はキャリアの有効質量，$\bm{v}$ はキャリアの速度，t は時間，q はキャリアの電荷，$\bm{E}$ は電界である．なお，波数ベクトルの主軸に沿った有効質量をそれぞれ m_1^*, m_2^*, m_3^* と表すと，キャリアの有効質量 m^* は，

$$\frac{1}{m^*} = \frac{1}{m_c} \equiv \frac{1}{3}\left(\frac{1}{m_1^*} + \frac{1}{m_2^*} + \frac{1}{m_3^*}\right) \tag{1.55}$$

と表される．式 (1.55) で定義した m_c をキャリアの**伝導率有効質量** (conductivity effective mass) という．たとえば，ゲルマニウム (Ge) やシリコン (Si) では，伝導電子の伝導率有効質量 m_c は，式 (1.26) から

$$m_c = \frac{3m_t m_l}{m_t + 2m_l} \tag{1.56}$$

となる．なお，伝導率有効質量については，付録 D.3 を参照してほしい．

さて，定常状態 (d/dt = 0) では，キャリアの速度 $\boldsymbol{v}$ は，

$$\boldsymbol{v} = \frac{q\tau}{m^*}\boldsymbol{E} \equiv \mu \boldsymbol{E} \tag{1.57}$$

となり，ここで定義したキャリアの速度 $\boldsymbol{v}$ と電界 $\boldsymbol{E}$ との間の比例係数

$$\mu \equiv \frac{q\tau}{m^*} \tag{1.58}$$

を**移動度** (mobility) という．

キャリア濃度を n_c とすると，電界 $\boldsymbol{E}$ によって単位面積を流れる電流，すなわち**ドリフト電流密度** (drift current density) $\boldsymbol{j}_d$ は，

$$\boldsymbol{j}_d = n_c q \boldsymbol{v} = n_c q \mu \boldsymbol{E} = \frac{n_c q^2 \tau}{m^*}\boldsymbol{E} \equiv \sigma \boldsymbol{E} \tag{1.59}$$

と表される．ここで，σ は**電気伝導率** (electrical conductivity) であり，**抵抗率** (resistivity) ρ とは，次の関係にある．

$$\sigma = \frac{n_c q^2 \tau}{m^*} = \frac{1}{\rho} \tag{1.60}$$

電気素量 (elementary electric charge) $e = 1.602 \times 10^{-19}$ C を用いると，伝導電子の電荷は $-e$，正孔の電荷は e である．伝導電子と正孔の 2 種類のキャリアが存在するときは，ドリフト電流密度の大きさは j_d は，

$$j_d = e(n\mu_n + p\mu_p)E \tag{1.61}$$

と表される．ここで，n と p はそれぞれ伝導電子濃度と正孔濃度，μ_n と μ_p はそれぞれ伝導電子の移動度と正孔の移動度である．

例題 1.10 伝導電子濃度 n が $n = n_i(\mu_p/\mu_n)^{\frac{1}{2}}$ をみたすとき，半導体の抵抗率 ρ が最大となることを示せ．ただし，μ_n, μ_p は，それぞれ伝導電子，正孔の移動度である．また，絶対温度 $T = 300$ K におけるシリコン (Si) の抵抗率の最大値を求め，真性シリコン (Si) の値と比較せよ．ただし，絶対温度 $T = 300$ K におけるシリコン (Si) の伝導電子と正孔の移動度は，それぞれ $\mu_n = 1500$ cm^2 V^{-1} s^{-1}, $\mu_p = 450$ cm^2 V^{-1} s^{-1} とする．

◆解答◆ 伝導電子と正孔の 2 種類のキャリアが存在するときは，抵抗率 ρ は，式 (1.61) から次式で与えられる．

$$\rho = \frac{1}{\sigma} = \frac{1}{e(n\mu_n + p\mu_p)} \tag{1.62}$$

ここで,n は伝導電子濃度,p は正孔濃度である.次に,式 (1.62) の右辺の分母,分子に n に乗じ,$np = n_i^2$ を用いて式 (1.62) を書き換えると,

$$\rho = \frac{n}{e(n^2\mu_n + n_i^2\mu_p)} \tag{1.63}$$

となる.図 1.21 に,絶対温度 $T=300\,\mathrm{K}$ におけるシリコン (Si) の抵抗率 ρ を伝導電子濃度 n の関数として示す.

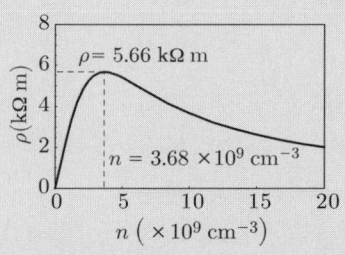

図 1.21 300 K におけるシリコン (Si) の抵抗率 ρ

抵抗率 ρ が,伝導電子濃度 n に対して最大値をとるのは,$\mathrm{d}\rho/\mathrm{d}n = 0$ すなわち

$$\frac{\mathrm{d}\rho}{\mathrm{d}n} = \frac{n_i^2\mu_p - n^2\mu_n}{e(n^2\mu_n + n_i^2\mu_p)^2} = 0 \tag{1.64}$$

を満たすときである.したがって,式 (1.64) から,次の条件で抵抗率 ρ が最大となる.

$$n = n_i\sqrt{\frac{\mu_p}{\mu_n}} \tag{1.65}$$

絶対温度 $T = 300\,\mathrm{K}$ において,シリコン (Si) の伝導電子と正孔の移動度は,それぞれ $\mu_n = 1500\,\mathrm{cm^2\,V^{-1}\,s^{-1}}$,$\mu_p = 450\,\mathrm{cm^2\,V^{-1}\,s^{-1}}$ である.また,真性キャリア濃度は,演習問題 1.2 の解答中の解表 1.2 から $n_i = 6.71 \times 10^9\,\mathrm{cm^{-3}}$ である.これらの数値を式 (1.65) に代入すると,伝導電子濃度 n は

$$n = 6.71 \times 10^9\,\mathrm{cm^{-3}} \times \sqrt{\frac{450\,\mathrm{cm^2\,V^{-1}\,s^{-1}}}{1500\,\mathrm{cm^2\,V^{-1}\,s^{-1}}}} = 3.68 \times 10^9\,\mathrm{cm^{-3}} < n_i \tag{1.66}$$

と求められる.このとき,抵抗率 ρ は,次のようになる.

$$\rho = \frac{n_i(\mu_p/\mu_n)^{\frac{1}{2}}}{e(n_i^2\mu_p + n_i^2\mu_p)} = \frac{1}{2en_i(\mu_n\mu_p)^{\frac{1}{2}}} = 5.66 \times 10^5\,\Omega\,\mathrm{cm} = 5.66\,\mathrm{k\Omega\,m} \tag{1.67}$$

例題 1.11 長さ 5 μm の棒状 n 形シリコン (Si) 試料を考える.両端面に良好なオーミック接触(電流が電圧に比例するような金属–半導体接触,3.3 節参照)を形成し,電圧 20 V を加えたとき,10 mA の電流が流れたとする.このとき,

(a) 試料中における伝導電子の走行時間
(b) 電圧 0.1 V を加えたときに流れる電流

をそれぞれ求めよ.

◆解答◆ (a) 長さ $d = 5\ \mu\text{m}$ の棒状 n 形シリコン (Si) 試料に電圧 20 V を加えると,この試料内には

$$E = \frac{V}{d} = \frac{20\ \text{V}}{5\ \mu\text{m}} = \frac{20\ \text{V}}{5 \times 10^{-4}\ \text{cm}} = 4 \times 10^4\ \text{V cm}^{-1} \quad (1.68)$$

の大きさの電界 E が生じる.

図 1.22 に,例として絶対温度 $T = 300$ K におけるシリコン (Si) のドリフト速度 v_d を電界 E の関数として示す.この図からわかるように,電界が $E = 4 \times 10^4\ \text{V cm}^{-1}$ のときには,ドリフト速度 v_d は飽和する.そして,その値は $v_\text{d} = 8.6 \times 10^6\ \text{cm s}^{-1}$ となる.したがって,伝導電子の走行時間 t は,次のようになる.

$$t = \frac{d}{v_\text{d}} = \frac{5\ \mu\text{m}}{8.6 \times 10^6\ \text{cm s}^{-1}} = \frac{5 \times 10^{-4}\ \text{cm}}{8.6 \times 10^6\ \text{cm s}^{-1}} = 5.8 \times 10^{-11}\ \text{s} \quad (1.69)$$

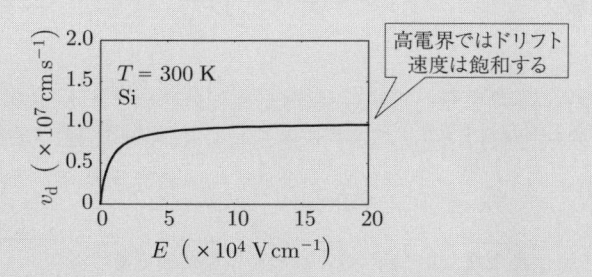

図 1.22 300 K におけるシリコン (Si) のドリフト速度 v_d

(b) 電圧 0.1 V を加えると,この試料内には

$$E = \frac{V}{d} = \frac{0.1\ \text{V}}{5\ \mu\text{m}} = \frac{0.1\ \text{V}}{5 \times 10^{-4}\ \text{cm}} = 2 \times 10^2\ \text{V cm}^{-1} \quad (1.70)$$

の大きさの電界 E が生じる.

図 1.22 からわかるように,電界が $E = 2 \times 10^2\ \text{V cm}^{-1}$ のときには,ドリフト速度 v_d は電界 E に比例する.そして,その値は,絶対温度 $T = 300$ K におけるシリコン (Si) の伝導電子の移動度 $\mu_n = 1500\ \text{cm}^2\ \text{V}^{-1}\ \text{s}^{-1}$ を用いて

$$v_\text{d} = \mu_n E = 1500\ \text{cm}^2\ \text{V}^{-1}\ \text{s}^{-1} \times 2 \times 10^2\ \text{V cm}^{-1} = 3.0 \times 10^5\ \text{cm s}^{-1} \quad (1.71)$$

となる.伝導電子のドリフト速度が $v_\text{d} = 8.6 \times 10^6\ \text{cm s}^{-1}$ のときに 10 mA の電流が流れるから,電流 I がドリフト速度 v_d に比例することを用いると,求めるべき電流 I の値は,次のようになる.

$$I = 10\ \text{mA} \times \frac{3.0 \times 10^5\ \text{cm s}^{-1}}{8.6 \times 10^6\ \text{cm s}^{-1}} = 0.35\ \text{mA} \quad (1.72)$$

第 1 章　半導体の基礎

拡散電流　キャリア濃度に勾配があると，**拡散** (diffusion) による電流が流れる．たとえば，x 方向に濃度勾配があるとすると，伝導電子（濃度 n）による拡散電流密度 j_n と正孔（濃度 p）による拡散電流密度 j_p は，

$$j_n = -e\left(-D_n \frac{dn}{dx}\right) = eD_n \frac{dn}{dx} \tag{1.73}$$

$$j_p = e\left(-D_p \frac{dp}{dx}\right) = -eD_p \frac{dp}{dx} \tag{1.74}$$

と表される．ここで，D_n と D_p は，それぞれ伝導電子と正孔の**拡散係数** (diffusion coefficient) であり，拡散係数 D_n, D_p と移動度 μ_n, μ_p との間には，つぎのような**アインシュタインの関係** (Einstein's relation) が成り立つ．

$$\frac{D_n}{\mu_n} = \frac{D_p}{\mu_p} = \frac{k_B T}{e} \tag{1.75}$$

演習問題

1.1　単位体積あたりの原子数　ゲルマニウム (Ge)，シリコン (Si)，ヒ化ガリウム (GaAs) について，表 1.2 の原子量と（重量）密度を用いて，単位体積あたりの原子数，すなわち原子濃度（原子数密度）N をそれぞれ求めよ．ただし，アボガドロ定数 (Avogadro's constant) N_A は，$N_A = 6.022 \times 10^{23}\,\mathrm{mol}^{-1}$ である．

表 1.2　Ge, Si, GaAs の原子量と（重量）密度

半導体材料	原子量	（重量）密度 $(\mathrm{g\,cm}^{-3})$
ゲルマニウム (Ge)	72.6	5.33
シリコン (Si)	28.1	2.33
ヒ化ガリウム (GaAs)	144.6	5.32

1.2　半導体の純度　真性半導体で必要とされる純度として，真性キャリア濃度 n_i と原子濃度 N との比，すなわち n_i/N を指標とする．このとき，ゲルマニウム (Ge)，シリコン (Si)，ヒ化ガリウム (GaAs) の純度をそれぞれ求めよ．ただし，絶対温度 $T = 300\,\mathrm{K}$ であり，各半導体材料の伝導電子と正孔の有効質量 m_l, m_t, m_{lh}, m_{hh} の値や，バンドギャップ E_g の値については，表 1.3 の値を利用せよ．ここで，$m_0 = 9.109 \times 10^{-31}\,\mathrm{kg}$ は，真空における電子の質量である．

表 1.3　Ge, Si, GaAs の有効質量とバンドギャップ

半導体材料	m_l/m_0	m_t/m_0	m_{lh}/m_0	m_{hh}/m_0	E_g (eV)
ゲルマニウム (Ge)	1.64	0.082	0.044	0.28	0.66
シリコン (Si)	0.98	0.19	0.16	0.49	1.12
ヒ化ガリウム (GaAs)	0.067		0.082	0.45	1.424

1.3 不純物半導体 IV族のシリコン (Si) 中において，V族のヒ素 (As) の濃度を 5×10^{16} cm^{-3}，III族のホウ素 (B) の濃度を 4.9×10^{16} cm^{-3} とする．このとき，絶対温度 $T = 300$ K において，(a) 伝導形，(b) 多数キャリア濃度，(c) 少数キャリア濃度を求めよ．ただし，簡単のため，不純物であるヒ素 (As) とホウ素 (B) は，すべてイオン化すると考える．

1.4 電気的中性条件 (a) n形半導体において，濃度 N_d のドナーだけが不純物として存在すると仮定する．このとき，伝導電子濃度 n と正孔濃度 p を求めよ．また，$N_d \gg n_i$ のとき，伝導電子濃度 n と正孔濃度 p は，どうなるか．
(b) p形半導体において，濃度 N_a のアクセプターだけが不純物として存在すると仮定する．このとき，伝導電子濃度 n と正孔濃度 p を求めよ．また，$N_a \gg n_i$ のとき，伝導電子濃度 n と正孔濃度 p は，どうなるか．

1.5 正孔の寿命 n形シリコン (Si) 中に濃度 10^{14} cm^{-3} の金 (Au) をドーピングすると，正孔の寿命 τ_p が 10^{-7} s 程度に低下することがわかっている．では，n形シリコン (Si) に濃度 10^{17} cm^{-3} の金 (Au) をドーピングすると，正孔の寿命はどの程度になると予想されるか．

1.6 ドナーのイオン化エネルギー ボーア (Bohr) の原子モデルによれば，水素原子のエネルギー準位 E_n および電子軌道半径 a_n は，次式で与えられる．

$$E_n = -\frac{m_0 e^4}{8\varepsilon_0^2 h^2} \cdot \frac{1}{n^2}, \quad a_n = \frac{\varepsilon_0 h^2}{\pi m_0 e^2} \cdot \frac{1}{n^2} \tag{1.76}$$

ここで，$m_0 = 9.109 \times 10^{-31}$ kg は真空における電子の質量，$e = 1.602 \times 10^{-19}$ C は電気素量，$\varepsilon_0 = 8.854 \times 10^{-12}$ F m^{-1} は真空の誘電率，$h = 6.626 \times 10^{-34}$ J s はプランク定数，n は主量子数である．このとき，次の問いに答えよ．
(a) 基底状態 ($n = 1$) における水素原子のエネルギー，すなわち水素原子のイオン化エネルギー E_1 と電子軌道半径 a_1 を計算せよ．
(b) 半導体内の1個のドナー原子は，水素原子と同様なふるまいをしていると考えられる．したがって，ドナー原子のイオン化エネルギー，すなわち，ドナー準位 E_d と，電子軌道半径 a_d が次式で与えられることを示せ．

$$E_d = E_1 \cdot \frac{m_c}{m_0} \left(\frac{1}{\varepsilon_s}\right)^2, \quad a_d = a_1 \cdot \frac{m_0}{m_c} \varepsilon_s \tag{1.77}$$

ただし，m_c は伝導電子の伝導率有効質量，ε_s は比誘電率である．
(c) シリコン (Si) およびヒ化ガリウム (GaAs) のドナー準位 E_d と，電子軌道半径 a_d を求めよ．ただし，シリコン (Si) の比誘電率は 11.8，ヒ化ガリウム (GaAs) の比誘電率は 13.1 である．
(d) ヒ化ガリウム (GaAs) は，シリコン (Si) よりも浅い不純物準位をもちうる．この理由について説明せよ．

1.7 万有引力とクーロン力との比較 シリコン (Si) 中の電子にはたらく万有引力とクーロン力を比較せよ．ただし，簡単のため，しゃへい効果は無視してよいとする．

第2章 pn接合ダイオード

◆この章の目的◆

pn接合ダイオードは，整流性をもった電子デバイスである．本章では，pn接合ダイオードにおいて整流性が生じるメカニズムについて解説する．

◆キーワード◆

pn接合，空乏層，順バイアス，逆バイアス，接合容量，拡散容量

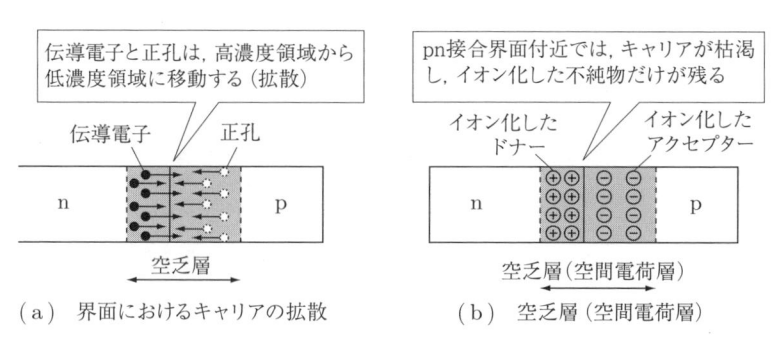

2.1 pn接合

（空乏層）pn接合ダイオード (pn-junction diode) は，**pn接合** (pn junction) から形成された整流素子，すなわち方向によって電流の流れやすさが異なる素子である．

p形半導体とn形半導体の接合，すなわちpn接合では，n形半導体におけるフェルミ準位とp形半導体におけるフェルミ準位とが一致するように，n形半導体からp形半導体に伝導電子が拡散し，p形半導体からn形半導体には正孔が拡散する．拡散の様子を図 2.1 (a) に示す．キャリアの拡散によって，接合界面付近の領域ではキャリアが枯渇する．このようにキャリアが枯渇した領域を**空乏層** (depletion layer) という．空乏層では，図 2.1 (b) のように，イオン化したアクセプターとイオ

(a) 界面におけるキャリアの拡散 (b) 空乏層（空間電荷層）

図 2.1 pn接合ダイオード

ン化したドナーだけが残り，**空間電荷層** (space charge layer) が形成される．

n形半導体の真性フェルミ準位 E_{in} と p 形半導体の真性フェルミ準位 E_{ip} を用いて，n形半導体における静電ポテンシャル ϕ_n と p 形半導体における静電ポテンシャル ϕ_p を，それぞれ

$$\phi_n = \frac{E_F - E_{in}}{e} = \frac{k_B T}{e} \ln \frac{N_d}{n_i} \tag{2.1}$$

$$\phi_p = \frac{E_F - E_{ip}}{e} = -\frac{k_B T}{e} \ln \frac{N_a}{n_i} \tag{2.2}$$

と定義する．なお，E_F はフェルミ準位，e は電気素量，k_B はボルツマン定数，T は絶対温度，N_d は n 形半導体におけるドナー濃度，N_a は p 形半導体におけるアクセプター濃度，n_i は真性キャリア濃度である．ここで，n 形半導体にはドナーだけがドーピングされ，p 形半導体にはアクセプターだけがドーピングされていると仮定した．また，すべてのアクセプターとドナーがイオン化しているとした．なお，n 形半導体と p 形半導体が同じ半導体材料の場合，$E_{in} = E_{ip}$ である．

このとき，接合界面には，つぎのような電位差 ϕ_D が生じる．

$$\phi_D = \phi_n - \phi_p = \frac{k_B T}{e} \ln \frac{N_a N_d}{n_i^2} \tag{2.3}$$

この電位差 ϕ_D を**拡散電位** (diffusion potential) あるいは**ビルトイン電位** (built-in potential) という．

拡散電位 ϕ_D が存在するので，pn 接合界面には内部電界が生じる．内部電界によってキャリアがドリフト運動するが，熱平衡状態では，ドリフトと拡散がつりあっており，pn 接合には正味の電流は流れない．

・Point・
・pn 接合界面では，
1. n 形半導体から p 形半導体に伝導電子が拡散する．
2. p 形半導体から n 形半導体に正孔が拡散する．
3. 接合界面付近では，キャリアが枯渇した空乏層が形成される．
4. 拡散電位あるいはビルトイン電位とよばれる電位差が生じる．
5. 熱平衡状態では，ドリフトと拡散がつりあっている．

（**階段状 pn 接合**）■**階段状 pn 接合における不純物濃度** 図 2.2 のように，接合界面で不純物濃度 ($N_a - N_d$) の空間分布が階段状に変化している pn 接合を**階段状 pn 接合** (abrupt pn junction) という．この図は，接合界面を $x = 0$ とし，$x \leq 0$ に n 形半導体（ドナー濃度 N_d）が存在し，$0 \leq x$ に p 形半導体（アクセプター濃度

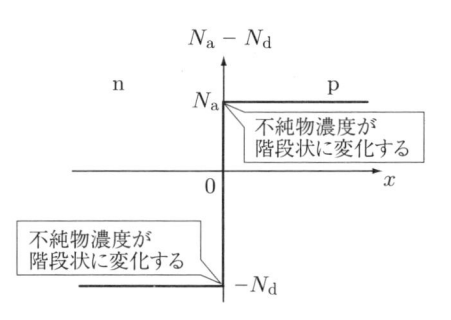

図 2.2 階段状 pn 接合における不純物濃度

N_a) が存在する場合のものである．ここで，n 形半導体にはドナーだけがドーピングされ，p 形半導体にはアクセプターだけがドーピングされていると仮定した．なお，図中に記述した n と p は，それぞれ n 形半導体の存在領域と p 形半導体の存在領域を示している．

■**階段状 pn 接合におけるキャリア濃度**　すべてのドナーとアクセプターがイオン化し，かつ接合界面（$-l_n \leq x \leq l_p$ の領域）が完全に空乏化していると仮定すると，キャリア濃度 n, p の空間分布は，図 2.3 のように表される．ただし，$-l_n$ と l_p は，それぞれ n 形半導体と p 形半導体における空乏層界面の x 座標である．

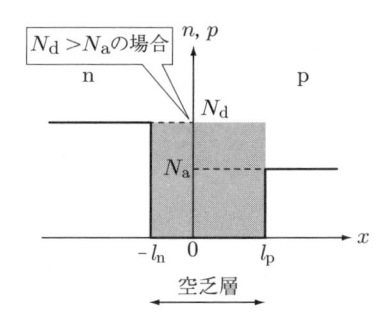

図 2.3 階段状 pn 接合におけるキャリア濃度

■**階段状 pn 接合における電荷密度**　このとき，pn 接合界面における電荷密度 ρ の空間分布は，図 2.4 のようになる．なお，$x \leq -l_n$ と $l_p \leq x$ の領域では，キャリアとイオン化した不純物とが同数存在し，電気的中性条件が満たされているとした．

■**階段状 pn 接合における電界分布**　ここで，次に示す空乏層における**ポアソン方程式** (Poisson equation)

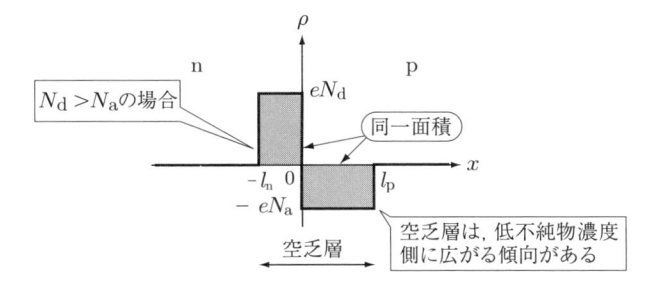

図 2.4 階段状 pn 接合における電荷密度

$$\frac{d^2\phi}{dx^2} = -\frac{eN_d}{\varepsilon_n\varepsilon_0} \quad (-l_n \leq x \leq 0) \tag{2.4}$$

$$\frac{d^2\phi}{dx^2} = \frac{eN_a}{\varepsilon_p\varepsilon_0} \quad (0 \leq x \leq l_p) \tag{2.5}$$

を解き,電界分布と電位分布を求めてみよう.なお,式 (2.4) と式 (2.5) において,ϕ は電位,ε_n は n 形半導体の比誘電率,ε_p は p 形半導体の比誘電率,$\varepsilon_0 = 8.854 \times 10^{-12}$ F m^{-1} は真空の誘電率である.

電気的中性領域 $x \leq -l_n$ と $l_p \leq x$ では,電界 $E_x = -d\phi/dx = 0$ である.すなわち,電界に対する境界条件として $x = -l_n$ と $x = l_p$ において,$E_x = -d\phi/dx = 0$ が成り立つ.したがって,この境界条件を用いて,式 (2.4) と式 (2.5) を x について積分すると,

$$\frac{d\phi}{dx} = -\frac{eN_d}{\varepsilon_n\varepsilon_0}(x + l_n) \quad (-l_n \leq x \leq 0) \tag{2.6}$$

$$\frac{d\phi}{dx} = \frac{eN_a}{\varepsilon_p\varepsilon_0}(x - l_p) \quad (0 \leq x \leq l_p) \tag{2.7}$$

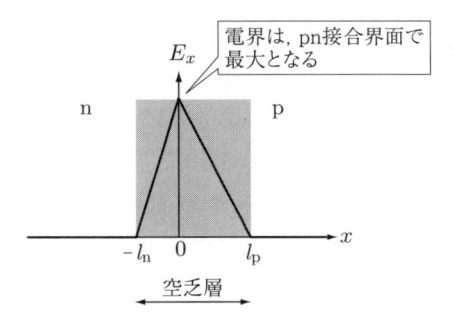

図 2.5 階段状 pn 接合における電界分布

が得られる．この結果から，電界 $E_x = -\mathrm{d}\phi/\mathrm{d}x$ をグラフ化すると，図 2.5 のようになる．

接合界面 $x = 0$ において，電界 $E_x = -\mathrm{d}\phi/\mathrm{d}x$ の値は等しいはずだから，

$$\frac{N_\mathrm{d}}{\varepsilon_\mathrm{n}} l_\mathrm{n} = \frac{N_\mathrm{a}}{\varepsilon_\mathrm{p}} l_\mathrm{p} \tag{2.8}$$

が成り立つ．なお，$\varepsilon_\mathrm{n} = \varepsilon_\mathrm{p}$ の場合，$N_\mathrm{d} l_\mathrm{n} = N_\mathrm{a} l_\mathrm{p}$ だから，$N_\mathrm{d} > N_\mathrm{a}$ ならば，$l_\mathrm{n} < l_\mathrm{p}$ となる．つまり，空乏層は，低不純物濃度領域に広がることがわかる．

■**階段状 pn 接合における電位分布** ここで，式 (2.6) と式 (2.7) を x について積分し，境界条件として，$x = 0$ において電位 $\phi = 0$ と仮定すると，

$$\phi = -\frac{eN_\mathrm{d}}{2\varepsilon_\mathrm{n}\varepsilon_0}\left(x^2 + 2l_\mathrm{n}x\right) \quad (-l_\mathrm{n} \leq x \leq 0) \tag{2.9}$$

$$\phi = \frac{eN_\mathrm{a}}{2\varepsilon_\mathrm{p}\varepsilon_0}\left(x^2 - 2l_\mathrm{p}x\right) \quad (0 \leq x \leq l_\mathrm{p}) \tag{2.10}$$

が導かれる．この結果をグラフ化すると，図 2.6 のようになる．なお，図中に拡散電位 ϕ_D も示した．

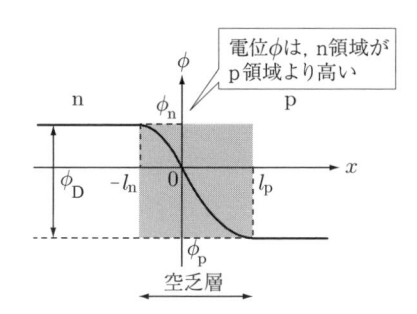

図 2.6 階段状 pn 接合における電位分布

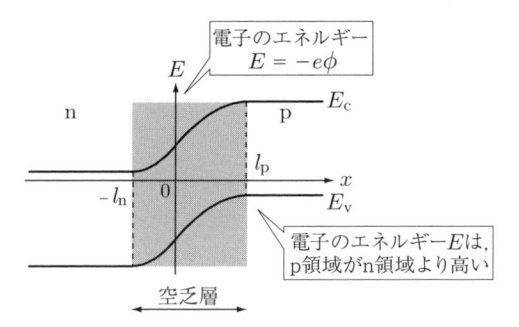

図 2.7 階段状 pn 接合におけるエネルギー分布

■**階段状 pn 接合におけるエネルギー分布** 電子のエネルギーは，電気素量を e として $-e\phi$ で与えられるので，図 2.6 に示した電位分布を反映して，図 2.7 のように，伝導帯と価電子帯が接合界面付近で折れ曲がる．

■**接合容量とバイアス電圧との関係** さて，厳密には，比誘電率は不純物濃度の関数であるが，n 形半導体の比誘電率と p 形半導体の比誘電率の差が小さく，$\varepsilon_\mathrm{n} = \varepsilon_\mathrm{p} = \varepsilon_\mathrm{s}$ と見なしてよい場合を考えよう．このとき，$x = 0$ における電界を E_m と表すと，

$$E_\mathrm{m} = \frac{eN_\mathrm{d}}{\varepsilon_\mathrm{s}\varepsilon_0} l_\mathrm{n} = \frac{eN_\mathrm{a}}{\varepsilon_\mathrm{s}\varepsilon_0} l_\mathrm{p} \equiv \frac{\sigma}{\varepsilon_\mathrm{s}\varepsilon_0} \tag{2.11}$$

となる．ここで定義した σ は，空乏層に蓄えられる単位面積あたりの電荷であり，

$$\sigma = eN_\mathrm{d} l_\mathrm{n} = eN_\mathrm{a} l_\mathrm{p} \tag{2.12}$$

で与えられる．

電位 ϕ は位置 x の関数だから，$\phi(x)$ と表すことにし，pn 接合に電圧 V（順バイアスのとき $V > 0$，逆バイアスのとき $V < 0$）を印加した場合を考える．このとき，拡散電位 ϕ_D，印加電圧 V，pn 接合内の電位 $\phi(-l_\mathrm{n}) = \phi_\mathrm{n}$, $\phi(l_\mathrm{p}) = \phi_\mathrm{p}$ との間には，次の関係が成り立つ．

$$\begin{aligned}\phi_\mathrm{D} - V &= \phi(-l_\mathrm{n}) - \phi(l_\mathrm{p}) = \phi_\mathrm{n} - \phi_\mathrm{p} \\ &= \frac{e}{2\varepsilon_\mathrm{s}\varepsilon_0}\left(N_\mathrm{d}l_\mathrm{n}{}^2 + N_\mathrm{a}l_\mathrm{p}{}^2\right) = \frac{\sigma^2}{2e\varepsilon_\mathrm{s}\varepsilon_0}\left(\frac{1}{N_\mathrm{d}} + \frac{1}{N_\mathrm{a}}\right)\end{aligned} \tag{2.13}$$

また，l_n と l_p は，次のように表される．

$$l_\mathrm{n} = \frac{\sigma}{eN_\mathrm{d}} = \sqrt{\frac{2\varepsilon_\mathrm{s}\varepsilon_0}{eN_\mathrm{d}}(\phi_\mathrm{D} - V)\frac{N_\mathrm{a}}{N_\mathrm{a} + N_\mathrm{d}}} \tag{2.14}$$

$$l_\mathrm{p} = \frac{\sigma}{eN_\mathrm{a}} = \sqrt{\frac{2\varepsilon_\mathrm{s}\varepsilon_0}{eN_\mathrm{a}}(\phi_\mathrm{D} - V)\frac{N_\mathrm{d}}{N_\mathrm{a} + N_\mathrm{d}}} \tag{2.15}$$

$$l_\mathrm{D} = l_\mathrm{n} + l_\mathrm{p} \tag{2.16}$$

ここで，l_D は空乏層の厚さである．式 (2.14)–(2.16) から，順バイアス ($V > 0$) を印加すると空乏層が薄くなり，逆バイアス ($V < 0$) を印加すると空乏層が厚くなることがわかる．

さて，階段状 pn 接合では，図 2.4 のように，正の電荷と負の電荷が局在しているため，コンデンサが形成されていると見なすことができる．このコンデンサの単位面積あたりの静電容量を**接合容量** (junction capacitance) または**空乏層容量** (depletion layer capacitance) といい，その値 C_J は次式で与えられる．

$$C_\mathrm{J} = \left|\frac{\mathrm{d}\sigma}{\mathrm{d}V}\right| = \sqrt{\frac{e\varepsilon_\mathrm{s}\varepsilon_0}{2(\phi_\mathrm{D} - V)} \cdot \frac{N_\mathrm{a}N_\mathrm{d}}{N_\mathrm{a} + N_\mathrm{d}}} = \frac{\varepsilon_\mathrm{s}\varepsilon_0}{l_\mathrm{D}} \tag{2.17}$$

この結果から，順バイアス ($V > 0$) を印加すると接合容量 C_J が大きくなり，逆バイアス ($V < 0$) を印加すると接合容量 C_J が小さくなることがわかる．

式 (2.17) から，

$$C_\mathrm{J}{}^{-2} = \frac{2(\phi_\mathrm{D} - V)}{e\varepsilon_\mathrm{s}\varepsilon_0} \cdot \frac{N_\mathrm{a} + N_\mathrm{d}}{N_\mathrm{a}N_\mathrm{d}} \tag{2.18}$$

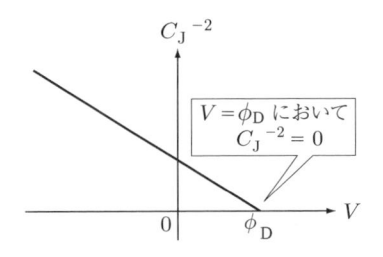

図 2.8 C_J^{-2} とバイアス電圧 V との関係

となるので，C_J^{-2} をバイアス電圧 V に対してプロットすると，図 2.8 のようになる．この図からわかるように，$V = \phi_D$ において，$C_J^{-2} = 0$ となる．この関係を利用して，実験的に拡散電位 ϕ_D を求めることができる．

・Point・ ・pn 接合のエネルギーバンドを求めるには，ポアソン方程式を解く．

例題 2.1 ヒ化ガリウム (GaAs)p$^+$nn$^+$ 接合において，静電容量 C_J' の最小値が 1.2 pF の場合，n 層の厚さ W_n を求めよ．ただし，接合面積 S を 2×10^{-4} cm^2 とする．また，ヒ化ガリウム (GaAs) の比誘電率は，$\varepsilon_s = 13.1$ である．

◆解答◆ p$^+$ や n$^+$ の $^+$ は，p$^+$ 層や n$^+$ 層の不純物濃度が，p 層や n 層の不純物濃度よりもきわめて高いことを示している．p$^+$n 接合界面付近に空乏層が形成されるが，p$^+$ 層の不純物濃度が n 層の不純物濃度に比べて十分高ければ，空乏層は p$^+$ 層にはほとんど広がらず，空乏層の大部分は n 層に形成される．また，n$^+$ 層にも空乏層はほとんど広がらない．この結果，静電容量 C_J' が最小となるのは，空乏層の厚さが最大になったとき，すなわち空乏層が n 層全体に広がったときとなる．したがって，次の関係が成り立つ．

$$C_J' = \frac{\varepsilon_s \varepsilon_0 S}{W_n} \tag{2.19}$$

これから，n 層の厚さ W_n は，次のようになる．

$$W_n = \frac{\varepsilon_s \varepsilon_0 S}{C_J'} = 1.93 \ \mu\text{m} \tag{2.20}$$

傾斜状 pn 接合 ■**傾斜状 pn 接合における不純物濃度** 図 2.9 のように，接合界面で不純物濃度 $(N_a - N_d)$ の空間分布が徐々に変化している pn 接合を**傾斜状 pn 接合** (graded pn junction) という．この図は，接合界面を $x = 0$ とし，

$$N_a - N_d = ax \quad (a > 0) \tag{2.21}$$

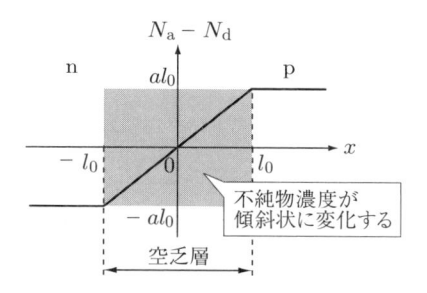

図 2.9 傾斜状 pn 接合における不純物濃度

とおいたときのものであり，このような傾斜状 pn 接合を線形傾斜状 pn 接合 (linearly graded pn junction) という．また，$x \leq 0$ に n 形半導体（ドナー濃度 N_d）が存在し，$0 \leq x$ に p 形半導体（アクセプター濃度 N_a）が存在する．ここで，n 形半導体にはドナーだけがドーピングされ，p 形半導体にはアクセプターだけがドーピングされていると仮定した．なお，図中に記述した n と p は，それぞれ n 形半導体の存在領域と p 形半導体の存在領域を示している．

■**傾斜状 pn 接合におけるキャリア濃度と電荷密度** すべてのドナーとアクセプターがイオン化し，かつ接合界面（$-l_0 \leq x \leq l_0$ の領域）が完全に空乏化していると仮定すると，キャリア濃度 n, p の空間分布は，図 2.10 のように表される．ただし，$-l_0$ と l_0 は，それぞれ n 形半導体と p 形半導体における空乏層界面の x 座標である．

このとき，pn 接合界面における電荷密度 ρ の空間分布は，図 2.11 のようになる．なお，$x \leq -l_0$ と $l_0 \leq x$ の領域では，キャリアとイオン化した不純物とが同数存在し，電気的中性条件が満たされているとした．

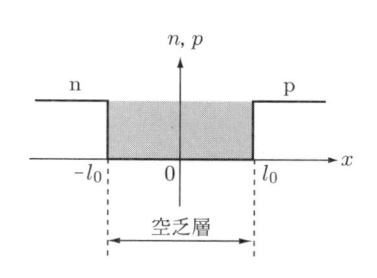

図 2.10 傾斜状 pn 接合におけるキャリア濃度

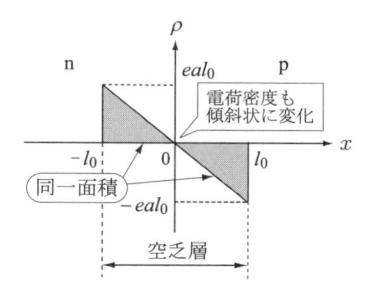

図 2.11 傾斜状 pn 接合における電荷密度

■ **傾斜状 pn 接合における電界分布と電位分布** ここで，次に示す空乏層における ポアソン方程式

$$\frac{d^2\phi}{dx^2} = \frac{eax}{\varepsilon_s \varepsilon_0} \quad (-l_0 \leq x \leq l_0) \tag{2.22}$$

を解き，電界分布と電位分布を求めてみよう．なお，式 (2.22) において，ϕ は電位，ε_s は半導体の比誘電率，$\varepsilon_0 = 8.854 \times 10^{-12} \, \mathrm{F\,m^{-1}}$ は真空の誘電率である．また，簡単のため，n 形半導体と p 形半導体の比誘電率は等しいとした．

電気的中性領域 $x \leq -l_0$ と $l_0 \leq x$ では，電界 $E_x = -d\phi/dx = 0$ である．すなわち，電界に対する境界条件として $x = -l_0$ と $x = l_0$ において，$E_x = -d\phi/dx = 0$ が成り立つ．したがって，この境界条件を用いて，式 (2.22) を x について積分すると，

$$\frac{d\phi}{dx} = \frac{ea(x^2 - l_0{}^2)}{2\varepsilon_s \varepsilon_0} \quad (-l_0 \leq x \leq l_0) \tag{2.23}$$

が得られる．この結果から，電界 $E_x = -d\phi/dx$ をグラフ化すると，図 2.12 のようになる．ここで，接合界面 $x = 0$ において，電界 $E_x = -d\phi/dx$ の値を E_m とすると，

$$E_\mathrm{m} = \frac{eal_0{}^2}{2\varepsilon_s \varepsilon_0} \tag{2.24}$$

となる．

さらに，式 (2.23) を x について積分し，境界条件として，$x = 0$ において電位 $\phi = 0$ と仮定すると，

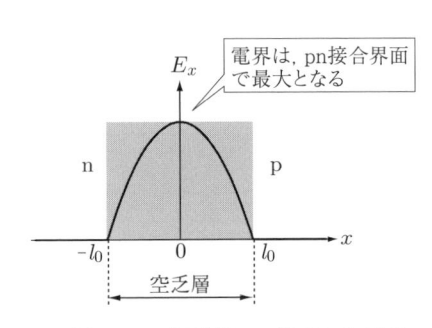

図 2.12 傾斜状 pn 接合における電界分布

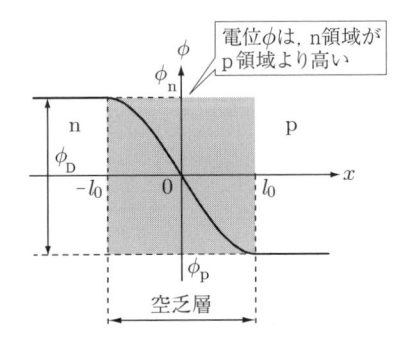

図 2.13 傾斜状 pn 接合における電位分布

$$\phi = \frac{ea\left(x^3 - 3l_0{}^2 x\right)}{6\varepsilon_s \varepsilon_0} \quad (-l_0 \leq x \leq l_0) \tag{2.25}$$

が導かれる．この結果をグラフ化すると，図 2.13 のようになる．なお，図中に拡散電位 ϕ_D も示した．

■**傾斜状 pn 接合におけるエネルギー分布** 電子のエネルギーは，電気素量を e として $-e\phi$ で与えられるので，図 2.13 に示した電位分布を反映して，図 2.14 のように，伝導帯と価電子帯が接合界面付近で折れ曲がる．

さて，空乏層に蓄えられる単位面積あたりの電荷 σ は，

$$\sigma = \left| \int_{-l_0}^{0} -eax\, dx \right| = \left| \int_{0}^{l_0} -eax\, dx \right| = \frac{1}{2} e a l_0{}^2 \tag{2.26}$$

である．電位 ϕ は位置 x の関数だから，$\phi(x)$ と表すことにし，pn 接合に電圧 V（順バイアスのとき $V > 0$，逆バイアスのとき $V < 0$）を印加した場合を考える．このとき，拡散電位 ϕ_D，印加電圧 V，pn 接合内の電位 $\phi(-l_0) = \phi_n$, $\phi(l_0) = \phi_p$ との間には，次の関係が成り立つ．

$$\phi_D - V = \phi(-l_0) - \phi(l_0) = \phi_n - \phi_p = \frac{2eal_0{}^3}{3\varepsilon_s \varepsilon_0} = \frac{4\sqrt{2}}{3\varepsilon_s \varepsilon_0}\sqrt{\frac{\sigma^3}{ea}} \tag{2.27}$$

また，l_0 は，次のように表される．

$$l_0 = \left[\frac{3\varepsilon_s \varepsilon_0}{2ea}(\phi_D - V)\right]^{\frac{1}{3}} \tag{2.28}$$

$$l_D = 2l_0 \tag{2.29}$$

ここで，l_D は空乏層の厚さである．式 (2.28) と式 (2.29) から，順バイアス ($V > 0$) を印加すると空乏層が薄くなり，逆バイアス ($V < 0$) を印加すると空乏層が厚くな

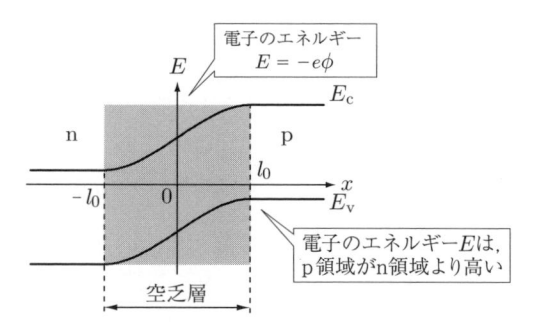

図 2.14 傾斜状 pn 接合におけるエネルギー分布

例題 2.2 シリコン (Si) の傾斜状 pn 接合を考える. 勾配係数を $a = 10^{20}$ cm^{-4} とし, 逆バイアスとして $V = -5$ V が印加されているとする. このとき, (a) 空乏層の厚さ l_D と (b) 空乏層内の最大電界 E_m を求めよ. なお, この接合の拡散電位 ϕ_D を 0.59 V とする.

◆解答◆ (a) 式 (2.28), (2.29) から, 傾斜状 pn 接合における空乏層の厚さ l_D は,

$$l_\mathrm{D} = 2l_0 = 2\left[\frac{3\varepsilon_\mathrm{s}\varepsilon_0}{2ea}(\phi_\mathrm{D} - V)\right]^{\frac{1}{3}} = 1.64\,\mu\mathrm{m} \tag{2.30}$$

となる. ここで, シリコン (Si) の比誘電率 $\varepsilon_\mathrm{s} = 11.8$ を用いた.
(b) 図 2.12 から, 空乏層内の電界は接合界面 $x = 0$ において最大となる. そして, その値 E_m は, 式 (2.24) と例題 2.2(a) の結果から, 次のようになる.

$$E_\mathrm{m} = \frac{eal_0{}^2}{2\varepsilon_\mathrm{s}\varepsilon_0} = \frac{eal_\mathrm{D}{}^2}{8\varepsilon_\mathrm{s}\varepsilon_0} = 5.13 \times 10^4\,\mathrm{V\,cm^{-1}} \tag{2.31}$$

傾斜状 pn 接合でも, 図 2.11 のように, 正の電荷と負の電荷が局在しているため, コンデンサが形成されていると見なすことができる. このコンデンサの単位面積あたりの静電容量の値, すなわち接合容量の値 C_J は, 次式で与えられる.

$$C_\mathrm{J} = \left|\frac{d\sigma}{dV}\right| = \left[\frac{ea(\varepsilon_\mathrm{s}\varepsilon_0)^2}{12(\phi_\mathrm{D} - V)}\right]^{\frac{1}{3}} = \frac{\varepsilon_\mathrm{s}\varepsilon_0}{2l_0} = \frac{\varepsilon_\mathrm{s}\varepsilon_0}{l_\mathrm{D}} \tag{2.32}$$

この結果から, 線形傾斜状 pn 接合でも, 順バイアス ($V > 0$) を印加すると接合容量 C_J が大きくなり, 逆バイアス ($V < 0$) を印加すると接合容量 C_J が小さくなることがわかる.

2.2 電気的中性領域を流れる電流

拡散電流 熱平衡状態における pn 接合は, 電気的に中性な p 領域と電気的に中性な n 領域とで, 空間電荷層をはさんだ構成になっている. 電気的に中性な n 領域, 空間電荷層, 電気的に中性な p 領域が, 図 2.3 のように, x 軸に沿って並んでいるとすると, キャリアの拡散方程式は, 次のように表すことができる.

$$\frac{\partial p_\mathrm{n}}{\partial t} = -\frac{p_\mathrm{n} - p_\mathrm{n0}}{\tau_{p_\mathrm{n}}} + D_{p_\mathrm{n}}\frac{\partial^2 p_\mathrm{n}}{\partial x^2} \quad (\text{電気的に中性な n 領域}) \tag{2.33}$$

$$\frac{\partial n_\mathrm{p}}{\partial t} = -\frac{n_\mathrm{p} - n_\mathrm{p0}}{\tau_{n_\mathrm{p}}} + D_{n_\mathrm{p}}\frac{\partial^2 n_\mathrm{p}}{\partial x^2} \quad (\text{電気的に中性な p 領域}) \tag{2.34}$$

ここで，電気的中性領域では電界が存在しないことに注意してほしい．なお，t は時間，p_n は n 領域における正孔濃度，$p_{\mathrm{n}0}$ は n 領域における正孔濃度の定常値，τ_{p_n} は n 領域における正孔の寿命，D_{p_n} は n 領域における正孔の拡散係数である．また，n_p は p 領域における伝導電子濃度，$n_{\mathrm{p}0}$ は p 領域における伝導電子濃度の定常値，τ_{n_p} は p 領域における伝導電子の寿命，D_{n_p} は p 領域における伝導電子の拡散係数である．

定常状態 ($\partial/\partial t = 0$) では，過剰キャリア濃度

$$p_\mathrm{n}' = p_\mathrm{n} - p_{\mathrm{n}0}, \quad n_\mathrm{p}' = n_\mathrm{p} - n_{\mathrm{p}0}$$

に対する拡散方程式は，次のように書き換えられる．

$$\frac{\partial^2 p_\mathrm{n}'}{\partial x^2} = \frac{p_\mathrm{n}'}{D_{p_\mathrm{n}} \tau_{p_\mathrm{n}}} \equiv \frac{p_\mathrm{n}'}{L_{p_\mathrm{n}}{}^2} \quad \text{(電気的に中性な n 領域)} \tag{2.35}$$

$$\frac{\partial^2 n_\mathrm{p}'}{\partial x^2} = \frac{n_\mathrm{p}'}{D_{n_\mathrm{p}} \tau_{n_\mathrm{p}}} \equiv \frac{n_\mathrm{p}'}{L_{n_\mathrm{p}}{}^2} \quad \text{(電気的に中性な p 領域)} \tag{2.36}$$

ここで，L_{p_n} は n 領域における正孔の**拡散長** (diffusion length)，L_{n_p} は p 領域における伝導電子の拡散長であり，それぞれ次式で定義される．

$$L_{p_\mathrm{n}} \equiv \sqrt{D_{p_\mathrm{n}} \tau_{p_\mathrm{n}}} \tag{2.37}$$

$$L_{n_\mathrm{p}} \equiv \sqrt{D_{n_\mathrm{p}} \tau_{n_\mathrm{p}}} \tag{2.38}$$

式 (2.35) と式 (2.36) から，電気的に中性な p 領域における過剰電子濃度 n_p' と電気的に中性な n 領域における過剰正孔濃度 p_n' は，次のように求められる．

$$n_\mathrm{p}'(x) = n_{\mathrm{p}0} \left[\exp\left(\frac{eV}{k_\mathrm{B} T}\right) - 1 \right] \exp\left(-\frac{x - l_\mathrm{p}}{L_{n_\mathrm{p}}}\right) \tag{2.39}$$

$$p_\mathrm{n}'(x) = p_{\mathrm{n}0} \left[\exp\left(\frac{eV}{k_\mathrm{B} T}\right) - 1 \right] \exp\left(\frac{x + l_\mathrm{n}}{L_{p_\mathrm{n}}}\right) \tag{2.40}$$

ここで，$-l_\mathrm{n}$ と l_p は，それぞれ n 形半導体と p 形半導体における空乏層界面の x 座標である．式 (2.39)，(2.40) から，拡散によって電気的に中性な p 領域を流れる伝導電子電流密度 $J_{n_\mathrm{p}}(x)$ と電気的に中性な n 領域を流れる正孔電流密度 $J_{p_\mathrm{n}}(x)$ は，次式で与えられる．

$$J_{n_\mathrm{p}}(x) = -eD_{n_\mathrm{p}} \frac{\mathrm{d} n_\mathrm{p}'}{\mathrm{d} x} = e\frac{D_{n_\mathrm{p}}}{L_{n_\mathrm{p}}} n_{\mathrm{p}0} \left[\exp\left(\frac{eV}{k_\mathrm{B} T}\right) - 1 \right] \exp\left(-\frac{x - l_\mathrm{p}}{L_{n_\mathrm{p}}}\right) \tag{2.41}$$

$$J_{p_\mathrm{n}}(x) = eD_{p_\mathrm{n}} \frac{\mathrm{d} p_\mathrm{n}'}{\mathrm{d} x} = e\frac{D_{p_\mathrm{n}}}{L_{p_\mathrm{n}}} p_{\mathrm{n}0} \left[\exp\left(\frac{eV}{k_\mathrm{B} T}\right) - 1 \right] \exp\left(\frac{x + l_\mathrm{n}}{L_{p_\mathrm{n}}}\right) \tag{2.42}$$

総電流密度 J は $J_{n_\mathrm{p}}(l_\mathrm{p})$ と $J_{p_\mathrm{n}}(-l_\mathrm{n})$ との和で与えられ,

$$J = J_{n_\mathrm{p}}(l_\mathrm{p}) + J_{p_\mathrm{n}}(-l_\mathrm{n}) = J_\mathrm{s}\left[\exp\left(\frac{eV}{k_\mathrm{B}T}\right) - 1\right] \tag{2.43}$$

と表される.ここで,

$$J_\mathrm{s} = e\left(\frac{D_{n_\mathrm{p}}}{L_{n_\mathrm{p}}}n_\mathrm{p0} + \frac{D_{p_\mathrm{n}}}{L_{p_\mathrm{n}}}p_\mathrm{n0}\right) \tag{2.44}$$

であり,この J_s を**飽和電流密度** (saturation current density) という.

・**Point**・ ・順バイアスを印加し,しかも熱平衡状態とみなすことができるとき,pn 接合ダイオードを流れる電流は,拡散電流である.

拡散容量 順バイアス時には,伝導電子が n 領域から p 領域に注入され,正孔が p 領域から n 領域に注入される.p 領域に注入された伝導電子と,n 領域に注入された正孔は,少数キャリアであり,このような少数キャリアの空間的な分布により,順方向電流が流れるとともに,pn 接合界面付近にキャリアが蓄積される.たとえば,n 領域に注入された正孔については,過剰正孔濃度 p_n' による単位面積あたりの電荷 $\sigma_{\mathrm{d}p}$ は,式 (2.40) から,次のようになる.

$$\sigma_{\mathrm{d}p} = e\int_{-\infty}^{-l_\mathrm{n}} p_\mathrm{n}'(x)\,\mathrm{d}x = eL_{p_\mathrm{n}}p_\mathrm{n0}\left[\exp\left(\frac{eV}{k_\mathrm{B}T}\right) - 1\right] \tag{2.45}$$

この式から,順バイアス時に電気的に中性な n 領域に蓄積される正孔による単位面積あたりの拡散容量 $C_{\mathrm{d}p}$ を次式で定義する.

$$C_{\mathrm{d}p} \equiv \left|\frac{\mathrm{d}\sigma_{\mathrm{d}p}}{\mathrm{d}V}\right| = \frac{e^2 L_{p_\mathrm{n}}p_\mathrm{n0}}{k_\mathrm{B}T}\left[\exp\left(\frac{eV}{k_\mathrm{B}T}\right) - 1\right] \tag{2.46}$$

同様にして,順バイアス時に電気的に中性な p 領域に蓄積される伝導電子による単位面積あたりの拡散容量 $C_{\mathrm{d}n}$ は,次式で定義される.

$$C_{\mathrm{d}n} \equiv \frac{e^2 L_{n_\mathrm{p}}n_\mathrm{p0}}{k_\mathrm{B}T}\left[\exp\left(\frac{eV}{k_\mathrm{B}T}\right) - 1\right] \tag{2.47}$$

2.3 キャリアの発生と再結合

逆バイアス pn 接合に逆バイアスを印加したときは,空乏層に大きな電界がかかっている.このため,空乏層内で発生したキャリアは,ドリフト運動によって

次々と移動し，熱平衡には達しない．シリコン (Si) のような間接遷移形半導体の場合は，再結合中心が介在して，空乏層内で伝導電子と正孔が再結合して消失する．これを補うように，n 層から空乏層に伝導電子が流入し，p 層から空乏層に正孔が流入する．この結果，電流が発生する．このとき，空乏層における伝導電子と正孔の再結合レート（再結合による単位時間あたりの濃度変化），すなわちキャリアの再結合レートを $-U$ とすると，

$$U = \frac{np - n_0 p_0}{n + p + 2n_\mathrm{i} \cosh\left[(E_\mathrm{t} - E_\mathrm{i})/(k_\mathrm{B} T)\right]} \sigma v_\mathrm{th} N_\mathrm{t} \tag{2.48}$$

と表される．なお，n は伝導電子濃度，p は正孔濃度，n_0 は熱平衡状態における伝導電子濃度，p_0 は熱平衡状態における正孔濃度，E_t は再結合中心のエネルギー，E_i は真性フェルミ準位のエネルギー，k_B はボルツマン定数，T は絶対温度である．また，σ はキャリアと再結合中心の間の衝突断面積，v_th はキャリアの熱速度，N_t は再結合中心の濃度である．ここでは，簡単のため，伝導電子と再結合中心の間の衝突断面積と，正孔と再結合中心の間の衝突断面積は等しいとした．また，伝導電子の熱速度と，正孔の熱速度も等しいとした．

空乏層においてキャリアの発生が無視できるときは，$n = p = 0$ とおく．いま，$E_\mathrm{t} = E_\mathrm{i}$ であると仮定し，$n_0 p_0 = n_\mathrm{i}^2$ を用いると，キャリア濃度の変動レート $dn/dt = dp/dt = -U$ として，

$$\frac{dn}{dt} = \frac{dp}{dt} = -U = \frac{n_\mathrm{i}}{2\tau_\mathrm{eff}} \tag{2.49}$$

$$\tau_\mathrm{eff} \equiv \sigma v_\mathrm{th} N_\mathrm{t} \tag{2.50}$$

が得られる．ここで定義した τ_eff をキャリアの**有効寿命** (effective lifetime) という．

以上から，空乏層が $-l_\mathrm{n} \leq x \leq l_\mathrm{p}$ に存在する場合，再結合中心が介在して生じる熱発生電流密度 J_gen は，

$$J_\mathrm{gen} = \int_{-l_\mathrm{n}}^{l_\mathrm{p}} e(-U)\,dx = -eU l_\mathrm{D} = \frac{e n_\mathrm{i}}{2\tau_\mathrm{eff}} l_\mathrm{D}, \quad l_\mathrm{D} = l_\mathrm{n} + l_\mathrm{p} \tag{2.51}$$

と表される．この結果，逆方向電流密度 J_R は，式 (2.44) で与えられる飽和電流密度 $|J_\mathrm{s}|$ と再結合中心が介在して生じる熱発生電流密度 J_gen との和として，

$$J_\mathrm{R} = |J_\mathrm{s}| + J_\mathrm{gen} = |J_\mathrm{s}| + \frac{e n_\mathrm{i}}{2\tau_\mathrm{eff}} l_\mathrm{D} \tag{2.52}$$

で与えられる．

46 第 2 章 pn 接合ダイオード

例題 2.3 シリコン (Si) 階段状 pn 接合ダイオードを考える．絶対温度 $T = 300$ K において，この pn 接合ダイオードに，逆バイアス電圧として $V = -5$ V を印加したとき，逆方向電流が 6.4×10^{-12} A 流れたとする．式 (2.52) が成り立つと仮定し，少数キャリアの有効寿命 τ_{eff} を求めよ．ただし，シリコン (Si) の比誘電率 $\varepsilon_{\text{s}} = 11.8$，p 層のアクセプター濃度 $N_{\text{a}} = 10^{17}$ cm^{-3}，n 層のドナー濃度 $N_{\text{d}} = 10^{19}$ cm^{-3}，接合断面積 $S = 10^{-3}$ cm^2，逆方向飽和電流 $I_{\text{s}} = 5.61 \times 10^{-14}$ A とする．

◆**解答**◆ 式 (2.3) から，拡散電位 ϕ_{D} は，

$$\phi_{\text{D}} = \frac{k_{\text{B}}T}{e} \ln \frac{N_{\text{a}}N_{\text{d}}}{n_{\text{i}}^2} = 0.975 \, \text{V} \tag{2.53}$$

となる．式 (2.53)，(2.14)–(2.16) から，空乏層の厚さ l_{D} は，

$$l_{\text{D}} = \sqrt{\frac{2\varepsilon_{\text{s}}\varepsilon_0}{eN_{\text{d}}}(\phi_{\text{D}} - V)\frac{N_{\text{a}}}{N_{\text{a}} + N_{\text{d}}}\left(1 + \frac{N_{\text{d}}}{N_{\text{a}}}\right)} = 0.281 \, \mu\text{m} \tag{2.54}$$

となる．また，式 (2.52) から，逆方向電流 I_{R} は，

$$I_{\text{R}} = J_{\text{R}}S = |J_{\text{s}}|S + \frac{en_{\text{i}}}{2\tau_{\text{eff}}}l_{\text{D}}S = I_{\text{s}} + \frac{en_{\text{i}}}{2\tau_{\text{eff}}}l_{\text{D}}S \tag{2.55}$$

である．ここで，$I_{\text{s}} = |J_{\text{s}}|S$ は，逆方向飽和電流である．式 (2.54)，(2.55) から，少数キャリアの有効寿命 τ_{eff} は，次のようになる．

$$\tau_{\text{eff}} = \frac{en_{\text{i}}l_{\text{D}}}{2(I_{\text{R}} - I_{\text{s}})}S = 5.32 \, \mu\text{s} \tag{2.56}$$

例題 2.4 p 層のアクセプター濃度 $N_{\text{a}} = 10^{17}$ cm^{-3}，n 層のドナー濃度 $N_{\text{d}} = 10^{15}$ cm^{-3} のシリコン (Si) 階段状 pn 接合を考える．この pn 接合は，真性フェルミ準位 E_{i} よりも 0.02 eV エネルギーの高い再結合中心をもつとする．再結合中心の濃度 $N_{\text{t}} = 10^{15}$ cm^{-3} のとき，絶対温度 $T = 300$ K，逆バイアス電圧 $V = -0.5$ V における熱発生電流密度を求めよ．ただし，キャリアの捕獲断面積 $\sigma = 10^{-15}$ cm^2，キャリアの熱速度 $v_{\text{th}} = 10^7$ cm s^{-1}，シリコン (Si) の比誘電率 $\varepsilon_{\text{s}} = 11.8$ とする．

◆**解答**◆ 式 (2.48) において，$n = p = 0$ とおき，$n_0 p_0 = n_{\text{i}}^2$ を用いると，定常状態におけるキャリアの再結合レート $-U$ は，次のようになる．

$$-U = \frac{n_{\text{i}}}{2\cosh[(E_{\text{t}} - E_{\text{i}})/(k_{\text{B}}T)]}\sigma v_{\text{th}} N_{\text{t}} = 2.55 \times 10^{16} \, \text{cm}^{-3}\,\text{s}^{-1} \tag{2.57}$$

また，式 (2.3) から，拡散電位 ϕ_{D} は，

$$\phi_{\text{D}} = \frac{k_{\text{B}}T}{e} \ln \frac{N_{\text{a}}N_{\text{d}}}{n_{\text{i}}^2} = 0.736 \, \text{V} \tag{2.58}$$

となる．一方，式 (2.14)–(2.16)，(2.58) から，空乏層の厚さ l_{D} は，次の値になる．

$$l_{\mathrm{D}} = \sqrt{\frac{2\varepsilon_{\mathrm{s}}\varepsilon_0}{eN_{\mathrm{d}}}(\phi_{\mathrm{D}} - V)\frac{N_{\mathrm{a}}}{N_{\mathrm{a}} + N_{\mathrm{d}}}\left(1 + \frac{N_{\mathrm{d}}}{N_{\mathrm{a}}}\right)} = 1.28\ \mu\mathrm{m} \tag{2.59}$$

式 (2.57), (2.59) を式 (2.51) に代入すると，再結合中心が介在して生じる熱発生電流密度 J_{gen} は，次のように求められる．

$$J_{\mathrm{gen}} = -eUl_{\mathrm{D}} = 5.21 \times 10^{-7}\ \mathrm{A\,cm^{-2}} \tag{2.60}$$

順バイアス 順バイアス時には，$np \gg n_0 p_0$ となり，再結合が活発となる．空乏層においても，もはや $n = p = 0$ ではなく，

$$np = n_{\mathrm{i}}^2 \exp\left(\frac{eV}{k_{\mathrm{B}}T}\right) \tag{2.61}$$

が成り立つ．ここで，V は印加電圧である．また，キャリアは熱平衡状態にあるのではなく，非平衡状態にあることに注意してほしい．さらに，相加平均と相乗平均との関係から

$$\frac{n + p}{2} \simeq \sqrt{np} \tag{2.62}$$

とおくと，再結合電流密度 J_{rec} は，

$$J_{\mathrm{rec}} = \int_{-l_{\mathrm{n}}}^{l_{\mathrm{p}}} -eU\,\mathrm{d}x \simeq \frac{en_{\mathrm{i}}l_{\mathrm{D}}}{2\tau_{\mathrm{eff}}} \frac{\exp\left[eV/(k_{\mathrm{B}}T)\right] - 1}{\exp\left[eV/(2k_{\mathrm{B}}T)\right] + 1} \tag{2.63}$$

と表される．印加電圧 V が立上がり電圧程度（シリコン (Si) の場合，約 $0.7\ \mathrm{V}$）の大きさのときは，$\exp\left[eV/(k_{\mathrm{B}}T)\right] \gg \exp\left[eV/(2k_{\mathrm{B}}T)\right] \gg 1$ が成り立つから，再結合電流密度 J_{rec} は，近似的に次のように書くことができる．

$$J_{\mathrm{rec}} \simeq \frac{en_{\mathrm{i}}l_{\mathrm{D}}}{2\tau_{\mathrm{eff}}} \exp\left(\frac{eV}{2k_{\mathrm{B}}T}\right) \tag{2.64}$$

したがって，順方向電流密度 J_{F} は，式 (2.44) で与えられる飽和電流密度 $|J_{\mathrm{s}}|$ と式 (2.64) の再結合電流密度 J_{rec} とを用いて，

$$\begin{aligned}J_{\mathrm{F}} &\simeq |J_{\mathrm{s}}|\left[\exp\left(\frac{eV}{k_{\mathrm{B}}T}\right) - 1\right] + \frac{en_{\mathrm{i}}l_{\mathrm{D}}}{2\tau_{\mathrm{eff}}}\exp\left(\frac{eV}{2k_{\mathrm{B}}T}\right) \\ &\simeq J_0\left[\exp\left(\frac{eV}{\eta k_{\mathrm{B}}T}\right) - 1\right]\end{aligned} \tag{2.65}$$

と表すことができる．ここで導入した η を**特性因子** (ideality factor) という．特性因子 η は，拡散電流が支配的なときは 1，再結合が支配的なときは 2 であり，1 から 2 の間の値をとる．シリコン (Si) の場合，$\eta \simeq 1.03$ である．

以上から，順方向電流 I_{F} は，

48 第 2 章 pn 接合ダイオード

$$I_\mathrm{F} \simeq I_0 \left[\exp\left(\frac{eV}{\eta k_\mathrm{B} T}\right) - 1\right] \tag{2.66}$$

と表される．いま，$I_\mathrm{F} = I_\mathrm{F0}$ となる電圧 V を立上がり電圧 V_0 と定義すると，

$$V_0 \simeq \frac{\eta k_\mathrm{B} T}{e} \ln\left(\frac{I_\mathrm{F0}}{I_0} + 1\right) \tag{2.67}$$

となる．順方向電流 I_F とバイアス電圧 V との関係を図 2.15 に示す．

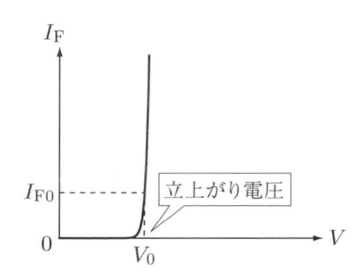

図 2.15 順方向電流 I_F とバイアス電圧 V との関係

・Point・ ・非平衡状態（たとえば，順バイアスで大電流の場合）では，
（pn 接合ダイオードを流れる電流）＝（拡散電流）＋（熱発生電流）
となる．

例題 2.5 シリコン (Si) 階段状 pn 接合ダイオードを考える．絶対温度 $T = 300$ K のとき，式 (2.66) において，$I_0 = 10^{-12}$ A とする．順方向電流 $I_\mathrm{F} = 10$ mA における順方向バイアス電圧を立上がり電圧 V_0 と決めたときの V_0 を求めよ．

◆解答◆ 式 (2.67) において，$I_0 = 10^{-12}$ A，順方向電流 $I_\mathrm{F0} = 10$ mA だから，立上がり電圧 V_0 は，次のようになる．

$$V_0 = \frac{\eta k_\mathrm{B} T}{e} \ln\left(\frac{I_\mathrm{F0}}{I_0} + 1\right) = 0.672\,\mathrm{V} \tag{2.68}$$

例題 2.6 式 (2.67) から，pn 接合ダイオードの立上がり電圧 V_0 の温度係数 dV_0/dT が，バンドギャップエネルギー E_g を用いて，次式で表されることを示せ．

$$\frac{dV_0}{dT} \simeq \left(V_0 - \frac{nE_\mathrm{g}}{e}\right)\frac{1}{T} \tag{2.69}$$

◆解答◆ 式 (2.67) において，$I_\mathrm{F0} = I_\mathrm{F}$ だから，

$$\frac{dV_0}{dT} = \frac{\eta k_B}{e} \ln\left(\frac{I_F}{I_0} + 1\right) + \frac{\eta k_B T}{e}\left(\frac{1}{I_F + I_0} - \frac{1}{I_0}\right)\frac{dI_0}{dT} \tag{2.70}$$

となる.ここで,式 (2.67) から

$$\frac{I_F}{I_0} + 1 = \exp\left(\frac{eV_0}{\eta k_B T}\right) \tag{2.71}$$

である.また,$I_0 \propto J_s$ であることに着目し,J_s を表す式 (2.44) において $n_{p0}, p_{n0} \propto \exp[-E_g/(2k_B T)]$ を用いると,

$$\frac{dV_0}{dT} = \frac{\eta k_B}{e}\left(\frac{eV_0}{\eta k_B T}\right) + \frac{\eta k_B T}{e}\left(\frac{1}{I_F + I_0} - \frac{1}{I_0}\right)\frac{E_g}{k_B T^2} I_0$$
$$\simeq \left(V_0 - \frac{nE_g}{e}\right)\frac{1}{T} \tag{2.72}$$

となる.ただし,ここで $I_F \gg I_0$ を利用した.

2.4 降伏現象

pn 接合ダイオードに印加する逆バイアスの絶対値がある値以上に大きくなると,図 2.16 のように,pn 接合ダイオードに急激に逆方向電流が流れる.この現象を**降伏** (breakdown) という.降伏現象には,キャリアと原子との衝突が次から次へと生じる**電子なだれ降伏** (avalanche breakdown) と,エネルギー障壁よりも小さなエネルギーをもつ電子がエネルギー障壁を突き抜けてしみだす,量子力学的なトンネル効果によって価電子帯の電子が伝導帯に移る**ツェナー降伏** (Zener breakdown) とがある.

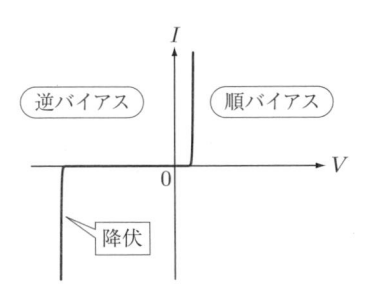

図 2.16 電流 I とバイアス電圧 V との関係

イオン化率 (ionization coefficient) α は,キャリアが単位長さだけの距離を移動するときに作る電子–正孔対として定義される.いま,$-l_n < -l_c \leq x \leq l_a < l_p$ において衝突電離が生じるとすると,**電流増倍係数** (current multiplication factor) M は,

50　第 2 章　pn 接合ダイオード

$$M = \left(1 - \int_{-l_c}^{l_a} \alpha \, dx\right)^{-1} \tag{2.73}$$

で与えられる．電子なだれは $M = \infty$ で生じ，このとき次式が成り立つ．

$$\int_{-l_c}^{l_a} \alpha \, dx = 1 \tag{2.74}$$

例題 2.7　図 2.17 のようなシリコン (Si) 階段接合 n^+p 形ダイオードを考える．n^+ 領域のドナー濃度 $N_d = 10^{17}$ cm^{-3}，p 領域のアクセプター濃度 $N_a = 10^{14}$ cm^{-3}，曲率半径 $R_J = 3$ μm のとき，降伏電圧は $V_B = 100$ V である．降伏時の平たん部における (a) 空乏層厚 l_D と (b) 最大電界 E_m を求めよ．

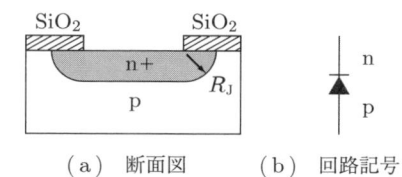

(a) 断面図　　(b) 回路記号

図 2.17　階段接合 n^+p 形ダイオード

◆解答◆ (a) 式 (2.3) から，拡散電位 ϕ_D は，

$$\phi_D = \frac{k_B T}{e} \ln \frac{N_a N_d}{n_i^2} = 0.677 \text{ V} \tag{2.75}$$

となる．n^+p 形ダイオードのように，n^+ 領域のドナー濃度 N_d が p 領域のアクセプター濃度 N_a に比べて十分大きい場合，空乏層の大部分は p 領域に広がる．そこで，p 領域に広がる空乏層の厚さ l_p に比べて n 領域に広がる空乏層の厚さ l_n が十分小さいとして l_n を無視することができる．したがって，空乏層厚 l_D は，$V = -V_B$ として次のようになる．

$$l_D \simeq l_p = \sqrt{\frac{2\varepsilon_s \varepsilon_0}{eN_a}(\phi_D - V)\frac{N_d}{N_a + N_d}} = 36.2 \text{ μm} \tag{2.76}$$

(b) 式 (2.11) において $l_p \gg l_n$ として，最大電界 E_m は，次のように求められる．

$$E_m \simeq \frac{eN_a}{\varepsilon_s \varepsilon_0} l_p = 5.55 \times 10^4 \text{ V cm}^{-1} \tag{2.77}$$

例題 2.8　シリコン (Si) の場合，イオン化率 α の電界依存性は，近似的に次式で与えられる．

$$\alpha = \alpha_n = \alpha_p = KE^5, \quad K = 1.65 \times 10^{-24} \text{ cm}^{-4} \text{ V}^{-5} \tag{2.78}$$

(a) 電子なだれが生じる条件，すなわち式 (2.74) を用いて，n$^+$p 形階段接合ダイオードの降伏電圧 V_B が，次式で与えられることを示せ．

$$V_B = \left[\frac{3}{4K}\left(\frac{\varepsilon_s\varepsilon_0}{eN_a}\right)^2\right]^{\frac{1}{3}} \tag{2.79}$$

ただし，ここで $\varepsilon_s = 11.8$ はシリコン (Si) の比誘電率，$\varepsilon_0 = 8.854 \times 10^{-12}$ F m^{-1} は真空の誘電率，$e = 1.602 \times 10^{-19}$ C は電気素量，N_a は p 領域のアクセプター濃度である．なお，シリコン (Si) の場合，逆バイアス電圧 $|V|$ と降伏電圧 V_B との間に実験式として

$$\int_{-l_c}^{l_a} \alpha \, dx = \left(\frac{|V|}{V_B}\right)^3 \tag{2.80}$$

が成り立つ．

(b) 式 (2.79) を用いて，$N_a = 10^{16}$ cm^{-3} のときの降伏電圧 V_B の値を推定せよ．

◆解答◆ (a) n$^+$ 領域が $x \leq 0$ に，p 領域が $x > 0$ に存在しているとする．n$^+$p 形ダイオードでは，空乏層の大部分は p 領域に広がる．したがって，p 領域の空乏層の厚さ l_p に比べて n 領域の空乏層の厚さ l_n を無視することができる．この結果，式 (2.6), (2.7) から，電界 E_x は，次のように表される．

$$E_x = \begin{cases} 0 & (-l_n < x \leq 0) \\ \dfrac{eN_a}{\varepsilon_s\varepsilon_0}(-x + l_p) & (0 \leq x \leq l_p) \\ 0 & (x \leq -l_n, \; l_p < x) \end{cases} \tag{2.81}$$

したがって，イオン化率 α の電界依存性は，

$$\alpha = \alpha_n = \alpha_p = \begin{cases} 0 & (-l_n < x \leq 0) \\ K\left(\dfrac{eN_a}{\varepsilon_s\varepsilon_0}\right)^5 (-x + l_p)^5 & (0 \leq x \leq l_p) \\ 0 & (x \leq -l_n, \; l_p < x) \end{cases} \tag{2.82}$$

となる．式 (2.82) を式 (2.74) に代入すると，

$$\int_{-l_c}^{l_a} \alpha \, dx = \int_0^{l_a} K\left(\frac{eN_a}{\varepsilon_s\varepsilon_0}\right)^5 (-x + l_p)^5 \, dx \simeq \frac{K}{6}\left(\frac{eN_a}{\varepsilon_s\varepsilon_0}\right)^5 l_p^6 \tag{2.83}$$

が得られる．ただし，ここで $l_a \simeq l_p$ とした．

また，逆バイアス電圧を V とすると，

$$|V| = \left|\int_{l_p}^{-l_n} E_x \, dx\right| = \int_0^{l_p} \frac{eN_a}{\varepsilon_s\varepsilon_0}(-x + l_p) \, dx = \frac{eN_a}{2\varepsilon_s\varepsilon_0} l_p^2 \tag{2.84}$$

であり，式 (2.83), (2.84) から l_p を消去すると，

$$\int_{-l_c}^{l_a} \alpha \, dx \simeq \frac{4K}{3}\left(\frac{eN_a}{\varepsilon_s\varepsilon_0}\right)^2 |V|^3 \tag{2.85}$$

が得られる．したがって，式 (2.85)，(2.80) から，

$$V_{\mathrm{B}} = \left[\frac{3}{4K}\left(\frac{\varepsilon_{\mathrm{s}}\varepsilon_0}{eN_{\mathrm{a}}}\right)^2\right]^{\frac{1}{3}} \tag{2.86}$$

が導かれる．
(b) 比誘電率 $\varepsilon_{\mathrm{s}} = 11.8$，$N_{\mathrm{a}} = 10^{16}\,\mathrm{cm}^{-3}$，$K = 1.65\times 10^{-24}\,\mathrm{cm}^{-4}\,\mathrm{V}^{-5}$ を式 (2.79) に代入すると，降伏電圧 V_{B} として，次の値が得られる．

$$V_{\mathrm{B}} = 57.8\,\mathrm{V} \tag{2.87}$$

演習問題

2.1 pn 接合 シリコン (Si) の pn 接合において，p 領域のアクセプター濃度を $N_{\mathrm{a}} = 10^{17}\,\mathrm{cm}^{-3}$，n 領域のドナー濃度を $N_{\mathrm{d}} = 10^{20}\,\mathrm{cm}^{-3}$ とする．また，p 領域において，少数キャリアは伝導電子であり，伝導電子の寿命を $\tau_n = 10^{-8}\,\mathrm{s}$，伝導電子の移動度を $\mu_n = 1.5\times 10^3\,\mathrm{cm}^2\,\mathrm{V}^{-1}\,\mathrm{s}^{-1}$ とする．一方，n 領域において，少数キャリアは正孔であり，正孔の寿命を $\tau_p = 10^{-9}\,\mathrm{s}$，正孔の移動度を $\mu_p = 5.0\times 10^2\,\mathrm{cm}^2\,\mathrm{V}^{-1}\,\mathrm{s}^{-1}$ とする．このとき，絶対温度 $T = 300\,\mathrm{K}$ における (a) 正孔の拡散長 L_p と伝導電子の拡散長 L_n，(b) 拡散電位 ϕ_{D}，(c) 飽和電流密度 J_{s}，(d) 飽和電流密度における正孔電流密度 J_p と伝導電子電流密度 J_n の比を求めよ．

2.2 片側階段状 pn 接合 アクセプター濃度 $N_{\mathrm{a}} = 10^{19}\,\mathrm{cm}^{-3}$，ドナー濃度 $N_{\mathrm{d}} = 10^{16}\,\mathrm{cm}^{-3}$ のシリコン (Si) 片側階段状 pn 接合（p$^+$n 接合）を考える．バイアス電圧を印加しない状態で，絶対温度 $T = 300\,\mathrm{K}$ における空乏層の厚さ l_{D} と，空乏層内の電界の最大値 E_{m} を求めよ．

2.3 片側階段状 pn 接合における接合容量 アクセプター濃度 $N_{\mathrm{a}} = 2\times 10^{19}\,\mathrm{cm}^{-3}$，ドナー濃度 $N_{\mathrm{d}} = 8\times 10^{15}\,\mathrm{cm}^{-3}$ のシリコン (Si) 片側階段状 pn 接合（p$^+$n 接合）を考える．絶対温度 $T = 300\,\mathrm{K}$ において，(a) バイアス電圧を印加しない状態と，(b) バイアス電圧 $-4\,\mathrm{V}$ における接合容量 C_{J} を，それぞれ求めよ．

2.4 片側傾斜状 pn 接合 pn 接合界面付近の p 層のアクセプター濃度が傾斜状で，n 層のドナー濃度が一様な，シリコン (Si) 傾斜状 pn 接合を考える．p 層のアクセプター濃度の勾配係数を $a = 10^{19}\,\mathrm{cm}^{-4}$ とし，n 層のドナー濃度 $N_{\mathrm{d}} = 4\times 10^{14}\,\mathrm{cm}^{-3}$ とする．バイアス電圧を印加しない状態で p 層側の空乏層の厚みが $0.8\,\mu\mathrm{m}$ であった．バイアス電圧を印加しない状態で，n 層側の空乏層の厚さ l_n，空乏層内の最大電界 E_{m}，拡散電位 ϕ_{D} を求めよ．

2.5 キャリアの再結合レート キャリアの再結合レートを表す式 (2.48) を導け．

2.6 キャリアの蓄積時間 シリコン (Si) pn 接合ダイオードを考える．pn 接合ダイオードにおけるキャリアの蓄積時間 t_{s} は，近似的に $t_{\mathrm{s}} \simeq \tau_{n_{\mathrm{p}}}\ln(1 + I_{\mathrm{F}}/I_{\mathrm{R}})$ で与えられる．こ

こで，τ_{n_p} は p 層における伝導電子の寿命（少数キャリアの寿命）であり，約 10^{-6} s である．次の測定条件におけるキャリアの蓄積時間 t_s をそれぞれ求めよ．
(a) $I_F = 2$ mA, $I_R = 10$ mA
(b) $I_F = 2$ mA, $I_R = 2$ mA

2.7 不純物濃度分布 (a) 接合容量 C_J が逆バイアス電圧 V に対して，次のように表される n^+p 接合ダイオードを考える．

$$C_J = k_1 V^n \tag{2.88}$$

このとき，p 領域の不純物濃度 $N_a(x)$ が

$$N_a(x) = k_2 x^m \tag{2.89}$$

と表されるすると，m と n との関係は，どのようになるか．ただし，拡散電位 $\phi_D = 0$ とする．
(b) この pn 接合ダイオードを可変容量ダイオードとして用い，一定のインダクタンス L をもつコイルと並列に接続し，並列共振回路を作る．このとき，共振周波数 f が $f = k_3 V$ と表されるための不純物分布を求めよ．

第3章 金属–半導体接合

◆この章の目的◆

金属–半導体接合は，半導体デバイスに電流を注入するうえで，とても大切である．本章では，金属–半導体接合におけるエネルギー障壁と，電気伝導との関係について説明する．

◆キーワード◆
金属–半導体接合，空乏層，接合容量，ショットキー接触，オーミック接触

3.1 仕事関数，真空準位，電子親和力

仕事関数 (work function) $e\phi$ は，固体から1個の電子を真空中に取り出すエネルギーとして定義されている．ここで，e は電気素量である．ただし，文献によっては，ϕ を仕事関数とよんでいるものもある．仕事関数 $e\phi$ は，電子の**真空準位** (vacuum level) E_{vac} と，フェルミ準位 E_{F} を用いて，

$$e\phi = E_{\mathrm{vac}} - E_{\mathrm{F}} \tag{3.1}$$

と表される．なお，電子の真空準位 E_{vac} とは，静止した電子が真空中に孤立しているときの電子のエネルギーである．

電子親和力 (electron affinity) $e\chi$ は，半導体における伝導帯の下端のエネルギー E_{c} と，電子の真空準位 (vacuum level) E_{vac} を用いて，

$$e\chi = E_{\mathrm{vac}} - E_{\mathrm{c}} \tag{3.2}$$

で与えられる．文献によっては，χ を電子親和力と定義しているものもある．式 (3.1), (3.2) からわかるように，次のような関係が成り立つ．

$$e\phi - e\chi = E_{\mathrm{c}} - E_{\mathrm{F}} \tag{3.3}$$

3.2 金属–半導体接合界面

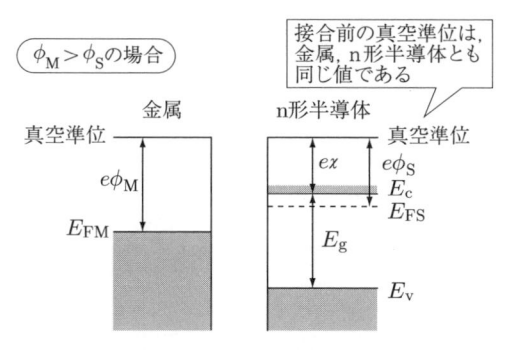

接合形成前の金属とn形半導体のエネルギー ($\phi_M > \phi_S$)　金属とn形半導体との接合を例にとって，金属–半導体接合を考えてみよう．図 3.1 に示すように，金属とn形半導体が十分離れているときは，金属中の電子に対する真空準位とn形半導体中の電子に対する真空準位は等しい．金属とn形半導体との接合が形成されると，金属におけるフェルミ準位 E_{FM} とn形半導体におけるフェルミ準位 E_{FS} とが一致するように，接合界面でキャリアが拡散し，熱平衡状態かつ拡散平衡状態となる．ただし，pn接合とは違い，接合界面における空間電荷の総和は 0 とはならない．また，接合界面では，金属中の電子に対する真空準位とn形半導体中の電子に対する真空準位は，連続に変化する．このときの金属–n形半導体接合界面のエネルギーバンドを図 3.2 に示す．なお，図 3.1 と図 3.2 は，金属の仕事関数 $e\phi_M$ がn形半導体の仕事関数 $e\phi_S$ よりも大きい場合 ($\phi_M > \phi_S$) の例である．

ここで，金属とn形半導体界面のエネルギー障壁を考えてみよう．接合界面で，金属中の電子に対する真空準位とn形半導体中の電子に対する真空準位は連続に変化するから，n形半導体に移動しようとする金属中の伝導電子にとっては，

$$e\phi_B = e\phi_M - e\chi \tag{3.4}$$

のエネルギー障壁が存在する．この $e\phi_B$ を**ショットキー障壁** (Schottky barrier) という．一方，金属に移動しようとするn形半導体中の伝導電子にとっては，

$$e\phi_D = e\phi_M - e\chi - (e\phi_S - e\chi) = e\phi_M - e\phi_S \tag{3.5}$$

のエネルギー障壁が存在する．この ϕ_D を金属–n形半導体接合における拡散電位という．また，図 3.2 から

図 3.1 接合形成前の金属とn形半導体のエネルギー ($\phi_M > \phi_S$)

第 3 章 金属–半導体接合

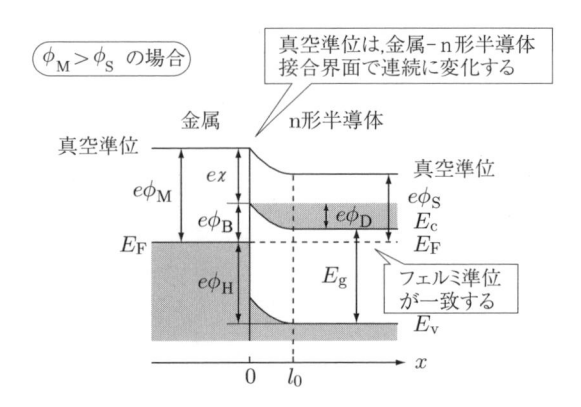

図 3.2 金属–n 形半導体接合におけるエネルギーの空間分布 ($\phi_M > \phi_S$)

$$e\phi_D = e\phi_B - (E_c - E_F) \tag{3.6}$$

と表すこともできる．なお，n 形半導体に移動しようとする金属中の正孔にとっては，

$$e\phi_H = E_g - (e\phi_B - e\phi_D) \tag{3.7}$$

のエネルギー障壁が存在する．ここで，$E_g = E_c - E_v$ はバンドギャップエネルギー，E_v は価電子帯の上端のエネルギーである．

例題 3.1 仕事関数 $e\phi_M = 4.2$ eV の金属が n 形シリコン (Si) に蒸着してある．このとき，ショットキー障壁 $e\phi_B$ の値はいくらか．なお，シリコン (Si) の電子親和力は $e\chi = 4.0$ eV である．

◆解答◆ 式 (3.4) から，ショットキー障壁 $e\phi_B$ の値は，次のようになる．

$$e\phi_B = e\phi_M - e\chi = 0.2 \,\text{eV} \tag{3.8}$$

例題 3.2 絶対温度 $T = 300$ K において，金属–n 形半導体接合にバイアス電圧を印加しないとき，ショットキー障壁 $e\phi_B$ と，拡散電位 ϕ_D を求めよ．ただし，金属の仕事関数 $e\phi_M = 4.55$ eV，半導体の電子親和力 $e\chi = 4.01$ eV，n 形半導体のドナー濃度 $N_d = 2 \times 10^{16}$ cm^{-3} とする．

◆解答◆ 式 (3.4) から，ショットキー障壁 $e\phi_B$ は，

$$e\phi_B = e\phi_M - e\chi = 0.54 \,\text{eV} \tag{3.9}$$

となる．

熱平衡状態において，すべてのドナーがイオン化していると仮定し，伝導電子濃度 $n = N_\mathrm{d}$ とすると，式 (1.23) から，

$$n = N_\mathrm{d} = N_\mathrm{c} \exp\left(-\frac{E_\mathrm{c} - E_\mathrm{F}}{k_\mathrm{B} T}\right) \tag{3.10}$$

となる．したがって，式 (3.10) から，

$$E_\mathrm{c} - E_\mathrm{F} = k_\mathrm{B} T \ln \frac{N_\mathrm{c}}{N_\mathrm{d}} = 0.188\,\mathrm{eV} \tag{3.11}$$

が得られる．式 (3.6) に式 (3.9)，(3.11) を代入すると，拡散電位 ϕ_D は，次のようになる．

$$\phi_\mathrm{D} = \phi_\mathrm{B} - \frac{E_\mathrm{c} - E_\mathrm{F}}{e} = 0.352\,\mathrm{V} \tag{3.12}$$

例題 3.3 絶対温度 $T = 300\,\mathrm{K}$ において，金属–n 形シリコン (Si) 半導体接合にバイアス電圧を印加しないとき，金属の仕事関数 $e\phi_\mathrm{M}$ と，拡散電位 ϕ_D を求めよ．ただし，ショットキー障壁 $e\phi_\mathrm{B} = 0.8\,\mathrm{eV}$，半導体の電子親和力 $e\chi = 4.01\,\mathrm{eV}$，n 形シリコン (Si) のドナー濃度 $N_\mathrm{d} = 1.5 \times 10^{16}\,\mathrm{cm}^{-3}$ とする．

◆**解答**◆ 式 (3.4) から，金属の仕事関数 $e\phi_\mathrm{M}$ は，

$$e\phi_\mathrm{M} = e\phi_\mathrm{B} + e\chi = 4.81\,\mathrm{eV} \tag{3.13}$$

となる．

熱平衡状態において，すべてのドナーがイオン化していると仮定し，伝導電子濃度 $n = N_\mathrm{d}$ とすると，例題 3.2 と同様にして，

$$E_\mathrm{c} - E_\mathrm{F} = k_\mathrm{B} T \ln \frac{N_\mathrm{c}}{N_\mathrm{d}} = 0.195\,\mathrm{eV} \tag{3.14}$$

が得られる．式 (3.6) に式 (3.14) を代入すると，拡散電位 ϕ_D は，次のように求められる．

$$\phi_\mathrm{D} = \phi_\mathrm{B} - \frac{E_\mathrm{c} - E_\mathrm{F}}{e} = 0.605\,\mathrm{V} \tag{3.15}$$

金属–n 形半導体接合における空乏層と空間電荷層 ($\phi_\mathrm{M} > \phi_\mathrm{S}$) 図 3.1 において，n 形半導体の伝導帯の底付近のエネルギーをもつ伝導電子濃度を考えると，n 形半導体における伝導電子濃度のほうが，金属における伝導電子濃度よりも大きい．したがって，接合界面では，伝導電子が n 形半導体から金属に拡散する．この結果，接合界面付近の n 形半導体は，伝導電子が枯渇し，空乏層となる．そして，空乏層では，イオン化したドナーだけが残り，空間電荷層が形成される．一方，金属中の伝導電子濃度は n 形半導体に比べて桁違いに大きいので，金属中には空間電荷層は

第 3 章 金属–半導体接合

(a) 接合界面の模式図

(b) 電荷密度 ρ の分布

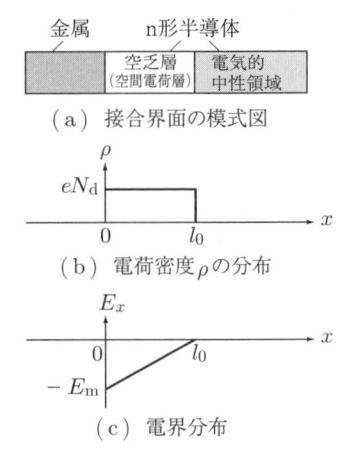

(c) 電界分布

図 3.3 金属–n 形半導体接合における空乏層と空間電荷層 ($\phi_\mathrm{M} > \phi_\mathrm{S}$)

ほとんど形成されない．金属と n 形半導体の接合界面の模式図，電荷密度 ρ の分布，電界分布を，それぞれ図 3.3 (a), (b), (c) に示す．

ここで，n 形半導体に形成された空乏層におけるポアソン方程式

$$\frac{\mathrm{d}^2\phi}{\mathrm{d}x^2} = -\frac{eN_\mathrm{d}}{\varepsilon_\mathrm{n}\varepsilon_0} \quad (0 \leq x \leq l_0) \tag{3.16}$$

を解き，電界分布，電位分布，空乏層容量を求めてみよう．なお，式 (3.16) において，ϕ は電位，ε_n は n 形半導体の比誘電率，ε_0 は真空の誘電率である．

電気的中性領域 $x \geq l_0$ では，電界 $E_x(x) = 0$ である．すなわち，電界に対する境界条件として $E_x(l_0) = 0$ が成り立つ．したがって，この境界条件を用いて，式 (3.16) を x について積分すると，電界 $E_x(x)$ として，

$$E_x(x) = -\frac{\mathrm{d}\phi}{\mathrm{d}x} = \frac{eN_\mathrm{d}}{\varepsilon_\mathrm{n}\varepsilon_0}(x - l_0) \quad (0 \leq x \leq l_0) \tag{3.17}$$

が得られる．この結果から，電界 $E_x(x)$ をグラフ化すると，図 3.3 (c) のようになる．また，電界の絶対値の最大値 E_m は，次のようになる．

$$E_\mathrm{m} = |E_x(0)| = \frac{eN_\mathrm{d}}{\varepsilon_\mathrm{n}\varepsilon_0} l_0 \tag{3.18}$$

式 (3.17) を x について積分し，境界条件として，電位 $\phi(0) = 0$ を仮定すると，

$$\phi(x) = -\frac{eN_\mathrm{d}}{2\varepsilon_\mathrm{n}\varepsilon_0}(x^2 - 2l_0 x) \quad (0 \leq x \leq l_0) \tag{3.19}$$

が導かれる．順方向バイアス電圧を V とすると，次の関係が成り立つ．

$$\phi_\mathrm{D} - V = \phi(l_0) - \phi(0) = \frac{eN_\mathrm{d}}{2\varepsilon_\mathrm{n}\varepsilon_0} l_0{}^2 \tag{3.20}$$

例題 3.4 仕事関数 $e\phi_\mathrm{M} = 4.65$ eV の銅 (Cu) を n 形シリコン (Si) に蒸着する．絶対温度 $T = 300$ K において，ショットキー障壁 $e\phi_\mathrm{B}$，拡散電位 ϕ_D，空乏層の厚さ l_0，バイアス電圧を印加しないときの最大電界 E_m を求めよ．なお，n 形シリコン (Si) の電子親和力 $e\chi = 4.01$ eV，ドナー濃度 $N_\mathrm{d} = 3 \times 10^{16}$ cm^{-3}，比誘電率 $\varepsilon_\mathrm{n} = 11.8$ とする．

◆解答◆ 式 (3.4) から，ショットキー障壁 $e\phi_\mathrm{B}$ は，次のように求められる．

$$e\phi_\mathrm{B} = e\phi_\mathrm{M} - e\chi = 0.64 \text{ eV} \tag{3.21}$$

熱平衡状態において，すべてのドナーがイオン化していると仮定し，伝導電子濃度 $n = N_\mathrm{d}$ とすると，例題 3.2 と同様にして，

$$E_\mathrm{c} - E_\mathrm{F} = k_\mathrm{B} T \ln \frac{N_\mathrm{c}}{N_\mathrm{d}} = 0.177 \text{ eV} \tag{3.22}$$

が得られる．式 (3.6) に式 (3.21)，(3.22) を代入すると，拡散電位 ϕ_D は，次のようになる．

$$\phi_\mathrm{D} = \phi_\mathrm{B} - \frac{E_\mathrm{c} - E_\mathrm{F}}{e} = 0.463 \text{ V} \tag{3.23}$$

式 (3.20) において $V = 0$ とおくと，空乏層の厚さ l_0 は，次のような値になる．

$$l_0 = \sqrt{\frac{2\varepsilon_\mathrm{n}\varepsilon_0 (\phi_\mathrm{D} - V)}{eN_\mathrm{d}}} = 0.142 \ \mu\text{m} \tag{3.24}$$

式 (3.18)，(3.24) から，最大電界 E_m の値は，次のようになる．

$$E_\mathrm{m} = \frac{eN_\mathrm{d}}{\varepsilon_\mathrm{n}\varepsilon_0} l_0 = 6.53 \times 10^4 \text{ V cm}^{-1} \tag{3.25}$$

空乏層容量 空乏層に蓄えられる単位面積あたりの電荷 σ は，

$$\sigma = eN_\mathrm{d} l_0 = \sqrt{2e\varepsilon_\mathrm{n}\varepsilon_0 N_\mathrm{d} (\phi_\mathrm{D} - V)} \tag{3.26}$$

で与えられる．したがって，空乏層容量 C は，次式のようになる．

$$C = \left| \frac{d\sigma}{dV} \right| = \sqrt{\frac{e\varepsilon_\mathrm{n}\varepsilon_0 N_\mathrm{d}}{2(\phi_\mathrm{D} - V)}} \tag{3.27}$$

この結果から，順バイアス ($V > 0$) を印加すると空乏層容量 C が大きくなり，逆バイアス ($V < 0$) を印加すると空乏層容量 C が小さくなることがわかる．

・Point・ ・金属–半導体接合では，空乏層のほとんどは，半導体層に形成される．

第 3 章　金属–半導体接合

例題 3.5　絶対温度 $T = 300\,\mathrm{K}$ において，金属と $\mathrm{nn^+}$ 形シリコン (Si) の接合（$\mathrm{mnn^+}$ 構造）の C–V 特性が，図 3.4 のようになったとする．このとき，(a) 拡散電位，(b)n 層のドナー濃度と n 層の幅，(c)$\mathrm{n^+}$ 層のドナー濃度を求めよ．ただし，シリコン (Si) の比誘電率を $\varepsilon_\mathrm{n} = 11.8$ とする．

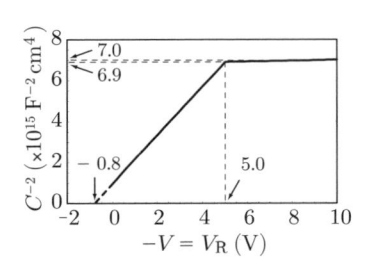

図 3.4　金属–半導体接合の C–V 特性

◆**解答**◆ (a) 式 (3.27) から，

$$\frac{1}{C^2} = \frac{2\,(\phi_\mathrm{D} - V)}{e\varepsilon_\mathrm{n}\varepsilon_0 N_\mathrm{d}} \tag{3.28}$$

となる．図 3.4 から，$1/C^2 = 0$ になる逆バイアス電圧 $-V = -0.8\,\mathrm{V}$ だから，この値を式 (3.28) に代入すると，次の結果が得られる．

$$\phi_\mathrm{D} = 0.8\,\mathrm{V} \tag{3.29}$$

(b) バイアス電圧 $-V = V_\mathrm{R} \leq 5\,\mathrm{V}$ のときは，空乏層は n 層のみに広がる．したがって，この範囲で $1/C^2$ と $(\phi_\mathrm{D} - V)$ の微小変化をそれぞれ $\Delta\,(1/C^2)$ と $\Delta\,(\phi_\mathrm{D} - V)$ とすると，式 (3.28) から，n 層におけるドナー濃度 N_dn は，次のようになる．

$$N_\mathrm{dn} = \frac{2}{e\varepsilon_\mathrm{n}\varepsilon_0}\frac{\Delta\,(\phi_\mathrm{D} - V)}{\Delta\,(1/C^2)} = 1.0 \times 10^{16}\,\mathrm{cm^{-3}} \tag{3.30}$$

式 (3.20) において $V = 0$ とおくと，空乏層の厚さ l_0 は，次の値になる．

$$l_0 = \sqrt{\frac{2\varepsilon_\mathrm{n}\varepsilon_0\,(\phi_\mathrm{D} - V)}{eN_\mathrm{d}}} = 0.868\,\mu\mathrm{m} \tag{3.31}$$

(c) バイアス電圧 $-V = V_\mathrm{R} \geq 5\,\mathrm{V}$ のとき，空乏層は $\mathrm{n^+}$ 層にまで広がる．したがって，この範囲で $1/C^2$ と $(\phi_\mathrm{D} - V)$ の微小変化をそれぞれ $\Delta\,(1/C^2)$ と $\Delta\,(\phi_\mathrm{D} - V)$ とすると，式 (3.28) から，$\mathrm{n^+}$ 層におけるドナー濃度 $N_\mathrm{dn^+}$ の値は，次のようになる．

$$N_\mathrm{dn^+} = \frac{2}{e\varepsilon_\mathrm{n}\varepsilon_0}\frac{\Delta\,(\phi_\mathrm{D} - V)}{\Delta\,(1/C^2)} = 6.0 \times 10^{17}\,\mathrm{cm^{-3}} \tag{3.32}$$

3.3 電気伝導

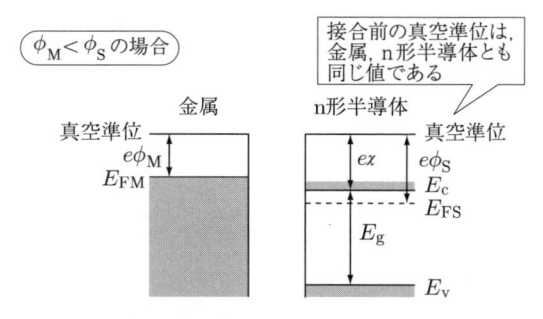

接合形成前の金属とn形半導体のエネルギー ($\phi_M < \phi_S$)　　金属の仕事関数 $e\phi_M$ と半導体の仕事関数 $e\phi_S$ の大小関係によって，バンドの空間分布と電気伝導が影響を受ける．ここでは，n形半導体を例にとって説明しよう．

まず，図 3.1 のように，金属の仕事関数 $e\phi_M$ が n 形半導体の仕事関数 $e\phi_S$ よりも大きい場合 ($\phi_M > \phi_S$) について考えよう．金属と n 形半導体との接合が形成されると，図 3.2 のように，金属に移動しようとする n 形半導体中の伝導電子にとって，エネルギー障壁 $e\phi_D$ が存在する．順バイアス電圧 $V (>0)$ を印加すると，エネルギー障壁は $e(\phi_D - V)$ に低下し，n 形半導体中の伝導電子が金属に移動しやすくなる．一方，逆バイアス電圧 $V_R = -V (<0)$ を印加すると，エネルギー障壁は $e(\phi_D + V)$ に増加し，n 形半導体中の伝導電子は金属に移動しづらくなる．この結果，バイアス電圧によって金属–n 形半導体接合の電圧–電流特性には整流性が現れる．このような整流性をもつ金属–半導体の接触を**ショットキー接触** (Schottky contact) という．

次に，図 3.5 のように，金属の仕事関数 $e\phi_M$ が n 形半導体の仕事関数 $e\phi_S$ よりも小さい場合 ($\phi_M < \phi_S$) について考えよう．金属と n 形半導体との接合が形成されると，金属におけるフェルミ準位 E_{FM} と n 形半導体におけるフェルミ準位 E_{FS} とが一致するように，接合界面でキャリアが拡散し，熱平衡状態となる．また，接合界面では，金属中の電子に対する真空準位と n 形半導体中の電子に対する真空準位は，連続に変化する．図 3.5 からわかるように，$E_{FM} > E_{FS}$ だから，n 形半導体の伝導帯の底付近のエネルギーをもつ伝導電子濃度を考えると，金属における伝導電子濃度のほうが n 形半導体における伝導電子濃度よりも大きい．したがって，接合界面では，伝導電子が金属から n 形半導体に拡散し，接合界面付近の n 形半導体

図 3.5 接合形成前の金属と n 形半導体のエネルギー ($\phi_M < \phi_S$)

に伝導電子が蓄積される．このため，金属–n形半導体接合界面のエネルギーバンドは図3.6のようになる．この図を見てすぐわかるように，金属に移動しようとするn形半導体中の伝導電子にとっては，エネルギー障壁が存在しない．一方，金属に移動しようとするn形半導体中の正孔にとっては，エネルギー障壁が存在する．この結果，金属–n形半導体接合を流れる電流は，n形半導体中の多数キャリアである伝導電子によって支配されるとともに，金属–n形半導体接合の電圧–電流特性は線形になる．このように，電流が電圧に比例するような金属–半導体の接触を**オーミック接触** (Ohmic contact) という．

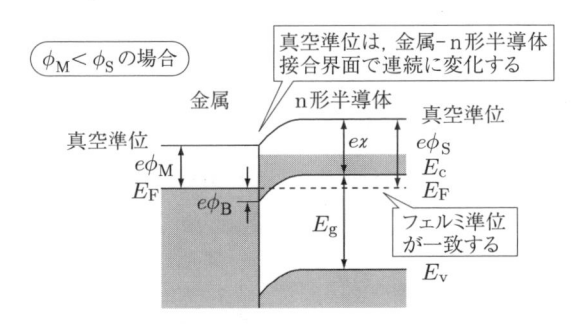

図 3.6 金属–n形半導体接合におけるエネルギーの空間分布 ($\phi_M < \phi_S$)

ショットキー接触とオーミック接触 ここまでは，金属と半導体について，仕事関数の大きさの違いに着目して電気伝導を考えてきた．一方，半導体の不純物濃度に着目すると，不純物濃度を大きくすることで，金属–半導体接合界面において，エネルギーバンドが曲がっている領域の長さを小さくすることができる．エネルギーバンドが曲がっている領域の長さが小さくなれば，トンネル効果によって流れるトンネル電流が増大し，接触抵抗が小さくなる．この現象を利用してオーミック接触を実現することも，よく行われている．

図3.7にショットキー接触とオーミック接触における電流–電圧 (I–V) 特性を示す．この図において，実線がショットキー接触の I–V 特性を示しており，破線がオーミック接触の I–V 特性を示している．前述のように，ショットキー接触では，I–V 特性に整流性が現れ，オーミック接触では I–V 特性が直線となる．

> **・Point・** ・オーミック接触を実現するためには，
> 1. 多数キャリアに対するショットキー障壁を0にする
> 2. 半導体の不純物濃度を高くし，トンネル電流を増大する
> などの方法がある．

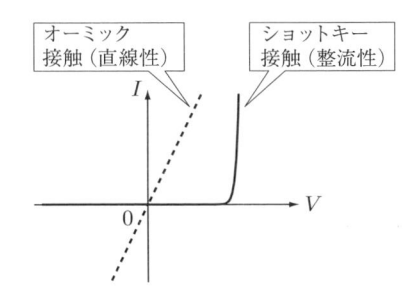

図 3.7 ショットキー接触とオーミック接触における電流–電圧 (I–V) 特性

3.4 ショットキーダイオード

ショットキー接触による整流性を利用したダイオードを**ショットキーダイオード** (Schottky diode) という．pn 接合ダイオードでは，おもに空乏層における拡散によって電流が決まるのに対し，ショットキーダイオードでは，

(a) 空乏層における拡散

(b) 半導体から金属に向かっての熱電子放出

を考える必要がある．ただし，空乏層の電界が 10^4–10^5 Vcm^{-1} のとき，n 形半導体としてゲルマニウム (Ge)，シリコン (Si)，ヒ化ガリウム (GaAs) を用いた金属–n 形半導体ショットキーダイオードでは，半導体から金属に向かっての熱電子放出が支配的である．半導体から金属に向かっての熱電子放出による電流密度 J_n は，

$$J_n = A^* T^2 \exp\left(-\frac{e\phi_\mathrm{B}}{k_\mathrm{B} T}\right) \tag{3.33}$$

で与えられる．ここで，T は絶対温度，ϕ_B は n 形半導体に移動しようとする金属中の伝導電子に対するエネルギー障壁，k_B はボルツマン定数である．また，A^* は**有効リチャードソン定数** (effective Richardson constant) であり，

$$A^* = \frac{4\pi e m_n k_\mathrm{B}^2}{h^3} \tag{3.34}$$

と表される．ここで，e は電気素量，m_n は伝導電子の有効質量，h はプランク定数である．

一方，空乏層における正孔による拡散電流密度 J_p は，正孔による飽和電流となり，式 (2.44) において正孔による寄与だけを考えると，次のように表される．

$$J_p = e \frac{D_{p_\mathrm{n}}}{L_{p_\mathrm{n}}} p_{n0} \tag{3.35}$$

例題 3.6 金属–n 形シリコン (Si) ショットキーダイオードにおいて，ショットキー障壁 $e\phi_B = 0.75$ eV，有効リチャードソン係数 $A^* = 110$ A cm^{-2} K^{-2} とする．絶対温度 300 K において，伝導電子電流密度 J_n と正孔電流密度 J_p の比を求めよ．ただし，n 形シリコン (Si) における正孔の拡散係数 $D_{p_n} = 12$ cm^2 s^{-1}，正孔の拡散長 $L_{p_n} = 1 \times 10^{-3}$ cm，ドナー濃度 $N_d = 1.5 \times 10^{16}$ cm^{-3} とする．

◆解答◆ 熱平衡状態において，すべてのドナーがイオン化していると仮定し，伝導電子濃度 $n = N_d$ とすると，n 形シリコン (Si) 中の正孔濃度 p_{n0} は，真性キャリア濃度 n_i を用いて，

$$p_{n0} = \frac{n_i^2}{n} = \frac{n_i^2}{N_d} \tag{3.36}$$

と表される．なお，ここで，式 (1.32) を用いた．

したがって，式 (3.33)，(3.35)，(3.36) から，伝導電子電流密度 J_n と正孔電流 J_p の比 γ は，

$$\gamma = \frac{J_n}{J_p} = \frac{A^* T^2 L_{p_n}}{e D_{p_n}} \frac{N_d}{n_i^2} \exp\left(-\frac{e\phi_B}{k_B T}\right) = 6.61 \times 10^4 \tag{3.37}$$

となる．この結果から，空乏層における拡散電流と (b) 半導体から金属に向かっての熱電子放出電流のうち，(b) 半導体から金属に向かっての熱電子放出電流が支配的であるといえる．

演習問題

3.1 金属–半導体接合のエネルギーバンド p 形半導体と金属との接合を考える．金属の仕事関数を $e\phi_M$，p 形半導体の仕事関数を $e\phi_S$ とするとき，(a) $\phi_M > \phi_S$，(b) $\phi_M < \phi_S$ それぞれの場合について，エネルギーバンド図を示せ．

3.2 ショットキー接合における不純物濃度と接合容量 金属–半導体ショットキー接合において，半導体中の不純物濃度 $N(x)$ が深さ x の関数であるとする．このとき，逆バイアス電圧 V_R の微小変化 dV_R に対して，空間電荷層における単位面積あたりの電荷量 σ_R の微小変化は，

$$d\sigma_R = qN(x)\,dx \tag{3.38}$$

で与えられる．ここで，q はキャリア 1 個あたりの電荷である．一方，真空の誘電率 ε_0 と半導体の比誘電率 ε_s を用いて，接合部の単位面積あたりの静電容量 C は，

$$C = \frac{\varepsilon_s \varepsilon_0}{x} \tag{3.39}$$

で与えられる．このとき，次の関係が成り立つことを示せ．

$$N(x) = \frac{2}{q\varepsilon_s\varepsilon_0 \dfrac{d}{dV_R}\left(\dfrac{1}{C^2}\right)} \tag{3.40}$$

3.3 ショットキーダイオード 絶対温度 $T = 300\,\mathrm{K}$ において，金 (Au)–n 形ヒ化ガリウム (GaAs) ショットキーダイオードの単位面積あたりの接合容量 $C\,\mathrm{(F)}$ が，逆バイアス電圧 $V_\mathrm{R}\,\mathrm{(V)}$ を用いて次式で表されるとする．

$$C^{-2} = 1.57 \times 10^{15} + 2.12 \times 10^{15} V_\mathrm{R} \tag{3.41}$$

このとき，拡散電位 ϕ_D，n 形ヒ化ガリウム (GaAs) におけるドナー濃度 N_d，ショットキー障壁 $e\phi_\mathrm{B}$ を求めよ．

3.4 検波ダイオード 検波ダイオードとしては，pn 接合ダイオードではなく，金属–半導体接合ショットキーダイオードが用いられることが多い．この理由を考えよ．

第4章 バイポーラトランジスタ

◆この章の目的◆

本章では，バイポーラトランジスタによる増幅と，バイポーラトランジスタの周波数特性について説明する．

◆キーワード◆

ベース，エミッタ，コレクタ，ベース接地，エミッタ接地，電流輸送率，エミッタ注入効率，ベース輸送効率，コレクタ収集効率

4.1 増幅作用

（**npn トランジスタ**）バイポーラトランジスタ (bipolar transistor) は，キャリアとして伝導電子と正孔の両方を利用したトランジスタであり，その構造は npn 接合あるいは pnp 接合から形成される．

まず，図 4.1 (a) のような，npn トランジスタを考えよう．中央の薄い p 層をベース (base) という．ベース (略号 B) の左側の n^+ 層はエミッタ (emitter) とよばれ，伝導電子をベースに注入する役目をもっている．エミッタ (略号 E) からベースに注入された伝導電子は，ベースを横切って，右側の n 層に集められる．このため，伝導電子が集められる右側の n 層をコレクタ (collector) という．なお，エミッタの n^+ は，コレクタ (略号 C) の n 層よりも不純物濃度が十分高く，このため伝導電子濃度が十分大きいことを示している．npn トランジスタの回路記号は，図 4.1 (b) の

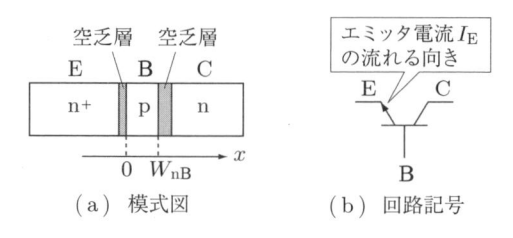

(a) 模式図 (b) 回路記号

図 4.1 npn トランジスタ

ように，電流の流れる方向（伝導電子が移動する方向と反対方向）を示す矢印をエミッタにつけて表す．

> **例題 4.1** npn トランジスタの中性ベース領域において，少数キャリアは伝導電子である．いま，この中性ベース領域の伝導電子の濃度 $n_\mathrm{B}'(x)$ を考える．図 4.1 (a) のように，エミッタ側の中性ベース領域端を原点 ($x=0$) とし，x 軸の正の方向にコレクタを配置する．また，中性ベース領域の厚さは W_nB である．境界条件 $n_\mathrm{B}'(0) = 10^3 n_\mathrm{p0}$，$n_\mathrm{B}'(W_\mathrm{nB}) = 10^{-1} n_\mathrm{p0}$ のもとで，$W_\mathrm{nB}/L_{n\mathrm{B}}$ が (a) 0.1, (b) 1, (c) 10 のとき，npn トランジスタの中性ベース領域の伝導電子濃度 $n_\mathrm{B}'(x)$ を図示せよ．ここで，n_p0 は p 形半導体領域における伝導電子濃度の定常値，$L_{n\mathrm{B}}$ は中性ベース領域における伝導電子の拡散長である．

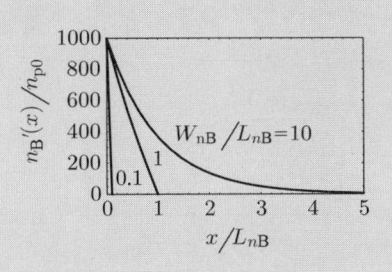

◆**解答**◆ npn トランジスタの中性ベース領域の伝導電子の濃度 $n_\mathrm{B}'(x)$ は，式 (2.36) の一般解として，

$$n_\mathrm{B}'(x) = A \exp\left(-\frac{x}{L_{n\mathrm{B}}}\right) + B \exp\left(\frac{x}{L_{n\mathrm{B}}}\right) \tag{4.1}$$

と表すことができる．式 (4.1) に境界条件を代入すると，

$$n_\mathrm{B}'(0) = A + B = 10^3 n_\mathrm{p0} \tag{4.2}$$

$$n_\mathrm{B}'(W_\mathrm{nB}) = A \exp\left(-\frac{W_\mathrm{nB}}{L_{n\mathrm{B}}}\right) + B \exp\left(\frac{W_\mathrm{nB}}{L_{n\mathrm{B}}}\right) = 10^{-1} n_\mathrm{p0} \tag{4.3}$$

となる．この連立方程式を解くと，次式が得られる．

$$A = \frac{10^3 \exp\left(\frac{W_\mathrm{nB}}{L_{n\mathrm{B}}}\right) - 10^{-1}}{2 \sinh\left(\frac{W_\mathrm{nB}}{L_{n\mathrm{B}}}\right)} n_\mathrm{p0}, \quad B = \frac{10^{-1} - 10^3 \exp\left(-\frac{W_\mathrm{nB}}{L_{n\mathrm{B}}}\right)}{2 \sinh\left(\frac{W_\mathrm{nB}}{L_{n\mathrm{B}}}\right)} n_\mathrm{p0} \tag{4.4}$$

以上から，npn トランジスタの中性ベース領域の伝導電子の濃度 $n_\mathrm{B}'(x)$ を示すと，図 4.2 のようになる．ただし，縦軸は $n_\mathrm{B}'(x)/n_\mathrm{p0}$，横軸は $x/L_{n\mathrm{B}}$，パラメータは $W_\mathrm{nB}/L_{n\mathrm{B}}$ である．

図 4.2 npn トランジスタの中性ベース領域の伝導電子の濃度

pnp トランジスタ 次に，図 4.3 (a) のような，pnp トランジスタを考えよう．中央の薄い n 層が，ベース (略号 B) である．ベースの左側の p^+ 層は，エミッタ (略号 E) であり，正孔をベースに注入する役目をもっている．エミッタからベースに注入された正孔は，ベースを横切って，右側の p 層に集められる．このため，正孔が集められる右側の p 層をコレクタ (略号 C) という．なお，エミッタの p^+ は，コレクタの p 層よりも正孔濃度が大きいことを示している．pnp トランジスタの回路記号は，図 4.3 (b) のように，電流の流れる方向（正孔が移動する方向と同方向）を示す矢印をエミッタにつけて表す．

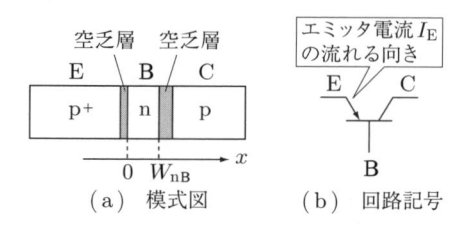

図 4.3 pnp トランジスタ

ベース接地回路 図 4.4 のような npn トランジスタを用いた回路を考えよう．この回路は，ベースだけが二つの電源と共通に接続されているので，**ベース共通** (common-base configuration) 回路という．なお，この回路は，**ベース接地**回路とよばれることが多い．図 4.4 において，エミッタ–ベース間の pn 接合が順バイアスとなっているのに対して，コレクタ–ベース間の pn 接合が逆バイアスとなっていることに注意してほしい．

バイポーラトランジスタは，ベース電流 I_B が流れているときに，コレクタ–エミッタ間が導通すると考えればよい．そして，コレクタ電流 I_C は，エミッタ電流 I_E よりもわずかに小さい．ここで，次式のように，**電流輸送率** (current transfer

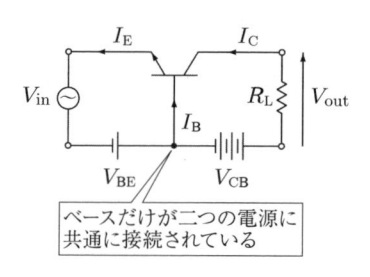

図 4.4 ベース接地回路

ratio) α を定義する．この α を**ベース接地電流利得** (common-base current gain) とよぶこともある．

$$\alpha \equiv \frac{I_C - I_{C0}}{I_E} \simeq \frac{I_C}{I_E} \tag{4.5}$$

なお，$I_{C0}(\ll I_C)$ はエミッタ電流 I_E の大きさに関係なく流れる電流であって，ダイオードの逆方向電流に相当する．

負荷抵抗を R_L とすると，出力 V_{out} は次のように表される．

$$V_{out} = -R_L I_C \tag{4.6}$$

したがって，入力電圧を V_{in} とすると，**電圧増幅率** (voltage amplification factor) G_V は，

$$G_V = \frac{V_{out}}{V_{in}} = -\frac{R_L I_C}{V_{in}} \tag{4.7}$$

となる．この G_V を**電圧利得** (voltage gain) とよぶこともある．ここで，電圧増幅のための電力は，直流電源 V_{CB} から供給されていることに注意してほしい．

ベース接地回路におけるコレクタ電流 I_C とコレクタ–ベース間電圧 V_{CB} との関係を図 4.5 に示す．パラメータは，エミッタ電流 I_E である．

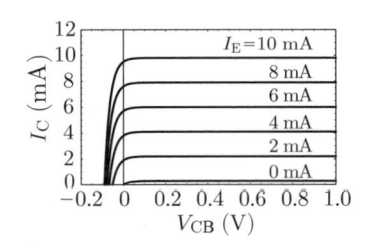

図 4.5 ベース接地回路におけるコレクタ電流 I_C とコレクタ–ベース間電圧 V_{CB} との関係

例題 4.2 (a) バイアス電圧を印加しないときの npn トランジスタのエネルギーバンド図を描け．
(b) 図 4.4 のようなベース接地における npn トランジスタのエネルギーバンド図を描け．

◆**解答**◆ 図 4.6 に npn トランジスタのエネルギーバンド図を示す．この図において，(a) がバイアス電圧を印加しないとき，(b) がベース接地としたときのものである．バイアス電圧を npn トランジスタに印加すると，図 4.6 (b) のように，エミッタからベースに伝導電子（●）が拡散する．そして，十分薄いベースを通り抜けた伝導電子は，ドリフト

図 4.6 npn トランジスタのエネルギーバンド図

(a) バイアス電圧を印加しないとき　（バイアスなし）
(b) ベース接地したとき　（バイアスあり）

エミッタ接地回路　図 4.7 のような npn トランジスタを用いた回路は，エミッタだけが二つの電源と共通に接続されているので，**エミッタ共通** (common-emitter configuration) 回路という．なお，この回路は，**エミッタ接地**回路とよばれることが多い．この回路では，入力電流がベース電流 I_B であり，出力電流がコレクタ電流 I_C である．

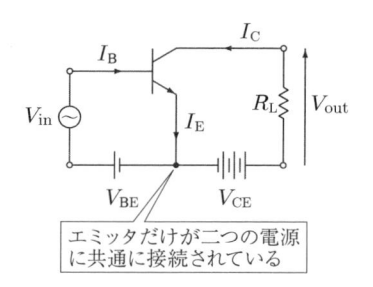

図 4.7 エミッタ接地回路

ここで，回路を流れる電流 I_E, I_B, I_C の間の関係を考えよう．キルヒホッフ (Kirchhoff) の第 1 法則から，

$$I_E = I_B + I_C \tag{4.8}$$

が成り立つ．また，式 (4.5) から，エミッタ電流 I_E は，電流輸送率（ベース接地電流利得）α を用いて，

$$I_E = \frac{I_C - I_{C0}}{\alpha} \tag{4.9}$$

と表される．式 (4.8), (4.9) から I_E を消去すると，コレクタ電流 I_C は，

$$I_\mathrm{C} = \frac{\alpha}{1-\alpha}I_\mathrm{B} + \frac{1}{1-\alpha}I_\mathrm{C0} \tag{4.10}$$

と書くことができる．ここで，$I_\mathrm{C0} \ll I_\mathrm{C}$ を用いて，**電流増幅率** (current amplification factor) β を

$$\beta \equiv \frac{\alpha}{1-\alpha} \simeq \frac{I_\mathrm{C}}{I_\mathrm{B}} \tag{4.11}$$

で定義すると，β がエミッタ接地回路における入出力関係の増幅率を表していることがわかる．なお，この β を**エミッタ接地電流利得** (common-emitter current gain) ともよぶ．ここで，電流増幅のための電力は，直流電源 V_CE から供給されていることに注意してほしい．

エミッタ接地回路におけるコレクタ電流 I_C とコレクタ–エミッタ間電圧 V_CE との関係を図 4.8 に示す．パラメータは，ベース電流 I_B である．

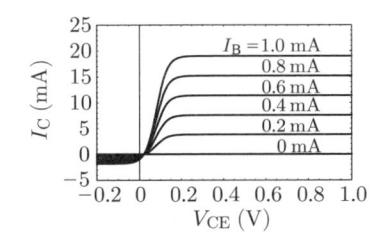

図 4.8 エミッタ接地回路におけるコレクタ電流 I_C とコレクタ–エミッタ間電圧 V_CE との関係

> **・Point・** ・バイポーラトランジスタでは，ベース電流が流れるときだけ，コレクタ–エミッタ間が導通する．

4.2 電流輸送率

電流輸送率 電流輸送率（ベース接地電流利得）α は，**エミッタ注入効率** (emitter injection efficiency) α_E，**ベース輸送効率** (base transport efficiency) α_T，**コレクタ収集効率** (collector collection efficiency) α_C の積によって，次式のように表される．

$$\alpha = \alpha_\mathrm{E} \alpha_\mathrm{T} \alpha_\mathrm{C} \tag{4.12}$$

エミッタ注入効率 エミッタ注入効率 α_E は，エミッタ電流 I_E と，ベースにおける少数キャリア電流 I_Bm との比として，次式で定義される．

$$\alpha_{\mathrm{E}} = \frac{I_{\mathrm{Bm}}}{I_{\mathrm{E}}} \tag{4.13}$$

これから，図 4.9 のような npn トランジスタを例にとり，エミッタ電流 I_{E} とベースにおける少数キャリア電流 I_{Bm} を求めてみよう．エミッタとベースとの界面では，次のような伝導電子電流 $I_{n\mathrm{E}}$ と正孔電流 $I_{p\mathrm{E}}$ が流れる．

$$I_{n\mathrm{E}} = eS\frac{D_{n\mathrm{B}}}{W_{n\mathrm{B}}}n_{\mathrm{B}0}\left[\exp\left(-\frac{eV_{\mathrm{EB}}}{k_{\mathrm{B}}T}\right) - 1\right] \tag{4.14}$$

$$I_{p\mathrm{E}} = eS\frac{D_{p\mathrm{E}}}{L_{p\mathrm{E}}}p_{\mathrm{E}0}\left[\exp\left(-\frac{eV_{\mathrm{EB}}}{k_{\mathrm{B}}T}\right) - 1\right] \tag{4.15}$$

ここで，e は電気素量，S はトランジスタの断面積，$W_{n\mathrm{B}}$ は中性ベース領域の厚さ，$D_{n\mathrm{B}}$ はベースにおける伝導電子の拡散係数，$n_{\mathrm{B}0}$ は中性ベース領域における伝導電子濃度，V_{EB} はエミッタ–ベース間電圧である．また，$D_{p\mathrm{E}}$ はエミッタにおける正孔の拡散係数，$L_{p\mathrm{E}}$ はエミッタにおける正孔の拡散長，$p_{\mathrm{E}0}$ は中性エミッタ領域における正孔濃度である．

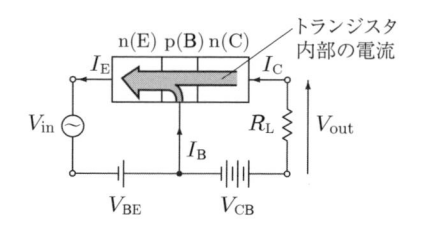

図 4.9 npn トランジスタにおける電流

npn トランジスタの場合，エミッタ電流 I_{E} は，伝導電子電流 $I_{n\mathrm{E}}$ と正孔電流 $I_{p\mathrm{E}}$ との和，すなわち，

$$I_{\mathrm{E}} = I_{n\mathrm{E}} + I_{p\mathrm{E}} \tag{4.16}$$

となる．一方，npn トランジスタの場合，ベースにおける少数キャリア電流 I_{Bm} は，伝導電子電流 $I_{n\mathrm{E}}$ そのもの，すなわち，

$$I_{\mathrm{Bm}} = I_{n\mathrm{E}} \tag{4.17}$$

である．したがって，エミッタ注入効率 α_{E} は，式 (4.13) に式 (4.16)，(4.17) を代入して，

$$\alpha_{\mathrm{E}} = \frac{I_{n\mathrm{E}}}{I_{n\mathrm{E}} + I_{p\mathrm{E}}} \tag{4.18}$$

と表される．ここで，エミッタにおける不純物濃度を N_E，ベースにおける不純物濃度を N_B とすると，

$$n_{B0} = \frac{n_i^2}{N_B}, \quad p_{E0} = \frac{n_i^2}{N_E} \tag{4.19}$$

という関係がある．したがって，式 (4.18) に式 (4.14)，(4.15)，(4.19) を代入すると，次の結果が得られる．

$$\alpha_E = \left(1 + \frac{D_{pE}}{D_{nB}} \frac{W_{nB}}{L_{pE}} \frac{N_B}{N_E}\right)^{-1} = \left(1 + \frac{\sigma_B}{\sigma_E} \frac{W_{nB}}{L_{pE}}\right)^{-1} \tag{4.20}$$

ここで，σ_B と σ_E は，それぞれベース，エミッタの電気伝導率である．なお，エミッタとベースにおいてキャリアの移動度が等しいとし，拡散係数と移動度に対して，式 (1.75) のアインシュタインの関係式を用いた．式 (4.20) から，エミッタ注入効率 α_E の値が 1 に近いときは，次式が成り立つ．

$$\alpha_E \simeq 1 - \frac{\sigma_B}{\sigma_E} \frac{W_{nB}}{L_{pE}} \tag{4.21}$$

ベース輸送効率 ベース輸送効率 α_T は，中性ベース領域における伝導電子電流 $I_{nB}(x)$ を用いて，

$$\alpha_T \equiv \frac{I_{nB}(W_{nB})}{I_{nB}(0)} = \left[\cosh\left(\frac{W_{nB}}{L_{nB}}\right)\right]^{-1} \simeq 1 - \frac{1}{2}\left(\frac{W_{nB}}{L_{nB}}\right)^2 \tag{4.22}$$

と表される（例題 4.7 参照）．ここで，エミッタ側の中性ベース領域端を原点 ($x = 0$) とした．また，L_{nB} は中性ベース領域における伝導電子の拡散長である．

コレクタ収集効率 コレクタ収集効率 α_C は，コレクタ側の中性ベース領域端における伝導電子電流 $I_{nB}(W_{nB})$ と，コレクタ電極に流れ込む伝導電子によって流れる電流 I_{nC} との比として，次式によって定義される．

$$\alpha_C \equiv \frac{I_{nC}}{I_{nB}(W_{nB})} = \left[1 - \left(\frac{V_{CB}}{V_B}\right)^n\right]^{-1} \tag{4.23}$$

ここで，V_{CB} はコレクタ–ベース間電圧，V_B はコレクタ–ベース間の降伏電圧である．また，シリコン (Si) の場合，$n \simeq 3$ である．

例題 4.3
バイポーラトランジスタのエミッタ，ベース，コレクタの不純物濃度をそれぞれ N_E, N_B, N_C とするとき，一般には $N_E > N_B > N_C$ という関係を満たすように設計する．この理由を説明せよ．

◆解答◆ 電流輸送率（ベース接地電流利得）α は，式 (4.12) から，

$$\alpha = \alpha_E \alpha_T \alpha_C \tag{4.24}$$

で与えられる．ここで，α_E はエミッタ注入効率，α_T はベース輸送効率，α_C はコレクタ収集効率である．この式から，電流輸送率（ベース接地電流利得）α を大きくするためには，エミッタ注入効率 α_E とベース輸送効率 α_T を大きくしなければならないことがわかる．

エミッタ注入効率 α_E は，式 (4.20) から，

$$\alpha_E = \left(1 + \frac{D_{pE}}{D_{nB}} \frac{W_{nB}}{L_{pE}} \frac{N_B}{N_E}\right)^{-1} \tag{4.25}$$

だから，エミッタ注入効率 α_E を大きくするためには，次の関係を満足すればよい．

$$N_E > N_B \tag{4.26}$$

ベース輸送効率 α_T は，式 (4.22) から

$$\alpha_T \simeq 1 - \frac{1}{2}\left(\frac{W_{nB}}{L_{nB}}\right)^2 \tag{4.27}$$

と表される．この式から，ベース輸送効率 α_T を大きくするには，L_{nB} が大きく，W_{nB} が小さいことが必要であるといえる．まず，L_{nB} を大きくするには，ベースにおいて再結合によって失われるキャリアの割合を小さくしなければならない．このためには，ベースにおける不純物濃度 N_B を小さくしておけばよい．次に，空乏層の厚さについて考える．トランジスタが増幅機能をもつときには，コレクタ–ベース間に逆バイアス電圧が印加され，空乏層が広がる．もし，この空乏層がエミッタに接してしまうと，トランジスタの増幅機能が失われ，この現象をパンチスルー (punch through) という．パンチスルーを避けるためには，コレクタ–ベース接合部において，ベース側ではなくコレクタ側に空乏層が広がればよい．このためには，次の関係を満足すればよい．

$$N_B > N_C \tag{4.28}$$

式 (4.26), (4.28) をまとめると，次式が得られる．

$$N_E > N_B > N_C \tag{4.29}$$

例題 4.4
中性ベース領域の厚さ $W_{nB} = 1\ \mu m$ のシリコン (Si) npn バイポーラトランジスタを考える．伝導電子の移動度 $\mu_n = 10^3\ \text{cm}^2\,\text{V}^{-1}\,\text{s}^{-1}$，正孔の移動度 $\mu_p = 300\ \text{cm}^2\,\text{V}^{-1}\,\text{s}^{-1}$，伝導電子の寿命 $\tau_n = 10^{-8}\ \text{s}$，正孔の寿命 $\tau_p = 10^{-7}\ \text{s}$，ベースの抵抗率

$\rho_\mathrm{B} = 10^{-1}\,\Omega\,\mathrm{cm}$,エミッタの抵抗率 $\rho_\mathrm{E} = 10^{-4}\,\Omega\,\mathrm{cm}$ とするとき,絶対温度 $T = 300$ K における (a) エミッタ注入効率 α_E,(b) ベース輸送効率 α_T,(c) 電流増幅率(エミッタ接地電流利得)β を求めよ.ただし,コレクタ収集効率 $\alpha_\mathrm{C} = 1$ とする.

◆解答◆ (a) 式 (1.75) から,エミッタにおける正孔の拡散係数 $D_{p\mathrm{E}}$ は,次のように表される.

$$D_{p\mathrm{E}} = \mu_p \frac{k_\mathrm{B} T}{e} \tag{4.30}$$

したがって,式 (2.37) から,エミッタにおける正孔の拡散長 $L_{p\mathrm{E}}$ は,次のようになる.

$$L_{p\mathrm{E}} = \sqrt{D_{p\mathrm{E}} \tau_p} = \sqrt{\mu_p \frac{k_\mathrm{B} T}{e} \tau_p} = 8.81\,\mu\mathrm{m} \tag{4.31}$$

エミッタ注入効率 $\alpha_\mathrm{E} \simeq 1$ の値は,式 (4.21) に式 (4.31) を代入して,次のようになる.

$$\alpha_\mathrm{E} \simeq 1 - \frac{\sigma_\mathrm{B}}{\sigma_\mathrm{E}} \frac{W_{n\mathrm{B}}}{L_{p\mathrm{E}}} = 1 - \frac{\rho_\mathrm{E}}{\rho_\mathrm{B}} \frac{W_{n\mathrm{B}}}{L_{p\mathrm{E}}} = 0.99989 \tag{4.32}$$

(b) ベースにおける伝導電子の拡散長 $L_{n\mathrm{B}}$ は,

$$L_{n\mathrm{B}} = \sqrt{D_{n\mathrm{B}} \tau_n} = \sqrt{\mu_n \frac{k_\mathrm{B} T}{e} \tau_n} = 5.08\,\mu\mathrm{m} \tag{4.33}$$

となる.したがって,式 (4.22) から,ベース輸送効率 α_T は,次のように求められる.

$$\alpha_\mathrm{T} \simeq 1 - \frac{1}{2}\left(\frac{W_{n\mathrm{B}}}{L_{n\mathrm{B}}}\right)^2 = 0.98066 \tag{4.34}$$

(c) 例題 4.4(a),(b) の結果から,電流輸送率(ベース接地電流利得)α は,

$$\alpha = \alpha_\mathrm{E} \alpha_\mathrm{T} = 0.98054 \tag{4.35}$$

となる.この値を式 (4.11) に代入すると,電流増幅率(エミッタ接地電流利得)β は,次のようになる.

$$\beta = \frac{\alpha}{1 - \alpha} = 50.4 \tag{4.36}$$

例題 4.5 多結晶シリコン (Si) に酸素 (O) とリン (P) を多量にドーピングすると,シリコン (Si) よりもバンドギャップの大きい n 形半導体を得ることができる.この n 形半導体をエミッタにして,結晶シリコン (Si) をベース,エミッタとしたトランジスタは,ヘテロバイポーラトランジスタとよばれ,エミッタ注入効率 α_E を大きくすることができる.エネルギーバンド図を用いて,この理由を説明せよ.

◆解答◆ 図 4.10 にバイアス電圧印加時の npn トランジスタのエネルギーバンドを示す.この図において,(a) がバイポーラトランジスタに,(b) がヘテロバイポーラトランジスタにそれぞれ対応している.図 4.10 (b) のヘテロバイポーラトランジスタでは,トンネル効果によって,エミッタの伝導電子は,エミッタ–ベース界面での伝導電子に対する

エネルギー障壁を通り抜け，ベースに到達する．一方，ベースにおける正孔は，エミッタ–ベース界面での正孔に対するエネルギー障壁のために，エミッタへの拡散が抑制される．この結果，図 4.10 (a) よりも伝導電子電流 I_{nE} と正孔電流 I_{pE} との比 I_{nE}/I_{pE} が大きくなる．したがって，図 4.10 (b) のようなエネルギーバンドをもつヘテロバイポーラトランジスタでは，式 (4.18) で表されるエミッタ注入効率 α_E が，バイポーラトランジスタよりも大きくなる．

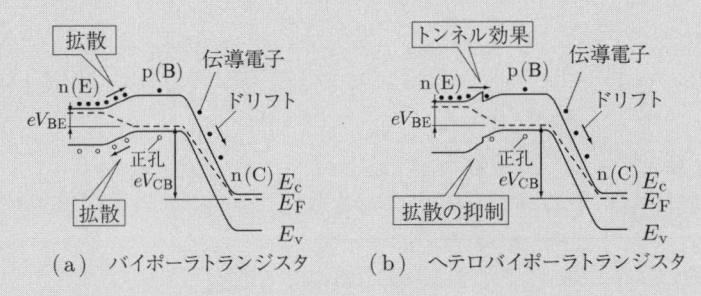

図 4.10 npn トランジスタにおけるエネルギーバンド

例題 4.6 エミッタのバンドギャップが 1.62 eV，ベースのバンドギャップが 1.42 eV の npn ヘテロバイポーラトランジスタと，エミッタとベースのバンドギャップが，どちらも 1.42 eV の npn バイポーラトランジスタを考える．なお，どちらのトランジスタも，エミッタのドーピング濃度 N_E は 10^{18} cm^{-3} とする．このとき，次の問いに答えよ．
(a) どちらのトランジスタも，ベースのドーピング濃度 N_B が 10^{15} cm^{-3} であるとする．npn ヘテロバイポーラトランジスタと npn バイポーラトランジスタの電流増幅率（エミッタ接地電流利得）β を比較せよ．
(b) npn バイポーラトランジスタのベースのドーピング濃度 N_B が 10^{15} cm^{-3} であり，どちらのトランジスタの電流増幅率（エミッタ接地電流利得）β も等しいとする．このとき，npn ヘテロバイポーラトランジスタのベースのドーピング濃度 N_B' を求めよ．

◆解答◆ (a) エミッタ電流 I_E とコレクタ電流 I_C は，ほぼ等しい（$I_E \simeq I_C$）．したがって，式 (4.11) から，電流増幅率（エミッタ接地電流利得）β は，次のようになる．

$$\beta \simeq \frac{I_E}{I_B} \tag{4.37}$$

また，$I_E \simeq I_{nE}$，$I_B \simeq I_{pE}$ だから，式 (4.14)，(4.15) を用いて，電流増幅率（エミッタ接地電流利得）β は，

$$\beta \simeq \frac{n_{B0}}{p_{E0}} \tag{4.38}$$

と表される．なお，ここで $D_{nB}/W_{nB} \simeq D_{pE}/L_{pE}$ とした．

さて，n_{B0} と p_{E0} は，次のように表すことができる．

$$n_{B0} = \frac{n_{iB}^2}{N_B}, \quad p_{E0} = \frac{n_{iE}^2}{N_E} \tag{4.39}$$

ここで，n_{iB} と n_{iE} は，それぞれベース，エミッタにおける真性キャリア濃度であり，式 (1.32) から，

$$n_{iB}^2 = N_{cB} N_{vB} \exp\left(-\frac{E_{gB}}{k_B T}\right) \tag{4.40}$$

$$n_{iE}^2 = N_{cE} N_{vE} \exp\left(-\frac{E_{gE}}{k_B T}\right) \tag{4.41}$$

である．なお，添え字の B と E は，それぞれベースとエミッタを表している．式 (4.38)–(4.41) から，電流増幅率（エミッタ接地電流利得）β は，

$$\beta \simeq \frac{N_E}{N_B} \exp\left(\frac{E_{gE} - E_{gB}}{k_B T}\right) \tag{4.42}$$

と書き換えることができる．ただし，$N_{cB} N_{vB} \simeq N_{cE} N_{vE}$ とした．

以上から，ヘテロバイポーラトランジスタの電流増幅率 β_{HBT} とバイポーラトランジスタの電流増幅率 β_{BT} の比 $\beta_{\text{HBT}}/\beta_{\text{BT}}$ は，次のようになる．

$$\frac{\beta_{\text{HBT}}}{\beta_{\text{BT}}} = \frac{\frac{N_E}{N_B} \exp\left(\frac{E_{gE} - E_{gB}}{k_B T}\right)}{\frac{N_E}{N_B}} = \exp\left(\frac{E_{gE} - E_{gB}}{k_B T}\right) = 2.26 \times 10^3 \tag{4.43}$$

(b) 例題 4.6 (a) と同様にして，

$$\frac{\beta_{\text{HBT}}}{\beta_{\text{BT}}} = \frac{\frac{N_E}{N_B'} \exp\left(\frac{E_{gE} - E_{gB}}{k_B T}\right)}{\frac{N_E}{N_B}} = \frac{N_B}{N_B'} \exp\left(\frac{E_{gE} - E_{gB}}{k_B T}\right) = 1 \tag{4.44}$$

である．したがって，ヘテロバイポーラトランジスタのベースのドーピング濃度 N_B' は，次のようになる．

$$N_B' = N_B \exp\left(\frac{E_{gE} - E_{gB}}{k_B T}\right) = 2.26 \times 10^{18}\,\text{cm}^{-3} \tag{4.45}$$

例題 4.7 式 (4.22) における右辺の近似式を導出せよ．

◆解答◆ 中性ベース領域における伝導電子電流 $I_{nB}(x)$ は，式 (2.41) において，$D_{n_p} = D_{nB}$，$L_{n_p} = L_{nB}$，$l_p = W_{nB}$ とし，ベースの両側に pn 接合が二つあることに注意すると，

$$\alpha_T \equiv \frac{I_{nB}(W_{nB})}{I_{nB}(0)} = \frac{2}{\exp\left(-\frac{W_{nB}}{L_{nB}}\right) + \exp\left(\frac{W_{nB}}{L_{nB}}\right)} = \frac{1}{\cosh\left(\frac{W_{nB}}{L_{nB}}\right)} \tag{4.46}$$

となる．npn トランジスタでは，エミッタからベースに注入された伝導電子がベースを

横切ってコレクタに到達することができるように，$W_{nB}/L_{nB} \ll 1$ を満たすように設計する．このとき，式 (4.46) を W_{nB}/L_{nB} について，マクローリン展開すると，次式が導かれる．

$$\alpha_T \simeq \cfrac{1}{1 + \frac{1}{2}\left(\cfrac{W_{nB}}{L_{nB}}\right)^2} \simeq 1 - \frac{1}{2}\left(\frac{W_{nB}}{L_{nB}}\right)^2 \tag{4.47}$$

4.3 小信号等価回路

信号の値が小さいときは，電流源と抵抗を用いて，バイポーラトランジスタの等価回路を考えると，回路の解析が容易になる．図 4.11 にベース接地，エミッタ接地，コレクタ接地の小信号等価回路をそれぞれ示す．ここで，r_E, r_B, r_C は抵抗，i_E, i_B, i_C は電流，添え字の E, B, C はそれぞれエミッタ，ベース，コレクタを表している．

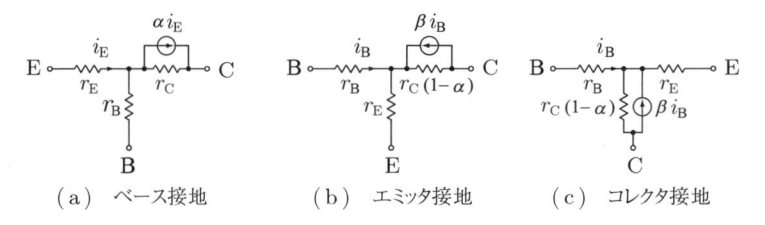

    (a)　ベース接地　　　　(b)　エミッタ接地　　　　(c)　コレクタ接地

図 4.11　バイポーラトランジスタの等価回路

4.4 四端子回路

図 4.12 のように入力端を $1-1'$，出力端を $2-2'$ とする．バイポーラトランジスタの電気的特性が線形であれば，電流と電圧は，次のように 4 個のパラメータ $h_{11}, h_{12}, h_{21}, h_{22}$ で結びつけられる．

$$v_1 = h_{11}i_1 + h_{12}v_2 \tag{4.48}$$
$$i_2 = h_{21}i_1 + h_{22}v_2 \tag{4.49}$$

なお，これらの回路パラメータは，次のような意味をもっている．

$$h_{11} = \left[\frac{v_1}{i_1}\right]_{v_2=0} : 出力端短絡入力インピーダンス$$

$$h_{12} = \left[\frac{v_1}{v_2}\right]_{i_1=0} : 入力端開放帰還増幅比$$

$$h_{21} = \left[\frac{i_2}{i_1}\right]_{v_2=0} : 出力端短絡電流増幅率$$

$$h_{22} = \left[\frac{i_2}{v_2}\right]_{i_1=0} : 入力端開放出力アドミタンス$$

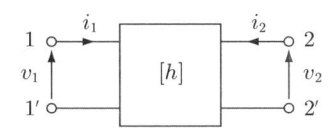

図 4.12 四端子回路

例題 4.8

エミッタ接地回路において，エミッタ電流 $I_E = 1\,\mathrm{mA}$ に対して，次のような小信号 h パラメータをもつシリコン (Si) バイポーラトランジスタを考える．

$$h_{11E} = 1.3\,\mathrm{k\Omega}, \quad h_{12E} = 8.5 \times 10^{-5}, \quad h_{21E} = 46, \quad h_{22E} = 6\,\mu\mathrm{S}$$

負荷抵抗を $R_L = 1\,\mathrm{k\Omega}$ とするとき，(a) エミッタ接地増幅回路の電圧増幅率（電圧利得）G_{vE} と (b) ベース接地増幅回路の電圧増幅率（電圧利得）G_{vB} の近似解を求めよ．

◆**解答**◆ (a) 図 4.13 において，

$$v_1 = h_{11}i_1 + h_{12}v_2 \tag{4.50}$$

$$i_2 = h_{21}i_1 + h_{22}v_2 \tag{4.51}$$

が成り立つ．いま，負荷 R_L が接続されているから，

$$v_2 = -R_L i_2 \tag{4.52}$$

である．式 (4.51) に式 (4.52) を代入して整理すると，

$$i_1 = -\frac{1}{h_{21}}\left(h_{22} + \frac{1}{R_L}\right)v_2 \tag{4.53}$$

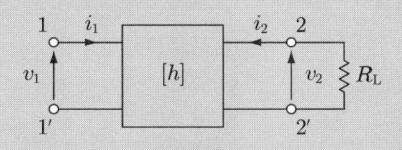

図 4.13 負荷を設けた四端子回路

が得られる．式 (4.51) に式 (4.52) を代入して整理すると，電圧増幅率（電圧利得）G_{v} は，

$$G_{\mathrm{v}} = \frac{v_2}{v_1} = \frac{h_{21}R_{\mathrm{L}}}{h_{12}h_{21}R_{\mathrm{L}} - h_{11}\left(h_{22}R_{\mathrm{L}} + 1\right)} \tag{4.54}$$

となるので，エミッタ接地増幅回路の電圧増幅率（電圧利得）G_{vE} は，次のように表される．

$$G_{\mathrm{vE}} = \frac{h_{21\mathrm{E}}R_{\mathrm{L}}}{h_{12\mathrm{E}}h_{21\mathrm{E}}R_{\mathrm{L}} - h_{11\mathrm{E}}\left(h_{22\mathrm{E}}R_{\mathrm{L}} + 1\right)} = -35.3 \tag{4.55}$$

(b) 図 4.14 (a) の等価回路から

$$v_1 = r_{\mathrm{B}}i_1 + r_{\mathrm{E}}\left(i_1 + i_2\right) \tag{4.56}$$

$$v_2 = r_{\mathrm{C}}(1-\alpha)\left(i_2 - \beta i_1\right) + r_{\mathrm{E}}\left(i_1 + i_2\right) \tag{4.57}$$

が成り立つ．このとき，式 (4.57) から，

$$i_2 = \frac{r_{\mathrm{C}}(1-\alpha)\beta - r_{\mathrm{E}}}{r_{\mathrm{E}} + r_{\mathrm{C}}(1-\alpha)}i_1 + \frac{1}{r_{\mathrm{E}} + r_{\mathrm{C}}(1-\alpha)}v_2 \equiv h_{21\mathrm{E}}i_1 + h_{22\mathrm{E}}v_2 \tag{4.58}$$

である．式 (4.56) に式 (4.58) を代入して整理すると，

$$\begin{aligned} v_1 &= \left[(r_{\mathrm{B}} + r_{\mathrm{E}}) + \frac{r_{\mathrm{E}}r_{\mathrm{C}}(1-\alpha)\beta - {r_{\mathrm{E}}}^2}{r_{\mathrm{E}} + r_{\mathrm{C}}(1-\alpha)}\right]i_1 + \frac{r_{\mathrm{E}}}{r_{\mathrm{E}} + r_{\mathrm{C}}(1-\alpha)}v_2 \\ &\equiv h_{11\mathrm{E}}i_1 + h_{12\mathrm{E}}v_2 \end{aligned} \tag{4.59}$$

が得られる．式 (4.58)，(4.59) から，次のようになる．

$$r_{\mathrm{E}} = \frac{h_{12\mathrm{E}}}{h_{22\mathrm{E}}} = 14\,\Omega \tag{4.60}$$

$$r_{\mathrm{B}} = h_{11\mathrm{E}} - \frac{h_{12\mathrm{E}}\left(h_{21\mathrm{E}} + 1\right)}{h_{22\mathrm{E}}} = 634\,\Omega \tag{4.61}$$

$$r_{\mathrm{C}} = \frac{h_{21\mathrm{E}} + 1}{h_{22\mathrm{E}}} = 7.8\,\mathrm{M\Omega} \tag{4.62}$$

$$\alpha = \frac{h_{12\mathrm{E}} + h_{21\mathrm{E}}}{h_{21\mathrm{E}} + 1} = 0.98 \tag{4.63}$$

次に図 4.14 (b) の等価回路から

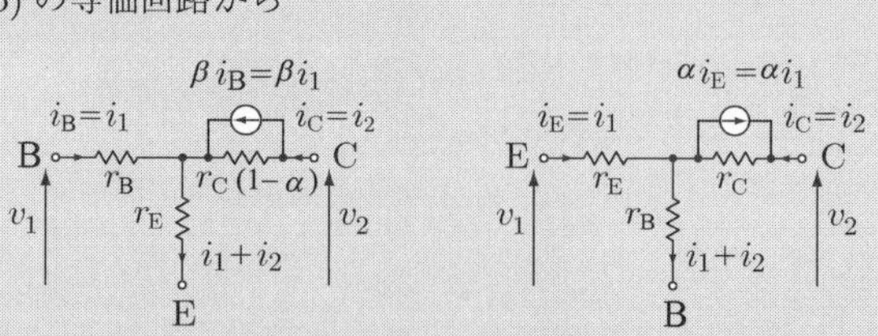

（a）　エミッタ接地回路　　　（b）　ベース接地回路

図 4.14　等価回路

$$v_1 = r_E i_1 + r_B (i_1 + i_2) \tag{4.64}$$
$$v_2 = r_C (i_2 + \alpha i_1) + r_B (i_1 + i_2) \tag{4.65}$$

が成り立つ．このとき，式 (4.65) から，

$$i_2 = -\frac{r_B + r_C \alpha}{r_B + r_C} i_1 + \frac{1}{r_B + r_C} v_2 \equiv h_{21B} i_1 + h_{22B} v_2 \tag{4.66}$$

である．式 (4.64) に式 (4.66) を代入して整理すると，

$$v_1 = \left[(r_B + r_E) - \frac{r_B (r_B + r_C \alpha)}{r_B + r_C} \right] i_1 + \frac{r_B}{r_B + r_C} v_2$$
$$\equiv h_{11B} i_1 + h_{12B} v_2 \tag{4.67}$$

が得られる．式 (4.66)，(4.67) から，

$$h_{11B} \simeq r_B(1 - \alpha) + r_E = 27.7 \, \Omega \tag{4.68}$$
$$h_{12B} \simeq \frac{r_B}{r_C} = 8 \times 10^{-5} \tag{4.69}$$
$$h_{21B} \simeq -\alpha = -0.98 \tag{4.70}$$
$$h_{22B} \simeq \frac{1}{r_C} = 0.13 \, \text{S} \tag{4.71}$$

となるので，ベース接地増幅回路の電圧増幅率（電圧利得）G_{vB} は，次のように表される．

$$G_{vB} = \frac{h_{21B} R_L}{h_{12B} h_{21B} R_L - h_{11B} (h_{22B} R_L + 1)} = 35.3 \tag{4.72}$$

4.5 電流輸送率の遮断周波数

npn トランジスタにおいて，エミッタから注入された伝導電子がコレクタに到達するには，有限の時間がかかる．すなわち，コレクタ交流電流の位相は，エミッタ交流電流の位相より遅れる．そして，周波数が高くなるほど，このような位相遅れは大きくなる．

いま，伝導電子濃度 n が $\exp(i 2\pi f t)$ のように時間変化すると仮定する．このとき，電流輸送率（ベース接地電流利得）の交流成分 $\dot{\alpha}$ は，直流小信号における電流輸送率（ベース接地電流利得）α_0 を用いて，

$$\dot{\alpha} \simeq \frac{\alpha_0}{1 + i f / f_\alpha} \tag{4.73}$$

$$f_\alpha = \frac{D_{nB}}{\pi W_{nB}{}^2} = \frac{1}{2\pi t_B} \tag{4.74}$$

と表される．ここで，$i = \sqrt{-1}$ は虚数単位，f_α は電流輸送率（ベース接地電流利

得）の**遮断周波数** (cut-off frequency)，D_{nB} は中性ベース領域における伝導電子の拡散係数，W_{nB} は中性ベース領域の厚さ，t_B はベース領域における伝導電子の走行時間である．

・Point・　・交流の周波数が高くなるほど，コレクタ電流とエミッタ電流の位相がずれる．

4.6 高周波等価回路

ベース接地高周波等価回路　ベース接地高周波等価回路は，図 4.15 のようになる．ここで，C_E はエミッタ空間電荷領域の接合容量，C_C はコレクタ空間電荷領域の接合容量である．また，C_D は拡散容量に対応し，

$$C_D = g_D \frac{W_{nB}^2}{3D_{nB}} \tag{4.75}$$

$$g_D = \frac{dI}{dV} \tag{4.76}$$

で与えられる．なお，拡散容量とは，2.2 節で説明したように，順バイアスのもとで交流電圧が pn 接合に印加されるとき，伝導電子と正孔の空乏層への注入によって生じる静電容量である．いま，拡散容量 C_D を

$$C_D \simeq g_D \frac{W_{nB}^2}{2D_{nB}} = \frac{g_D}{2\pi f_\alpha} \tag{4.77}$$

と近似すると，エミッタ入力アドミタンス y_{11B} は，次式のように表される．

$$y_{11B} = \frac{i_E}{v_{EB}} = g_D \left(1 + i\frac{f}{f_\alpha}\right) \tag{4.78}$$

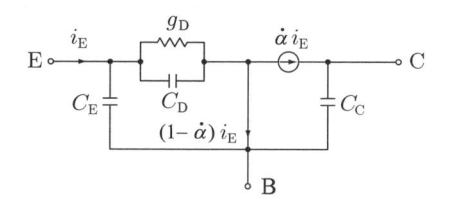

図 4.15 ベース接地高周波等価回路

例題 4.9

中性ベース領域の厚さ $W_{nB} = 1\,\mu\mathrm{m}$ のシリコン (Si) npn バイポーラトランジスタを考える．伝導電子の移動度が $\mu_n = 600\ \mathrm{cm^2\,V^{-1}\,s^{-1}}$ のとき，次の問いに答えよ．

(a) 電流輸送率（ベース接地電流利得）の遮断周波数 f_α を求めよ．
(b) エミッタ電流 $I_\mathrm{E} = 20\,\mathrm{mA}$ のとき，拡散容量 C_D を求めよ．

◆解答◆ (a) 式 (1.75) から，ベースにおける伝導電子に対する拡散係数 D_{nB} は，

$$D_{nB} = \mu_n \frac{k_B T}{e} = 15.5\ \mathrm{cm^2\,s^{-1}} \tag{4.79}$$

となる．したがって，式 (4.74) から，電流輸送率（ベース接地電流利得）の遮断周波数 f_α は，次のようになる．

$$f_\alpha = \frac{D_{nB}}{\pi W_{nB}^2} = 494\ \mathrm{MHz} \tag{4.80}$$

(b) 式 (4.76) から，微分コンダクタンス g_D は，

$$g_\mathrm{D} = \frac{\partial I_\mathrm{E}}{\partial V} = \frac{e}{k_B T} I_\mathrm{E} = 0.774\ \mathrm{S} \tag{4.81}$$

である．したがって，式 (4.75) から，拡散容量 C_D は次のようになる．

$$C_\mathrm{D} = g_\mathrm{D} \frac{W_{nB}^2}{3 D_{nB}} = 166\ \mathrm{pF} \tag{4.82}$$

エミッタ接地高周波等価回路　エミッタ接地高周波等価回路は，図 4.16 のようになる．ここで，相互インダクタンス g_m は，

$$g_\mathrm{m} \equiv \alpha_0 g_\mathrm{D} \tag{4.83}$$

で定義される．また，

$$g_\mathrm{H} = (1 - \alpha_0) g_\mathrm{D} \tag{4.84}$$

である．
さて，通常のバイポーラトランジスタでは，電流輸送率（4.2 節参照）ができるだけ大きくなるように設計するので，信号周波数を f とすると，

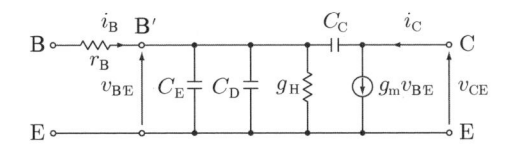

図 4.16 エミッタ接地高周波等価回路

$$C_\mathrm{D} \gg C_\mathrm{C}, C_\mathrm{E}, \quad 2\pi f C_\mathrm{D} \gg g_\mathrm{H}, \quad 1/r_\mathrm{B}, g_\mathrm{m} \gg 2\pi f C_\mathrm{C}$$

が成り立つ．この条件のもとでは，エミッタ接地高周波等価回路は，図 4.17 のように簡略化される．このとき，図 4.17 中の $v_\mathrm{B'E}$ は

$$v_\mathrm{B'E} = \frac{1}{\mathrm{i}2\pi f C_\mathrm{D}} \left(i_\mathrm{B} + i_\mathrm{C} - g_\mathrm{m} v_\mathrm{B'E} \right) \tag{4.85}$$

と表される．したがって，

$$\left(g_\mathrm{m} + \mathrm{i}2\pi f C_\mathrm{D} \right) v_\mathrm{B'E} = i_\mathrm{B} + i_\mathrm{C} \simeq i_\mathrm{C} \tag{4.86}$$

となる．ここで，$i_\mathrm{B} \ll i_\mathrm{C}$ を用いた．また，

$$v_\mathrm{CE} = \frac{1}{\mathrm{i}2\pi f C_\mathrm{C}} \left(i_\mathrm{C} - g_\mathrm{m} v_\mathrm{B'E} \right) + v_\mathrm{B'E} \tag{4.87}$$

である．式 (4.86) を式 (4.87) に代入すると，

$$v_\mathrm{CE} \simeq \frac{C_\mathrm{D} + C_\mathrm{C}}{C_\mathrm{C}} v_\mathrm{B'E} \simeq \frac{C_\mathrm{D}}{C_\mathrm{C}} v_\mathrm{B'E} \tag{4.88}$$

となる．ここで，$C_\mathrm{D} \gg C_\mathrm{C}$ を用いた．

出力コンダクタンス g_22E は，

$$g_\mathrm{22E} = \mathrm{Re}\left(\frac{i_\mathrm{C}}{v_\mathrm{CE}} \right) \simeq \mathrm{Re}\left(\frac{g_\mathrm{m} v_\mathrm{B'E}}{v_\mathrm{CE}} \right) = \frac{C_\mathrm{C}}{C_\mathrm{D}} g_\mathrm{m} \tag{4.89}$$

であり，バイポーラトランジスタの最大出力電力すなわち有能出力電力 P_out は，次のようになる．

$$P_\mathrm{out} = \frac{(g_\mathrm{m} v_\mathrm{B'E})^2}{4 g_\mathrm{22E}} \tag{4.90}$$

一方，入力電力 P_in は，

$$P_\mathrm{in} = \frac{v_\mathrm{BE}{}^2}{r_\mathrm{B}} \tag{4.91}$$

である．ここで，

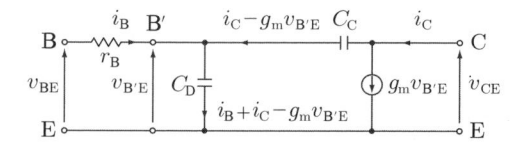

図 4.17 簡略化したエミッタ接地高周波等価回路

$$v_{B'E} = \frac{\dfrac{1}{i2\pi f C_D}}{r_B + \dfrac{1}{i2\pi f C_D}} v_{BE} = \frac{1}{1 + i2\pi f r_B C_D} v_{BE} \simeq \frac{v_{BE}}{i2\pi f r_B C_D} \quad (4.92)$$

を用いると，電力増幅率 G_{0m} は，

$$G_{0m} = \frac{P_{out}}{P_{in}} = \frac{g_m}{4(2\pi f)^2 r_B C_D C_C} \quad (4.93)$$

と表すことができる．さらに，

$$C_D \simeq \frac{g_D}{2\pi f_\alpha}, \quad g_m = \alpha_0 g_D, \quad \alpha_0 \simeq 1 \quad (4.94)$$

を用いると，

$$G_{0m} \simeq \frac{f_\alpha}{8\pi f^2 r_B C_C} = \left(\frac{f_{max}}{f}\right)^2 \quad (4.95)$$

と書き換えられる．ここで，f_{max} は**最大発振周波数** (maximum oscillation frequency) であり，次式で与えられる．

$$f_{max} = \left(\frac{f_\alpha}{8\pi r_B C_C}\right)^{\frac{1}{2}} \quad (4.96)$$

例題 4.10 電流輸送率（ベース接地電流利得）の遮断周波数 $f_\alpha = 12\,\text{GHz}$, $r_B = 10\,\Omega$, $C_C = 0.25\,\text{pF}$, 電流増幅率 $\beta = 50$ の npn トランジスタについて，最大発振周波数 f_{max} を求めよ．

◆**解答**◆ 式 (4.96) から，最大発振周波数 f_{max} は，次のようになる．

$$f_{max} = \left(\frac{f_\alpha}{8\pi r_B C_C}\right)^{\frac{1}{2}} = 13.8\,\text{GHz} \quad (4.97)$$

演習問題

4.1 pnp トランジスタ エバース–モル (Ebers–Moll) のモデルでは，図 4.18 のように，バイポーラトランジスタに電流が流れ込む方向を電流の正方向とする．

このとき，エミッタ電流 I_E とコレクタ電流 I_C は，それぞれ次のように表される．

$$I_E = -\frac{I_{E0}}{1 - \alpha_N \alpha_I}\left[\exp\left(\frac{e\phi_E}{k_B T}\right) - 1\right] + \frac{\alpha_I I_{C0}}{1 - \alpha_N \alpha_I}\left[\exp\left(\frac{e\phi_C}{k_B T}\right) - 1\right] \quad (4.98)$$

$$I_C = \frac{\alpha_N I_{E0}}{1 - \alpha_N \alpha_I}\left[\exp\left(\frac{e\phi_E}{k_B T}\right) - 1\right] - \frac{I_{C0}}{1 - \alpha_N \alpha_I}\left[\exp\left(\frac{e\phi_C}{k_B T}\right) - 1\right] \quad (4.99)$$

86 第4章 バイポーラトランジスタ

図 4.18 エバース–モルのモデル

ここで，I_{E0} はコレクタ電流が 0 のときのエミッタにおける飽和電流，I_{C0} はエミッタ電流が 0 のときのコレクタにおける飽和電流である．これら I_{E0} と I_{C0} は，npn トランジスタに対して正，pnp トランジスタに対して負である．また，α_N はエミッタがエミッタとして機能し，コレクタがコレクタとして機能するときのトランジスタの電流増幅率，α_I はエミッタがコレクタとして機能し，コレクタがエミッタとして機能するときのトランジスタの電流増幅率である．なお，ϕ_E はエミッタ–ベース間電圧，ϕ_C はコレクタ–ベース間電圧であり，どちらも pn 接合が順バイアスのとき正，逆バイアスのとき負である．（J. J. Ebers and J. L. Moll, "Large-Signal Behavior of Junction Transistor," Proc. IRE, vol.42, pp.1761–1772 (1954) 参照）このエバース–モルのモデルに対して，次の問いに答えよ．
(a) コレクタ電流 I_C をエミッタ電流 I_E を用いて表せ．
(b) コレクタ電流 I_C をベース電流 I_B を用いて表せ．

4.2 pnp トランジスタ エミッタ，ベース，コレクタの不純物濃度が，それぞれ 5×10^{18} cm^{-3}, 2×10^{17} cm^{-3}, 10^{16} cm^{-3} のシリコン (Si) pnp トランジスタを考える．また，ベースの厚さは $W_B = 1\,\mu$m，接合断面積は 2×10^{-3} cm^2 である．エミッタ–ベース間電圧 0.5 V（順バイアス），コレクタ–ベース間電圧 -5 V（逆バイアス）のとき，中性ベース領域の厚さ W_{nB} を計算せよ．

4.3 ダーリントン接続 図 4.19 のように，電流増幅率 β_1，β_2 の 2 個のバイポーラトランジスタを接続したとき，出力電流 i_{out} と入力電流 i_{in} との比 i_{out}/i_{in} を求めよ．なお，このようなバイポーラトランジスタの接続をダーリントン接続 (Darlington connection) という．

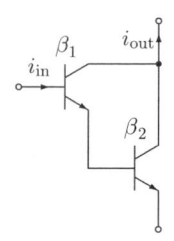

図 4.19 ダーリントン接続

4.4 エミッタ接地増幅回路の電圧増幅率 エミッタ接地増幅回路の電圧増幅率は，(a) 周

囲温度が上昇したとき，(b) エミッタ電流が増加したとき，それぞれどのように変化するか．

4.5 pnp 接合と npn 接合　バイポーラトランジスタでは，pnp 接合より npn 接合のほうが多く利用される．この理由を説明せよ．

4.6 ヘテロバイポーラトランジスタ　$Al_xGa_{1-x}As/GaAs$ ヘテロバイポーラトランジスタの電流増幅率（エミッタ接地電流利得）β_{HBT} と GaAs バイポーラトランジスタの電流増幅率（エミッタ接地電流利得）β_{BT} の比 β_{HBT}/β_{BT} を，組成 x の関数として示せ．ただし，ヘテロバイポーラトランジスタの $Al_xGa_{1-x}As$ エミッタ層のバンドギャップ $E_g(x)$ は，eV を単位として次式で与えられる．

$$E_g(x) = \begin{cases} 1.424 + 1.247x & (0 \leq x \leq 0.45) \\ 1.9 + 0.125x + 0.143x^2 & (0.45 < x \leq 1) \end{cases} \quad (4.100)$$

4.7 総合雑音指数　電力利得が $G_1 = 20$ dB, $G_2 = 10$ dB で，雑音指数がそれぞれ $F_1 = 3.0$ dB, $F_2 = 4.5$ dB の 2 個のトランジスタ増幅器 A_1, A_2 を考える．前段 A_1, 後段 A_2 の組合せと，前段 A_2, 後段 A_1 の組合せの場合の総合雑音指数を比較せよ．ただし，どちらの組合せにおいても増幅器の整合はとれていると仮定する．

4.8 ビルトイン電界　ベース領域の不純物濃度 $N_a(x)$ が

$$N_a(x) = N(0) \exp\left(-\frac{ax}{W_{nB}}\right) \quad (4.101)$$

と表される npn ドリフトトランジスタを考える．ここで，W_{nB} は中性ベース領域の厚さ，a は正の係数である．いま，$W_{nB} = 1\,\mu m$, $N_a(0)/N_a(W_{nB}) = e = 2.718$, 伝導電子の移動度 $\mu_n = 10^3$ cm^{2}V^{-1}s^{-1} とおくと，ビルトイン電界の大きさはいくらか．

4.9 中性ベース領域の厚さと電流輸送率の遮断周波数　表 4.1 に示したトランジスタに，$V_{EB} = 0$ V, $V_{CB} = 10$ V のバイアスが加えられたとき，(a) 中性ベース領域の厚さ W_{nB} と，(b) 電流輸送率の遮断周波数 f_α を求めよ．

表 4.1 シリコン (Si) npn トランジスタの数値例

項目	エミッタ	ベース	コレクタ
不純物濃度 (cm^{-3})	10^{20}	10^{17}	10^{16}
少数キャリアの寿命 (s)	10^{-9}	10^{-8}	—
少数キャリアの拡散係数 (cm^2 s^{-1})	10	50	—
接合間距離 (μm)	—	0.5	—

4.10 ベース電位のクランプとスイッチング速度との関係　図 4.20 のように，ダイオードを用いて，バイポーラトランジスタのベース電位をコレクタ電位にクランプすると，スイッチング速度が速くなる．この理由を説明せよ．また，このクランプ用ダイオードとして pn ダイオードではなく，ショットキーダイオードが使われる理由についても述べよ．

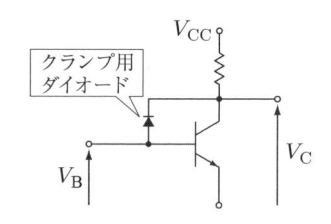

図 4.20 ダイオードでクランプしたトランジスタ

4.11 構造断面図と等価回路 図 4.21 は I^2L (integrated injection logic) の構造断面図とその等価回路である．図 4.21 (a) の構造断面図の端子を，図 4.21 (b) の等価回路の端子と対応付けよ．

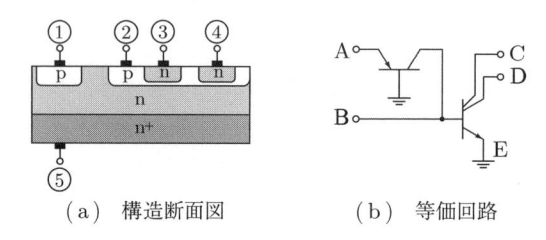

（a） 構造断面図　　　（b） 等価回路

図 4.21 I^2L(integrated injection logic)

第5章 ユニポーラトランジスタ

◆この章の目的◆

本章では，ユニポーラトランジスタによる増幅と，ユニポーラトランジスタの周波数特性について説明する．

◆キーワード◆

ソース，ドレイン，ゲート，電界効果トランジスタ，エンハンスメント形，ディプレッション形

5.1 理想 MIS 構造

ユニポーラトランジスタ ユニポーラトランジスタ (unipolar transistor) は，キャリアとして伝導電子，正孔の一方だけを利用したトランジスタである．図 5.1 (a) にユニポーラトランジスタの構造を，図 5.1 (b) に回路記号を示す．

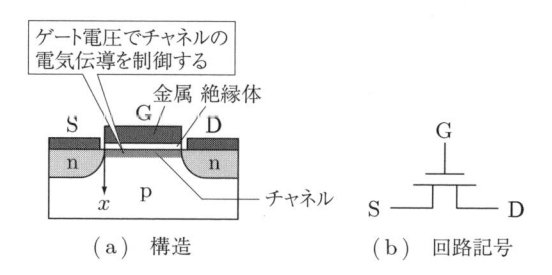

(a) 構造　　(b) 回路記号

図 5.1 ユニポーラトランジスタ

ユニポーラトランジスタは，図 5.1 (a) のように金属–絶縁体–半導体 (metal-insulator-semiconductor, MIS) 構造から形成される．特に，絶縁体が酸化物 (oxide) の場合は，MOS 構造とよばれることも多い．ユニポーラトランジスタでは，ソース (source, 略号 S) とドレイン (drain, 略号 D) の間を流れる電流をゲート (gate, 略号 G) に印加する電圧で制御する．ゲート電圧によって，絶縁体の下にある半導体の電界を変え，半導体に形成されるチャネル (channel) の電気伝導を制御するの

で，**電界効果トランジスタ** (field effect transistor, FET) とよばれることも多い．

図 5.2 (a) のようにゲート電圧 $V_G > 0$ の場合，絶縁体–p 形半導体基板界面の p 形半導体層には，負の電荷をもつ伝導電子が集まり，チャネル（n チャネル）が形成される．一方，図 5.2 (b) のようにゲート電圧 $V_G < 0$ の場合，絶縁体–n 形半導体基板界面の n 形半導体層には，正の電荷をもつ正孔が集まり，チャネル（p チャネル）が形成される．

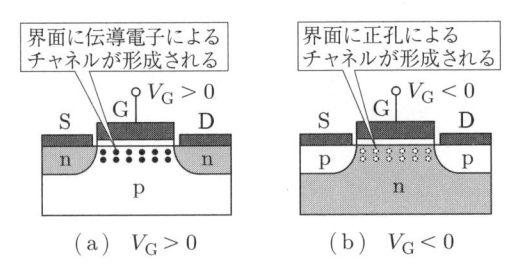

図 5.2 ユニポーラトランジスタのチャネル

・Point・ ・ユニポーラトランジスタでは，ゲート電圧によって，ソース–ドレイン間のチャネルの電気伝導を制御する．

（**絶縁体–p 形半導体界面における p 形半導体**）　さて，絶縁体–半導体基板界面の半導体層の様子を明らかにするには，ポアソン方程式を解く必要がある．図 5.1 (a) において，下向きに x 軸を選び，絶縁体–p 形半導体界面を $x = 0$ とする．このとき，p 形半導体中のポアソン方程式は，

$$\frac{d^2 \phi(x)}{dx^2} = \frac{eN_a}{\varepsilon_p \varepsilon_0} \tag{5.1}$$

となる．ここで，$\phi(x)$ は位置 x における p 形半導体の電位，e は電気素量，N_a は p 形半導体中におけるアクセプター濃度，ε_p は p 形半導体の比誘電率，ε_0 は真空の誘電率である．なお，p 形半導体における不純物はアクセプターのみとし，すべてのアクセプターがイオン化していると仮定した．また，絶縁体–p 形半導体界面付近に形成される空乏層には，まったくキャリアが存在しないとした．

空乏層の端 $x = l_D$ において，電界の x 成分 $E_x(x)$ が 0，すなわち $E_x(l_D) = 0$ とすると，電界の x 成分 $E_x(x)$ は，

$$E_x(x) = -\frac{d\phi(x)}{dx} = -\frac{eN_a}{\varepsilon_p \varepsilon_0}(x - l_D) \tag{5.2}$$

となる．さらに，$x = l_D$ において電位 0，すなわち $\phi(l_D) = 0$ とすると，

$$\phi(x) = \frac{eN_a}{2\varepsilon_p \varepsilon_0}\left(x^2 - 2l_D x + l_D{}^2\right) = \frac{eN_a}{2\varepsilon_p \varepsilon_0} l_D{}^2 \left(1 - \frac{x}{l_D}\right)^2 \tag{5.3}$$

が得られる．絶縁体–p 形半導体界面における電位，すなわち表面電位 ϕ_{Surf} は，$x = 0$ における電位 $\phi(0)$ として定義され，

$$\phi_{\text{Surf}} \equiv \phi(0) = \frac{eN_a}{2\varepsilon_p \varepsilon_0} l_D{}^2 \tag{5.4}$$

で与えられる．以上の計算にもとづいて，絶縁体–p 形半導体界面における p 形半導体のエネルギーバンドを示すと，図 5.3 のようになる．

なお，イオン化したアクセプターによって空乏層に蓄えられる単位面積あたりの電荷 σ は，次のように表される．

$$\sigma = -eN_a l_D \tag{5.5}$$

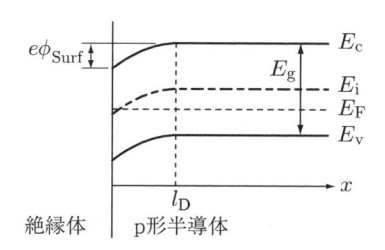

図 5.3 絶縁体–p 形半導体界面における p 形半導体のエネルギーバンド

さて，ゲートに蓄えられている単位面積あたりの電荷すなわちゲート電荷 σ_G と，絶縁体の比誘電率 ε_{ox} を用いて，絶縁体の内部電界 E_{ox} は，

$$E_{\text{ox}} = \frac{\sigma_G}{\varepsilon_{\text{ox}} \varepsilon_0} \tag{5.6}$$

と書くことができる．いま，絶縁体の厚みを t_{ox} とすると，ゲート電位 V_G は，

$$V_G = \phi_{\text{Surf}} + E_{\text{ox}} t_{\text{ox}} = \phi_{\text{Surf}} + \frac{\sigma_G}{C_{\text{ox}}} \tag{5.7}$$

と表される．ここで，C_{ox} は絶縁体の単位面積あたりの静電容量であって，

$$C_{\text{ox}} \equiv \frac{\varepsilon_{\text{ox}} \varepsilon_0}{t_{\text{ox}}} \tag{5.8}$$

によって定義される．なお，式 (5.7) は，p 形半導体内の空乏層端 $x = l_D$ の電位を 0 としたときのゲート電位であることに注意してほしい．

Point

- ユニポーラトランジスタの解析も，鍵はポアソン方程式

$$\nabla^2 \phi = -\frac{\rho}{\varepsilon} = -\frac{\rho}{\varepsilon_s \varepsilon_0}$$

である．

例題 5.1 静電容量 $C' = 10$ pF をもつ正方形 MOS キャパシタを作りたい．SiO_2 の膜厚が $t_{ox} = 100$ nm のとき，正方形の 1 辺の長さ L を求めよ．

◆解答◆ 静電容量 C' は，

$$C' = C_{ox} L^2 = \frac{\varepsilon_{ox} \varepsilon_0}{t_{ox}} L^2 \tag{5.9}$$

と表されるから，正方形の 1 辺の長さ L は，次のようになる．

$$L = \sqrt{\frac{C' t_{ox}}{\varepsilon_{ox} \varepsilon_0}} = 170 \, \mu\text{m} \tag{5.10}$$

ただし，SiO_2 の比誘電率 $\varepsilon_{ox} = 3.9$ を用いた．

絶縁体–p 形半導体界面における伝導形の反転 p 形半導体の電位 $\phi(x)$ は，真性準位のエネルギー $E_i(x)$ との間に次のような関係がある．

$$-e\phi(x) = E_i(x) - E_i(\infty) \tag{5.11}$$

したがって，フェルミ準位 E_F を用いて，次式が成り立つ．

$$E_F - E_i(x) = -[E_i(x) - E_i(\infty)] - [E_i(\infty) - E_F]$$
$$\equiv e[\phi(x) - \phi_F] \tag{5.12}$$

$$\phi_F \equiv \frac{E_i(\infty) - E_F}{e} = \frac{k_B T}{e} \ln \frac{N_a}{n_i} \tag{5.13}$$

ただし，ここで式 (2.2) を用いた．

式 (5.13) で定義した ϕ_F を p 形半導体のフェルミポテンシャルといい，ϕ_F を用いると，伝導電子濃度 $n(x)$ は，式 (1.44)，(5.12)，(5.13) から

$$n(x) = n_i \exp\left[e\frac{\phi(x) - \phi_F}{k_B T}\right] \tag{5.14}$$

で与えられる．したがって，絶縁体–p 形半導体界面における伝導電子濃度 $n_S = n(0)$ は，

$$n_S = n(0) = n_i \exp\left[e\frac{\phi(0) - \phi_F}{k_B T}\right] = n_i \exp\left(e\frac{\phi_{Surf} - \phi_F}{k_B T}\right) \tag{5.15}$$

となる．これから，絶縁体–p 形半導体界面における正孔濃度 p_S は，次のようになる．

$$p_\mathrm{S} = \frac{n_\mathrm{i}^2}{n_\mathrm{S}} = n_\mathrm{i} \exp\left(-e\frac{\phi_\mathrm{Surf} - \phi_\mathrm{F}}{k_\mathrm{B}T}\right) \tag{5.16}$$

式 (5.15), (5.16) から，表面電位 ϕ_Surf がフェルミポテンシャル ϕ_F よりも大きい場合 ($\phi_\mathrm{Surf} > \phi_\mathrm{F}$)，次の関係が導かれる．

$$n_\mathrm{S} > n_\mathrm{i} > p_\mathrm{S} \tag{5.17}$$

すなわち，図 5.4 のように，絶縁体–p 形半導体界面に伝導電子が蓄積され，p 形半導体が n 形に反転する．図 5.1 (a) のようにソースとドレインが n 形半導体の場合，絶縁体–p 形半導体界面も n 形になれば，チャネル（n チャネル）が形成され，ソース–ドレイン間に電流が流れる．

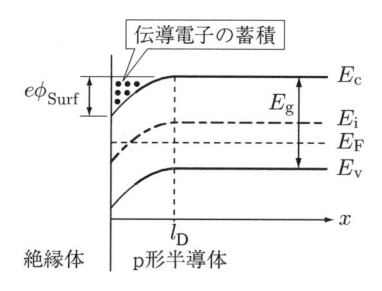

図 5.4 絶縁体–p 形半導体界面において p 形半導体層の伝導形が反転したときの p 形半導体のエネルギーバンド

表面電位 ϕ_Surf が大きくなって，$\phi_\mathrm{Surf} = 2\phi_\mathrm{F}$ となると，式 (5.13), (5.15) から

$$n_\mathrm{S} = n_\mathrm{i} \exp\left(\frac{e\phi_\mathrm{F}}{k_\mathrm{B}T}\right) = N_\mathrm{a} \tag{5.18}$$

という関係が成り立ち，表面電位 ϕ_Surf をこれ以上大きくしても，絶縁体–p 形半導体界面における伝導電子濃度は変化しない．これにともなって，空乏層の厚みも増加しない．したがって，空乏層厚の最大値 l_Dm は，式 (5.4) において $\phi_\mathrm{Surf} = 2\phi_\mathrm{F}$ として，次式で与えられる．

$$l_\mathrm{Dm} = 2\sqrt{\frac{\varepsilon_\mathrm{p}\varepsilon_0}{eN_\mathrm{a}}\phi_\mathrm{F}} \tag{5.19}$$

例題 5.2 アクセプター濃度 $N_\mathrm{a} = 5 \times 10^{16}$ cm^{-3} の p 形シリコン (Si) と SiO$_2$ が接合している MOS キャパシタを考える．絶対温度 300 K において，接合界面における p

形シリコン (Si) の空乏層の厚さの最大値 l_{Dm} を求めよ．ただし，比誘電率 $\varepsilon_{\text{p}} = 11.8$ とする．

◆解答◆ 式 (5.13) を式 (5.19) に代入すると，接合界面における p 形シリコン (Si) の空乏層の厚さの最大値 l_{Dm} は，次のようになる．

$$l_{\text{Dm}} = 2\sqrt{\frac{\varepsilon_{\text{p}}\varepsilon_0}{eN_{\text{a}}} \frac{k_{\text{B}}T}{e} \ln \frac{N_{\text{a}}}{n_{\text{i}}}} = 0.146 \,\mu\text{m} \tag{5.20}$$

チャネルにおける単位面積あたりの静電容量 さて，$\phi_{\text{Surf}} = 2\phi_{\text{F}}$ のとき，絶縁体–p 形半導体界面に形成された，伝導形が n 形に反転した層，すなわち反転層の単位面積あたりの電荷を σ_{I}，空乏層内の単位面積あたりの空間電荷を σ_{Dm} とすると，ゲート電荷 σ_{G} は，次のように表される．

$$\sigma_{\text{G}} = -(\sigma_{\text{I}} + \sigma_{\text{Dm}}) \tag{5.21}$$

$$\sigma_{\text{Dm}} = -eN_{\text{a}}l_{\text{Dm}} \tag{5.22}$$

したがって，

$$\sigma_{\text{I}} = -(\sigma_{\text{G}} + \sigma_{\text{Dm}}) = -[C_{\text{ox}}(V_{\text{G}} - 2\phi_{\text{F}}) + \sigma_{\text{Dm}}]$$
$$= -C_{\text{ox}}\left(V_{\text{G}} - 2\phi_{\text{F}} + \frac{\sigma_{\text{Dm}}}{C_{\text{ox}}}\right) \equiv -C_{\text{ox}}(V_{\text{G}} - V_{\text{TI}}) \tag{5.23}$$

$$V_{\text{TI}} = 2\phi_{\text{F}} - \frac{\sigma_{\text{Dm}}}{C_{\text{ox}}} = 2\phi_{\text{F}} + \frac{eN_{\text{a}}l_{\text{Dm}}}{C_{\text{ox}}} \tag{5.24}$$

となる．ここで定義した V_{TI} は，理想 MIS 構造において反転が目立つようになる，しきい電圧を示している．

さて，空乏層における単位面積あたりの静電容量 C_{D} は，

$$C_{\text{D}} = \frac{\varepsilon_{\text{p}}\varepsilon_0}{l_{\text{D}}} \tag{5.25}$$

と表される．チャネルにおける単位面積あたりの静電容量 C は，絶縁体の単位面積あたりの静電容量 C_{ox} と空乏層における単位面積あたりの静電容量 C_{D} との直列接続として，次式で与えられる．

$$C = \left(\frac{1}{C_{\text{ox}}} + \frac{1}{C_{\text{D}}}\right)^{-1} \tag{5.26}$$

いま，C/C_{ox} をゲート電圧 V_{G} の関数として示すと，図 5.5 のようになる．ゲート電圧 V_{G} が大きくなるにつれて，高周波では反転層における電荷 σ_{I} の変化が信号の変化に追随できなくなることに注意してほしい．

5.1 理想 MIS 構造　95

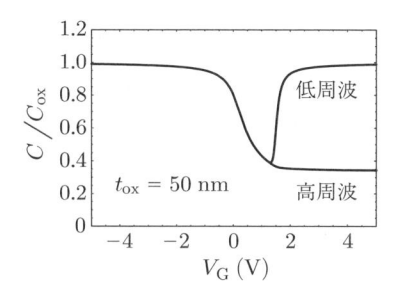

図 5.5 チャネルにおける単位面積あたりの静電容量 C と
ゲート電圧 V_G との関係

・**Point**・・絶縁体–半導体界面の反転層が，チャネルとなる．

例題 5.3　MIS 構造において，反転層内に誘導される伝導電荷密度は，最大値をもつ．そして，この値は絶縁膜の絶縁耐力によってほぼ決まる．プロセス条件によって多少の差はあるが，SiO_2，Si_3N_4，AlO_3 の比誘電率と絶縁耐圧は，表 5.1 に示すような値をもつ．これら 3 種類の膜の最大誘導電荷を単位面積あたりの電荷数として求め，比較せよ．

表 5.1 SiO_2，Si_3N_4，AlO_3 の比誘電率と絶縁耐圧

絶縁体の種類	SiO_2	Si_3N_4	AlO_3
比誘電率	3.9	7.4	8.1
絶縁耐圧 (V/cm)	2×10^6	10^7	6×10^6

◆**解答**◆ 最大誘導電荷を Q_m，絶縁体の比誘電率を ε_{ox}，絶縁体の膜厚を t_{ox}，反転層の面積を S，絶縁耐圧を V_m とすると，

$$Q_m = \frac{\varepsilon_{ox}\varepsilon_0 S}{t_{ox}} V_m \tag{5.27}$$

という関係が成り立つ．ここで，単位面積あたりの最大誘導電荷数 $N_m = Q_m/(eS)$ と絶縁耐圧 $E_m = V_m/t_{ox}$ を用いると，

$$N_m = \frac{\varepsilon_{ox}\varepsilon_0}{e} E_m \tag{5.28}$$

となる．したがって，単位面積あたりの最大誘導電荷数 N_m は，表 5.2 のようになる．

表 5.2 SiO_2，Si_3N_4，AlO_3 の単位面積あたりの最大誘導電荷数 N_m

絶縁体の種類	SiO_2	Si_3N_4	AlO_3
N_m (cm^{-2})	4.3×10^{12}	4.1×10^{13}	2.7×10^{13}

例題 5.4
n 形基板を用いた MOS トランジスタについて，ゲート電圧 V_G がしきい電圧 V_T に等しいときのゲート，絶縁体，n 形基板のエネルギーバンド図を描け．

◆解答◆ ゲート，絶縁体，n 形基板のエネルギーバンド図は，図 5.6 のようになる．

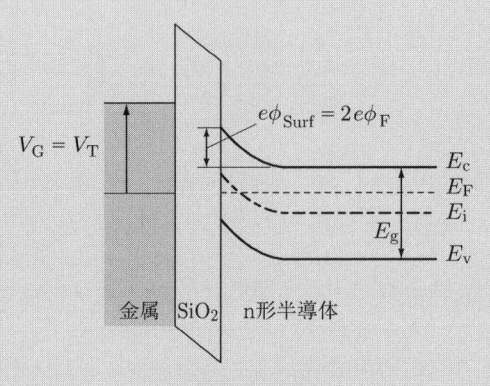

図 5.6 $V_G = V_T$ のときの n 形基板 MOS トランジスタにおけるゲートのエネルギーバンド図

例題 5.5
n 形基板を用いた MOS トランジスタについて，反転状態における (a) 電荷密度 ρ，(b) 電界 E_x，(c) 電位 ϕ の空間分布をそれぞれ示せ．

◆解答◆ 反転状態における (a) 電荷密度 ρ，(b) 電界 E_x，(c) 電位 ϕ の空間分布は，図 5.7 のようになる．この図において，N_d は n 形基板のドナー濃度，ρ_p は反転 p 層の電荷密度，ρ_M はゲート電荷密度，t_{ox} は SiO_2 の厚さ，l_D は空乏層の厚さ，V_G はゲート電圧，ϕ_{Surf} は表面電位である．

(a) 電荷密度 ρ

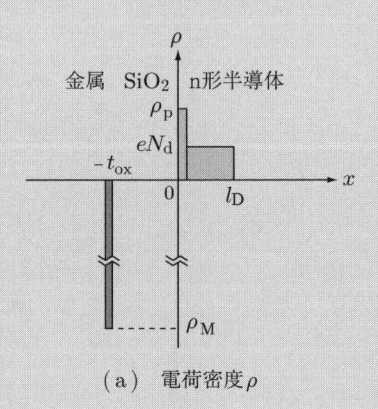

図 5.7 n 形基板 MOS トランジスタの反転状態における空間分布

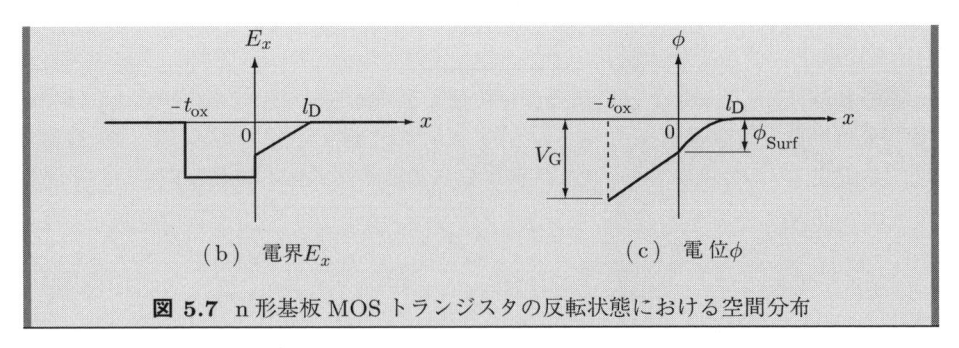

(b) 電界 E_x

(c) 電位 ϕ

図 5.7 n 形基板 MOS トランジスタの反転状態における空間分布

例題 5.6 p 形基板を用いた MOS トランジスタにおいて，ゲート電極として金属の代わりに n^+ 多結晶シリコン (Si) を用いたとき，ゲート電圧 $V_G = 0$ におけるゲート，絶縁体，p 形基板のエネルギーバンド図を描け．

◆**解答**◆ ゲート，絶縁体，p 形基板のエネルギーバンド図は，図 5.8 のようになる．

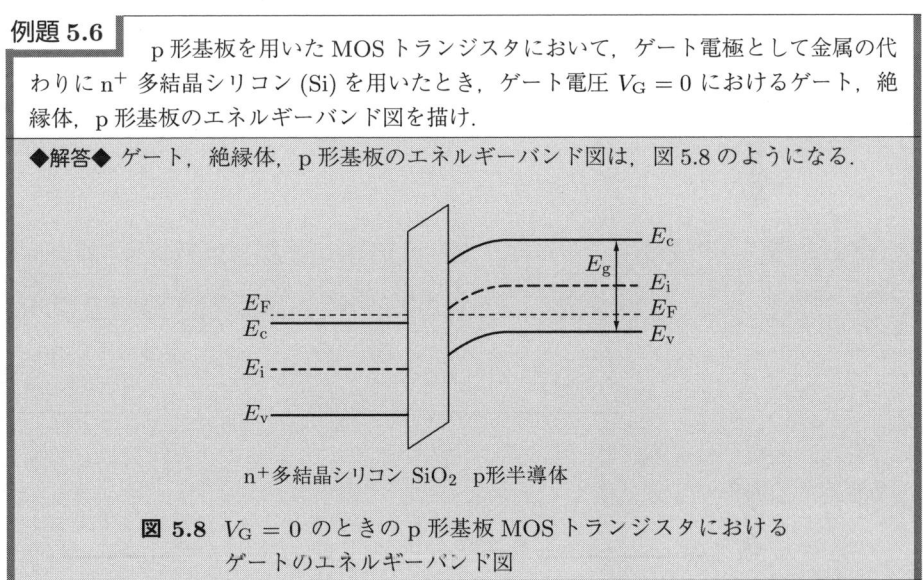

n^+ 多結晶シリコン　SiO_2　p 形半導体

図 5.8 $V_G = 0$ のときの p 形基板 MOS トランジスタにおけるゲートのエネルギーバンド図

5.2 実際の MIS 構造

実際の MIS 構造では，
(1) 金属のフェルミ準位と半導体のフェルミ準位とが異なる
(2) 絶縁体中に電荷が存在する
(3) 界面準位が存在する
などのために，理想 MIS 構造とは特性が異なる．

さて，半導体基板内のエネルギーバンドを平坦にする電圧を**フラットバンド電圧** (flat-band voltage) という．まず，金属のフェルミ準位と半導体のフェルミ準位とを一致させるために必要な電圧を V_{FBW} とすると，

$$V_{\text{FBW}} = \phi_{\text{M}} - \phi_{\text{S}} = \phi_{\text{D}} \tag{5.29}$$

と表される．ここで，ϕ_{M} は金属の仕事関数を電気素量 e で割ったもの，ϕ_{S} は半導体の仕事関数を電気素量 e で割ったもの，ϕ_{D} は接触電位差である．次に絶縁体内の電荷によるエネルギーバンドの曲がりを打ち消すために必要な電圧を V_{FBI} とすると，

$$V_{\text{FBI}} = -\frac{1}{\varepsilon_{\text{ox}}\varepsilon_0} \int_0^{t_{\text{ox}}} x\rho(x)\,\mathrm{d}x = -\frac{\sigma_{\text{SS}}}{C_{\text{ox}}} \tag{5.30}$$

となる．ここで，$\rho(x)$ は絶縁体内の電荷密度，σ_{SS} は電荷が絶縁体-p 形半導体界面に集中していると考えたときの実効的な単位面積あたりの電荷，すなわち固定表面電荷密度 (fixed surface charge density) である．したがって，実際の MIS 構造では，フラットバンド電圧 V_{FB} は，

$$V_{\text{FB}} = V_{\text{FBW}} + V_{\text{FBI}} = \phi_{\text{D}} - \frac{\sigma_{\text{SS}}}{C_{\text{ox}}} \tag{5.31}$$

となる．実際の MIS 構造におけるしきい電圧 V_{T} は，理想 MIS 構造におけるしきい電圧 V_{TI} とフラットバンド電圧 V_{FB} との和として，式 (5.24)，(5.31) から次のように表される．

$$V_{\text{T}} = V_{\text{TI}} + V_{\text{FB}} = 2\phi_{\text{F}} + \frac{eN_{\text{a}}l_{\text{Dm}}}{C_{\text{ox}}} + \phi_{\text{D}} - \frac{\sigma_{\text{SS}}}{C_{\text{ox}}} \tag{5.32}$$

さらに，p 形半導体基板表面にイオン注入などでドナーをドーピングし，半導体基板表面の伝導形を n 形に変えておくと，しきい電圧 V_{T} は，

$$V_{\text{T}} = 2\phi_{\text{F}} + \frac{eN_{\text{a}}l_{\text{Dm}}}{C_{\text{ox}}} - \frac{eN_{\text{d}}l_{\text{C}}}{C_{\text{ox}}} + \phi_{\text{D}} - \frac{\sigma_{\text{SS}}}{C_{\text{ox}}} \tag{5.33}$$

となる．ここで，N_{d} はドナー濃度，l_{C} はドナーがドーピングされた層の厚さである．

・**Point**・・MIS における理想と現実との違いは，金属と半導体のフェルミ準位の違い，絶縁体中の電荷，界面準位などに起因する．

例題 5.7 p形半導体基板を用いたMOSトランジスタにおいて，ゲート電極として金属の代わりにn⁺多結晶シリコン (Si) を用いたとき，フラットバンドコンディションにおけるゲート，絶縁体，p形半導体基板のバンド図を描け．

◆**解答**◆ ゲート，絶縁体，p形半導体基板のエネルギーバンド図は，図5.9のようになる．

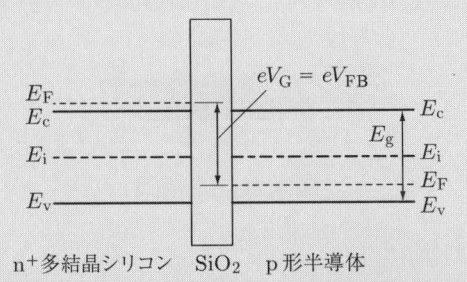

図 5.9 フラットバンドコンディションにおける p 形半導体基板 MOS トランジスタのゲートのエネルギーバンド図

5.3 基本特性

電圧印加時のMIS　バイアスを印加したときのMIS構造では，図5.10のように，チャネルの厚みが位置 z とともに変わる．また，チャネルの周辺にキャリアが枯渇した空乏化領域が形成される．いま，図5.10のように，チャネルのソース側の端を $z=0$，ドレイン側の端を $z=L$ とする．位置 z における半導体基板の電位を $V_C(z)$ とすると，絶縁体–p形半導体界面付近のp形半導体に反転層が形成されるために必要な表面電位 $\phi_{\text{Surf}}(z)$ は，

$$\phi_{\text{Surf}}(z) = 2\phi_F + V_C(z) \tag{5.34}$$

と表される．絶縁体–p形半導体界面に誘導される，伝導キャリアによる表面電荷密度（単位面積あたりの電荷）$\sigma_I(z)$ は，次式で与えられる．

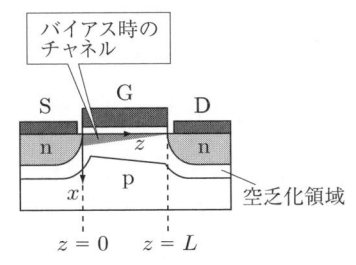

図 5.10 電圧印加時のMIS構造

$$\sigma_{\mathrm{I}}(z) = -C_{\mathrm{ox}}\left[V_{\mathrm{G}} - V_{\mathrm{T}} - V_{\mathrm{C}}(z)\right] \tag{5.35}$$

ドレイン電流 図 5.11 のように，電流の流れる経路，すなわちチャネルの幅を W とすると，チャネルを流れる電流，すなわちドレイン電流 I_{D} は，反転層における伝導電子の移動度 μ と電界の z 成分 $E_z(z)$ を用いて，次のように表される．

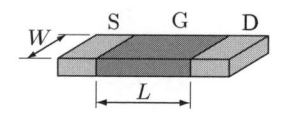

図 5.11 チャネル

$$I_{\mathrm{D}} = \sigma_{\mathrm{I}}(z) W \mu E_z(z) \tag{5.36}$$

ここで，

$$E_z(z) = -\frac{\mathrm{d}\phi_{\mathrm{Surf}}(z)}{\mathrm{d}z} = -\frac{\mathrm{d}V_{\mathrm{C}}(z)}{\mathrm{d}z} \tag{5.37}$$

だから，ドレイン電流 I_{D} は，

$$I_{\mathrm{D}} = C_{\mathrm{ox}}\left[V_{\mathrm{G}} - V_{\mathrm{T}} - V_{\mathrm{C}}(z)\right] W \mu \frac{\mathrm{d}V_{\mathrm{C}}(z)}{\mathrm{d}z} \tag{5.38}$$

となる．境界条件として，

$$V_{\mathrm{C}}(0) = 0, \quad V_{\mathrm{C}}(L) = V_{\mathrm{D}} \tag{5.39}$$

を考慮し，ドレイン電流 I_{D} を $z=0$ から $z=L$ まで積分すると，

$$\int_0^L I_{\mathrm{D}}\, \mathrm{d}z = \mu C_{\mathrm{ox}} W \int_0^L \left[V_{\mathrm{G}} - V_{\mathrm{T}} - V_{\mathrm{C}}(z)\right] \frac{\mathrm{d}V_{\mathrm{C}}(z)}{\mathrm{d}z}\, \mathrm{d}z \tag{5.40}$$

すなわち

$$I_{\mathrm{D}} L = \frac{1}{2}\mu C_{\mathrm{ox}} W \left[2\left(V_{\mathrm{G}} - V_{\mathrm{T}}\right) V_{\mathrm{D}} - V_{\mathrm{D}}^{2}\right] \tag{5.41}$$

が得られる．したがって，次式が導かれる．

$$I_{\mathrm{D}} = \frac{1}{2L}\mu C_{\mathrm{ox}} W \left[2\left(V_{\mathrm{G}} - V_{\mathrm{T}}\right) V_{\mathrm{D}} - V_{\mathrm{D}}^{2}\right] \tag{5.42}$$

ドレイン電流 I_{D} が最大値をとるのは，$\mathrm{d}I_{\mathrm{D}}/\mathrm{d}V_{\mathrm{D}} = 0$ のときである．この条件を満たすドレイン電圧 V_{D} を**ピンチオフ電圧** (pinch-off voltage) V_{P} といい，

$$V_{\mathrm{P}} = V_{\mathrm{G}} - V_{\mathrm{T}} \tag{5.43}$$

となる．また，ドレイン電流 I_D の最大値 I_{Dsat} は，次式で与えられる．

$$I_{Dsat} = \frac{1}{2L}\mu C_{ox} W V_P{}^2 \tag{5.44}$$

図 5.12 にドレイン電流 I_D とドレイン電圧 V_D との関係を示す．なお，パラメータは，$V_G - V_T$ である．

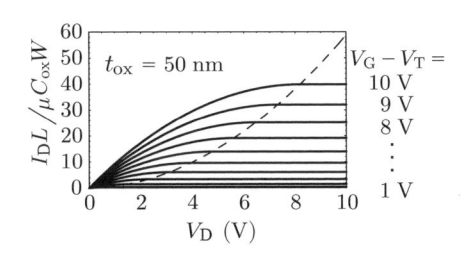

図 5.12 ドレイン電流 I_D とドレイン電圧 V_D との関係

- **Point** - ドレイン電圧 V_D の増加にともなって，ドレイン電流 I_D は飽和する．

p 形基板を用いたエンハンスメント形ユニポーラトランジスタ これまで，図 5.13 (a) のような，p 形基板を用いたユニポーラトランジスタについて説明してきた．この構造では，ゲート電圧 V_G を印加しないときは，ほとんどドレイン電流 I_D が流れない．正のゲート電圧 V_G を大きくするにつれて，絶縁体–p 形半導体界面に n 形反転層が形成される．そして，n チャネルの電気抵抗が低減し，ドレイン電流 I_D が大きくなる．このようにゲート電圧 V_G の増加にともなってドレイン電流 I_D が大きくなるユニポーラトランジスタを**エンハンスメント形** (enhancement-mode) という．また，ゲート電圧 $V_G = 0$ のときにドレイン電流 I_D が流れないことから，**ノーマリーオフ** (normally off) ともいう．

p 形基板を用いたディプレッション形ユニポーラトランジスタ 図 5.13 (b) のように，p 形半導体基板表面にイオン注入などでドナーをドーピングし，半導体基板表面の伝導形を n 形に変えておくと，ゲート電圧 V_G を印加しないときでもドレイン電流 I_D が流れる．そして，ゲート電圧 V_G を大きくすれば，ドレイン電流 I_D が大きくなり，ゲート電圧 V_G を負にすれば，ドレイン電流 I_D が小さくなる．このようにゲート電圧 V_G を印加しないときにドレイン電流 I_D が流れ，ゲート電圧 V_G の正負によってドレイン電流 I_D が増減するユニポーラトランジスタを**ディプレッション形** (depletion-mode) という．また，ゲート電圧 $V_G = 0$ のときにドレイ

（a）p形基板を用いたエンハンスメント形

（b）p形基板を用いたディプレッション形

（c）n形基板を用いたエンハンスメント形

（d）n形基板を用いたディプレッション形

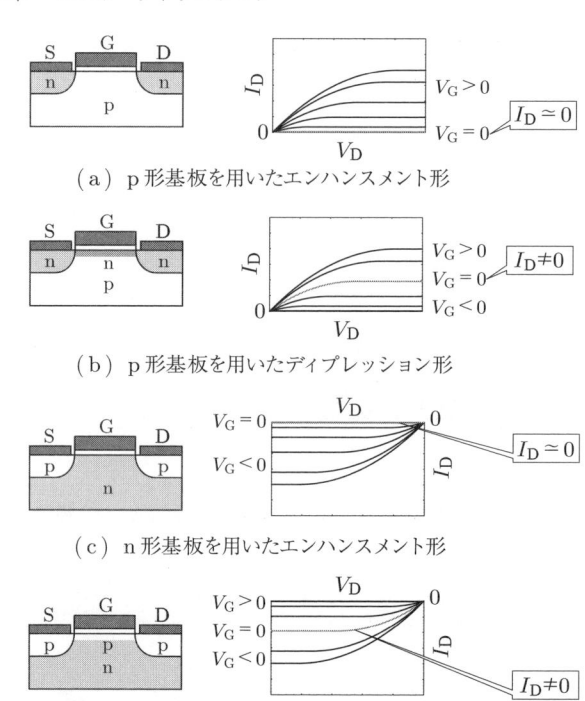

図 5.13 エンハンスメント形とディプレッション形

ン電流 I_D が流れることから，ノーマリーオン (normally on) ともいう．

n形基板を用いたエンハンスメント形ユニポーラトランジスタ 図 5.13 (c) のように，n形基板を用いたユニポーラトランジスタでは，ゲート電圧 V_G を印加しないときは，ほとんどドレイン電流 I_D が流れない．負のゲート電圧を印加し $|V_G|$ を大きくするにつれて，絶縁体–n形半導体界面に p 形反転層が形成される．そして，p チャネルの電気抵抗が低減し，ドレイン電流 I_D が大きくなる．このようなユニポーラトランジスタもエンハンスメント形という．

n形基板を用いたディプレッション形ユニポーラトランジスタ 図 5.13 (d) のように，n形半導体基板表面にイオン注入などでアクセプターをドーピングし，半導体基板表面の伝導形を p 形に変えておくと，ゲート電圧 V_G を印加しないときでもドレイン電流 I_D が流れる．そして，ゲート電圧 V_G の正負によってドレイン電流 I_D が増減する．このようなユニポーラトランジスタもディプレッション形という．

短チャネル効果 チャネルの長さ，すなわちソース–ドレイン間の距離が短くなると，ゲート電圧 V_G の大小とは関係なく，ドレイン電流 I_D が流れるようになる．つまり，ゲート電圧 V_G によって，ドレイン電流 I_D の制御がしづらくなる．また，図 5.13 と違って，図 5.14 のように，ドレイン電流 I_D が飽和特性を示さなくなる．このような現象を**短チャネル効果** (short-channel effect) という．

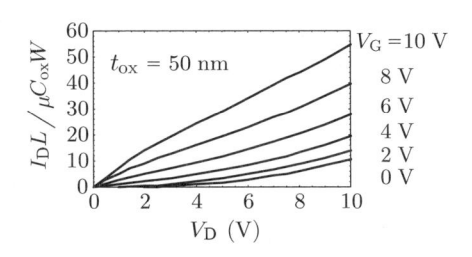

図 5.14 短チャネル効果が顕著なときのドレイン電圧 V_D とドレイン電流 I_D との関係

短チャネル効果は，図 5.15 のように，チャネルの電気抵抗 R を考えてみると理解しやすいだろう．チャネルの抵抗率を ρ，断面積を S，長さを L とすると，

$$R = \rho \frac{L}{S} \tag{5.45}$$

である．したがって，チャネルの抵抗率 ρ と断面積 S が一定の場合，チャネル長 L が短くなるほど，チャネルの電気抵抗 R が小さくなり，ドレイン電流 I_D が流れやすくなる．この結果，ゲート電圧 V_G でドレイン電流 I_D の大小を制御しづらくなるのである．なお，図 5.15 では，$L_1 > L_2$ なので $R_1 > R_2$ である．

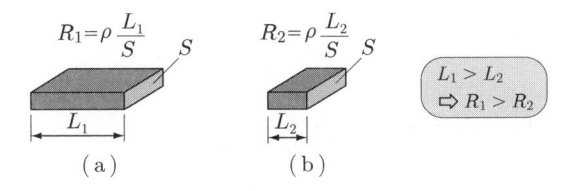

図 5.15 短チャネル効果

例題 5.8 表 5.3 に示したエンハンスメント形シリコン (Si) MOSFET において，絶縁膜として (a) SiO_2 を用いた場合と (b) AlO_3 を用いた場合のしきい電圧 V_T をそれぞれ求めよ．また，ゲート電圧 $V_G = 5$ V の場合，ピンチオフ電圧 V_P と飽和ドレイン電流 I_{Dsat} は，それぞれいくらか．なお，SiO_2 の比誘電率は $\varepsilon_{ox} = 3.9$，AlO_3 の比誘電

率は $\varepsilon_{ox} = 8.1$ である．また，絶対温度 $T = 300$ K とする．

表 5.3 Al-SiO$_2$-Si 系 MOSFET の諸元

項 目	数 値
基板のアクセプター濃度 N_a (cm^{-3})	10^{16}
酸化膜の厚み t_{ox} (nm)	100
界面準位濃度 N_{ss} (cm^{-2})	(1) 5×10^{11}, (2) 5×10^{10}
伝導電子の表面移動度 μ_n (cm^2 V^{-1} s^{-1})	500
ゲート電極 (Al) の仕事関数 $e\phi_M$ (eV)	4.25
シリコン (Si) の仕事関数 $e\phi_S$ (eV)	4.957
チャネル長 L (μm)	5
チャネル幅 W (μm)	100

◆解答◆ (a) 式 (5.8) から，SiO$_2$ の単位面積あたりの静電容量 C_{ox} は，次のようになる．

$$C_{ox} = \frac{\varepsilon_{ox}\varepsilon_0}{t_{ox}} = 3.45 \times 10^{-8} \text{ F cm}^{-2} \tag{5.46}$$

(1) $N_{ss} = 5 \times 10^{11}$ cm^{-2} のとき，

$$\sigma_{ss} = eN_{ss} = 8.01 \times 10^{-8} \text{ C cm}^{-2} \tag{5.47}$$

である．したがって，式 (5.32) から，しきい電圧 V_T は，

$$V_T = 2\phi_F + \frac{eN_a l_{Dm}}{C_{ox}} + \phi_D - \frac{\sigma_{ss}}{C_{ox}} = -0.854 \text{ V} \tag{5.48}$$

となる．式 (5.48) を式 (5.43) に代入すると，ピンチオフ電圧 V_P は，次のようになる．

$$V_P = V_G - V_T = 5.854 \text{ V} \tag{5.49}$$

式 (5.46), (5.49) を式 (5.44) に代入すると，飽和ドレイン電流 I_{Dsat} が，次のように求められる．

$$I_{Dsat} = \frac{1}{2L}\mu C_{ox} W V_P^2 = 5.91 \text{ mA} \tag{5.50}$$

(2) $N_{ss} = 5 \times 10^{10}$ cm^{-2} のとき，

$$\sigma_{ss} = eN_{ss} = 8.01 \times 10^{-9} \text{ C cm}^{-2} \tag{5.51}$$

である．したがって，式 (5.32) から，しきい電圧 V_T は，

$$V_T = 2\phi_F + \frac{eN_a l_{Dm}}{C_{ox}} + \phi_D - \frac{\sigma_{ss}}{C_{ox}} = 1.236 \text{ V} \tag{5.52}$$

となる．式 (5.60) を式 (5.43) に代入すると，ピンチオフ電圧 V_P は，次のようになる．

$$V_P = V_G - V_T = 3.764 \text{ V} \tag{5.53}$$

式 (5.46), (5.53) を式 (5.44) に代入すると，飽和ドレイン電流 I_{Dsat} が，次のように

求められる．
$$I_{\text{Dsat}} = \frac{1}{2L}\mu C_{\text{ox}} W V_{\text{D}}^2 = 2.443 \text{ mA} \tag{5.54}$$

(b) 式 (5.8) から，AlO$_3$ の単位面積あたりの静電容量 C_{ox} は，次のようになる．
$$C_{\text{ox}} = \frac{\varepsilon_{\text{ox}}\varepsilon_0}{t_{\text{ox}}} = 7.17 \times 10^{-8} \text{ F cm}^{-2} \tag{5.55}$$

(1) $N_{\text{ss}} = 5 \times 10^{11} \text{ cm}^{-2}$ のとき，式 (5.32) から，しきい電圧 V_{T} は，
$$V_{\text{T}} = 2\phi_{\text{F}} + \frac{eN_a l_{\text{Dm}}}{C_{\text{ox}}} + \phi_{\text{D}} - \frac{\sigma_{\text{SS}}}{C_{\text{ox}}} = -0.396 \text{ V} \tag{5.56}$$

となる．式 (5.56) を式 (5.43) に代入すると，ピンチオフ電圧 V_{P} は，次のようになる．
$$V_{\text{P}} = V_{\text{G}} - V_{\text{T}} = 5.396 \text{ V} \tag{5.57}$$

式 (5.55), (5.57) を式 (5.44) に代入すると，飽和ドレイン電流 I_{Dsat} が，次のように求められる．
$$I_{\text{Dsat}} = \frac{1}{2L}\mu C_{\text{ox}} W V_{\text{D}}^2 = 10.4 \text{ mA} \tag{5.58}$$

(2) $N_{\text{ss}} = 5 \times 10^{10} \text{ cm}^{-2}$ のとき，
$$\sigma_{\text{ss}} = eN_{\text{ss}} = 8.01 \times 10^{-9} \text{ C cm}^{-2} \tag{5.59}$$

である．したがって，式 (5.32) から，しきい電圧 V_{T} は，
$$V_{\text{T}} = 2\phi_{\text{F}} + \frac{eN_a l_{\text{Dm}}}{C_{\text{ox}}} + \phi_{\text{D}} - \frac{\sigma_{\text{SS}}}{C_{\text{ox}}} = 0.609 \text{ V} \tag{5.60}$$

となる．式 (5.60) を式 (5.43) に代入すると，ピンチオフ電圧 V_{P} は，次のようになる．
$$V_{\text{P}} = V_{\text{G}} - V_{\text{T}} = 4.391 \text{ V} \tag{5.61}$$

式 (5.55), (5.61) を式 (5.44) に代入すると，飽和ドレイン電流 I_{Dsat} が，次のように求められる．
$$I_{\text{Dsat}} = \frac{1}{2L}\mu C_{\text{ox}} W V_{\text{D}}^2 = 6.91 \text{ mA} \tag{5.62}$$

例題 5.9 表 5.3 に示したエンハンスメント形シリコン (Si) MOSFET において，絶縁膜として SiO$_2$ を用いた場合を考える．いま，イオン注入によって，p 形半導体基板表面にドナーをドーピングし，p 形半導体基板表面をドナー濃度 $N_{\text{d}} = 10^{16} \text{ cm}^{-3}$ の n 形に変更する．このとき，しきい電圧 V_{T} はいくらになるか．ただし，n 形半導体層の厚さ $l_{\text{C}} = 0.1 \text{ }\mu\text{m}$ とする．また，絶対温度 $T = 300 \text{ K}$ とする．

◆解答◆ 例題 5.8 の結果と式 (5.33) を用いて，しきい電圧 V_{T} を計算する．

(1) $N_{ss} = 5 \times 10^{11}$ cm^{-2} のとき，しきい電圧 V_T は，次のようになる．

$$V_T = -0.854 \text{ V} - \frac{eN_d l_C}{C_{ox}} = -0.854 \text{ V} - 1.117 \text{ V} = -1.971 \text{ V} \quad (5.63)$$

(2) $N_{ss} = 5 \times 10^{10}$ cm^{-2} のとき，しきい電圧 V_T は，次のようになる．

$$V_T = 1.236 \text{ V} - \frac{eN_d l_C}{C_{ox}} = 1.236 \text{ V} - 1.117 \text{ V} = 0.119 \text{ V} \quad (5.64)$$

5.4 動特性

チャネル内の電位分布 ドレイン電圧 V_D がピンチオフ電圧 V_P に等しくなって，チャネルの厚みが 0 になる点，すなわちピンチオフ点が $z = L$ に生じたとする．このとき，チャネル内の位置 z における $V_C(z)$ を求めよう．式 (5.38) を $z = 0$ から $z = z$ まで積分し，式 (5.43) を代入すると，

$$I_{Dsat} z = \frac{1}{2} \mu C_{ox} W \left[-V_C(z)^2 + 2 V_P V_C(z) \right] \quad (5.65)$$

が得られる．この式の左辺に式 (5.44) を代入すると，

$$V_C(z)^2 - 2 V_P V_C(z) + \frac{z}{L} V_P^2 = 0 \quad (5.66)$$

となる．ここで，$V_C(z) < V_P$ であることに注意すると，次式が導かれる．

$$V_C(z) = V_P \left(1 - \sqrt{1 - \frac{z}{L}} \right) \quad (5.67)$$

絶縁体–p 形半導体界面に誘導される，伝導キャリアによる表面電荷密度（単位面積あたりの電荷）$\sigma_I(z)$ は，式 (5.35), (5.43), (5.67) から，

$$\sigma_I(z) = -C_{ox} [V_P - V_C(z)] = -C_{ox} V_P \sqrt{1 - \frac{z}{L}} \quad (5.68)$$

と表される．また，電界の z 成分 $E_z(z)$ は，式 (5.67) から次のようになる．

$$E_z(z) = -\frac{dV_C(z)}{dz} = -\frac{1}{2L} V_P \left(1 - \frac{z}{L} \right)^{-\frac{1}{2}} \quad (5.69)$$

図 5.16 に，チャネルにおける (a) 電位 $V_C(z)$, (b) 表面電荷密度 $\sigma_I(z)$, (c) 電界の z 成分 $E_z(z)$ をそれぞれ位置 z の関数として示す．

ゲート–ソース間静電容量 チャネル内に蓄えられる全電荷 Q_C は，

$$Q_C = W \int_0^L \sigma_I(z) \, dz = -\frac{2}{3} L W C_{ox} V_P \quad (5.70)$$

(a) 電位 $V_C(z)$ — 線形表示

(b) 表面電荷密度 $\sigma_I(z)$ — 線形表示

(c) 電界の z 成分 $E_z(z)$ — 対数表示

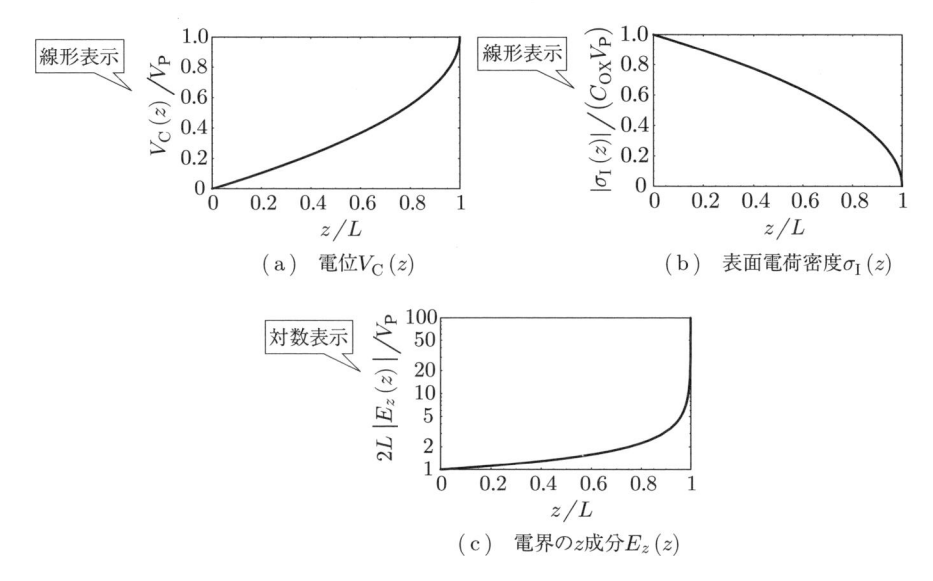

図 5.16 MIS 構造のチャネルにおける電位，表面電荷密度，電界

である．したがって，ゲート–ソース間静電容量 C_{GS} は，次のようになる．

$$C_{GS} = -\frac{dQ_C}{dV_G} = -\frac{dQ_C}{dV_P} = \frac{2}{3}LWC_{ox} \tag{5.71}$$

相互コンダクタンス ゲート電圧 V_G が変化すると，ドレイン電流の最大値（飽和値）I_{Dsat} も変化する．相互コンダクタンス g_m は，

$$g_m \equiv \left[\frac{dI_{Dsat}}{dV_G}\right]_{V_D=\text{constant}} = \left[\frac{dI_{Dsat}}{dV_P}\right]_{V_D=\text{constant}} \tag{5.72}$$

で定義される．式 (5.72) に式 (5.43)，(5.44) を代入すると，次のように表される．

$$g_m = \frac{W}{L}\mu C_{ox} V_P = \frac{2I_{Dsat}}{V_P} \tag{5.73}$$

例題 5.10 表 5.3 に示したエンハンスメント形シリコン (Si) MOSFET において，絶縁膜として SiO_2 を用いた場合を考える．ゲート電圧 $V_G = 5$ V のとき，ドレイン電流 I_D と相互コンダクタンス g_m の値をそれぞれ求めよ．ただし，ドレイン電圧 $V_D = 4.5$ V，絶対温度 $T = 300$ K とする．

◆解答◆ (1) $N_{ss} = 5 \times 10^{11}$ cm^{-2} のとき，式 (5.48) から，しきい電圧 $V_T = -0.854$ V である．したがって，式 (5.42) からドレイン電流 I_D は，次のようになる．

$$I_\mathrm{D} = \frac{1}{2L}\mu C_\mathrm{ox} W \left[2(V_\mathrm{G}-V_\mathrm{T})V_\mathrm{D}-V_\mathrm{D}{}^2\right] = 5.6 \text{ mA} \tag{5.74}$$

式 (5.49) からピンチオフ電圧 $V_\mathrm{P} = 5.854$ V である．したがって，式 (5.73) から相互コンダクタンス g_m は，次のようになる．

$$g_\mathrm{m} = \frac{W}{L}\mu C_\mathrm{ox} V_\mathrm{P} = 2.02 \text{ mS} \tag{5.75}$$

(2) $N_\mathrm{ss} = 5 \times 10^{10}$ cm^{-2} のとき，式 (5.52) から，しきい電圧 $V_\mathrm{T} = 1.236$ V である．したがって，式 (5.42) からドレイン電流 I_D は，次のようになる．

$$I_\mathrm{D} = \frac{1}{2L}\mu C_\mathrm{ox} W \left[2(V_\mathrm{G}-V_\mathrm{T})V_\mathrm{D}-V_\mathrm{D}{}^2\right] = 2.35 \text{ mA} \tag{5.76}$$

式 (5.53) からピンチオフ電圧 $V_\mathrm{P} = 3.764$ V である．したがって，式 (5.73) から相互コンダクタンス g_m は，次のようになる．

$$g_\mathrm{m} = \frac{W}{L}\mu C_\mathrm{ox} V_\mathrm{P} = 1.3 \text{ mS} \tag{5.77}$$

例題 5.11 エンハンスメント形 Al-SiO$_2$-Si 系サブミクロン MOSFET を考える．チャネル長 $L = 0.25$ μm，チャネル幅 $W = 5$ μm，アクセプター濃度 $N_\mathrm{a} = 10^{17}$ cm^{-3}，伝導電子の表面移動度 $\mu = 500$ cm^2 V^{-1} s^{-1}，絶縁体の単位面積あたりの静電容量 $C_\mathrm{ox} = 3.45 \times 10^{-7}$ F cm^{-2}，しきい電圧 $V_\mathrm{T} = 0.5$ V，ゲート電圧 $V_\mathrm{G} = 1$ V とする．このとき，相互コンダクタンス g_m を求めよ．

◆解答◆ 式 (5.43)，(5.73) から，次のようになる．

$$g_\mathrm{m} = \frac{W}{L}\mu C_\mathrm{ox}(V_\mathrm{G}-V_\mathrm{T}) = 1.73 \text{ mS} \tag{5.78}$$

5.5 利得帯域幅積

MIS 構造のゲートは，絶縁体によって半導体と絶縁されている．したがって，直流のゲート電流は流れない．しかし，ゲート–ソース間静電容量（入力静電容量）C_GS とゲート–ドレイン間静電容量（結合静電容量）C_GD が存在するため，交流電圧が印加されると，交流ゲート電流が流れる．交流電圧を印加したときの微小信号等価回路は，図 5.17 のようになる．入力電流 i_G と出力電流 i_D との比，すなわち出力端短絡電流増幅率 h_FS は，次式のようになる．

$$h_\mathrm{FS} = \frac{i_\mathrm{D}}{i_\mathrm{G}} \simeq -\mathrm{i}\frac{f_\mathrm{T}}{f} \tag{5.79}$$

ここで，f は交流の周波数である．また，f_T は $|h_\mathrm{FS}| = 1$ となる周波数であり，遮断周波数とよばれ，ユニポーラトランジスタの利得帯域幅積を与える．そして，f_T

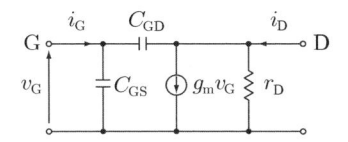

図 5.17 交流電圧印加時の MIS 構造の微小信号等価回路

は次のように表される.

$$f_\mathrm{T} = \frac{g_\mathrm{m}}{2\pi(C_\mathrm{GS}+C_\mathrm{GD})} \simeq -\mathrm{i}\frac{f_\mathrm{T}}{f} \tag{5.80}$$

ゲート-ドレイン間静電容量（結合静電容量）C_GD が無視できるときは，f_T は次のようになる.

$$f_\mathrm{T} \simeq \frac{g_\mathrm{m}}{2\pi C_\mathrm{GS}} = \frac{3}{4\pi}\frac{\mu V_\mathrm{P}}{L^2} \tag{5.81}$$

さて，キャリアがチャネルを通過するのに必要な時間，すなわちキャリアの走行時間 τ は，次式で与えられる.

$$\tau = \int_0^L -\frac{1}{\mu E_z}\,\mathrm{d}z = \frac{4L^2}{3\mu V_\mathrm{P}} \tag{5.82}$$

この式を式 (5.81) に代入すると，f_T を次のように書くことができる.

$$f_\mathrm{T} \simeq \frac{1}{\pi\tau} \tag{5.83}$$

・Point・ ・交流ゲート電圧 v_G を印加すると，交流ゲート電流 i_G が流れる.

例題 5.12 表 5.3 に示したエンハンスメント形シリコン (Si) MOSFET において，絶縁膜として SiO_2 を用いた場合を考える. ゲート電圧 $V_\mathrm{G}=5$ V のとき，キャリア走行時間 τ を求めよ. また，その値から遮断周波数 f_T を求めよ. ただし，ドレイン電圧 $V_\mathrm{D}=4.5$ V，絶対温度 $T=300$ K とする.

◆解答◆ (1) $N_\mathrm{ss}=5\times 10^{11}$ cm^{-2} のとき，式 (5.49) からピンチオフ電圧 $V_\mathrm{P}=5.854$ V である. したがって，式 (5.82) からキャリアの走行時間 τ は，次のようになる.

$$\tau = \frac{4L^2}{3\mu V_\mathrm{P}} = 0.114 \text{ ns} \tag{5.84}$$

この値を式 (5.83) に代入すると，遮断周波数 f_T は，次のように求められる.

$$f_{\mathrm{T}} = \frac{1}{\pi\tau} = 2.79 \text{ GHz} \tag{5.85}$$

(2) $N_{\mathrm{ss}} = 5 \times 10^{10} \text{ cm}^{-2}$ のとき，式 (5.53) からピンチオフ電圧 $V_{\mathrm{P}} = 3.764 \text{ V}$ である．したがって，式 (5.82) からキャリアの走行時間 τ は，次のように計算できる．

$$\tau = \frac{4L^2}{3\mu V_{\mathrm{P}}} = 0.177 \text{ ns} \tag{5.86}$$

この値を式 (5.83) に代入して，遮断周波数 f_{T} の値は，次のようになる．

$$f_{\mathrm{T}} = \frac{1}{\pi\tau} = 1.8 \text{ GHz} \tag{5.87}$$

演習問題

5.1 CMOS CMOS について説明せよ．

5.2 MOS 構造 p形シリコン (Si) の表面に MOS 構造を作ったところ，絶対温度 $T = 300$ K において，しきい電圧 V_{T} (V) と SiO_2 の膜厚 t_{ox} (μm) との間に，図 5.18 のような関係が得られた．この関係を数式で示すと，次のようになる．

$$V_{\mathrm{T}} = 15 t_{\mathrm{ox}} + 1.5 \tag{5.88}$$

フラットバンド電圧 V_{FB}，フェルミポテンシャル ϕ_{F}，アクセプター濃度 N_{a} を求めよ．

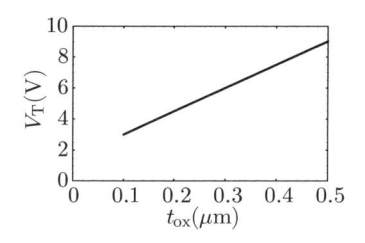

図 5.18 しきい電圧 V_{T} と SiO_2 の膜厚 t_{ox} との関係

5.3 しきい電圧 V_{T} とドーズ量 $N_{\square}$ との関係 p形シリコン (Si) 基板を用いた MOSFET のチャネルに，不純物としてホウ素 (B)，リン (P)，アルミニウム (Al) をそれぞれドーピングした場合を考える．このとき，しきい電圧 V_{T} とドーズ量 $N_{\square}$ との関係について説明せよ．また，リン (P) のドーズ量 $N_{\square} = 6 \times 10^{11} \text{ cm}^{-2}$ に対して，しきい電圧の変化量として $\Delta V_{\mathrm{T}} = -3 \text{ V}$ が得られたとする．このとき，SiO_2 の膜厚 t_{ox} を求めよ．

5.4 バイポーラトランジスタとユニポーラトランジスタにおける相互コンダクタンスの比較 バイポーラトランジスタの相互コンダクタンス g_{mB} は，次式で与えられる．

$$g_{\mathrm{mB}} \simeq \frac{e}{k_{\mathrm{B}} T} I_{\mathrm{C}} \tag{5.89}$$

ただし, e は電気素量, k_B はボルツマン定数, T は絶対温度, I_C はコレクタ電流である. 一方, ユニポーラトランジスタ (電界効果トランジスタ) の相互コンダクタンス g_{mU} は,

$$g_{mU} \simeq \frac{2I_D}{V_P} \tag{5.90}$$

で与えられる. ここで, I_D はドレイン電流, V_P はピンチオフ電圧である.

絶対温度 $T = 300$ K において, 両方のトランジスタに同じ大きさの電流を流したときの相互コンダクタンスを比較せよ. ただし, ピンチオフ電圧 $V_P = 5$ V とする.

5.5 FET のしきい電圧とキャリアの実効移動度 FET の結線と, この結線時の電流 I と電圧 V との関係を図 5.19 に示す. 次の問いに答えよ.
(a) しきい電圧 V_T を求めよ.
(b) 絶縁膜の単位面積あたりの静電容量 $C_{ox} = 5.1$ F cm^{-2}, チャネル幅 W とチャネル長 L との比 $W/L = 20$ のとき, キャリアの実効移動度 μ を求めよ.

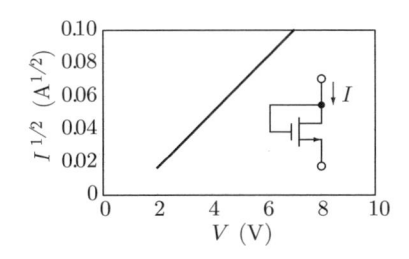

図 5.19 FET の結線と, この結線時の電流 I と電圧 V との関係

5.6 MOSFET を用いたインバータ回路 図 5.20 のような MOS インバータ回路を考える. この回路において, 信号遅延時間 τ_d は, 負荷抵抗 R_L と寄生容量 C_P を用いて,

$$\tau_d \simeq R_L C_P$$

で与えられる. いま, 信号が 0 から 1 に変わるとき, 電源電圧を V_{DD} とすると, インバータで消費される平均電力 P_d が, 次式で与えられることを示せ.

$$P_d \simeq \frac{1}{2\tau_d} C_P V_{DD}^2$$

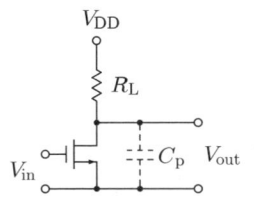

図 5.20 MOSFET を用いたインバータ回路

5.7 絶縁体上に作られたシリコン (Si) MOSFET 絶縁体上に作られたシリコン (Si) 薄膜上の MOSFET では，どのような特性が期待できるか．

5.8 絶縁体上の半導体におけるチャネル 絶縁体上の半導体 (Semiconductor on Insulator, SOI) として，アクセプター濃度 $N_\mathrm{a} = 5 \times 10^{17}$ cm^{-3} の p 形シリコン (Si) を考える．これを用いた完全空乏化 n チャネル SOI–MOSFET において，n チャネルに許される最大の厚さを求めよ．ただし，$t_\mathrm{ox} = 4$ nm とする．

5.9 高電子移動度トランジスタ 図 5.21 に，高電子移動度トランジスタ (high electron mobility transistor, HEMT) の構造断面図とエネルギーバンド図を示す．この構造では，不純物がドーピングされていない高純度な GaAs 層をチャネルとして用いることが特徴である．
(a) GaAs 層に伝導電子チャネルができるメカニズムについて説明せよ．
(b) GaAs 層にできる伝導電子チャネルにおける伝導電子の移動度は，室温でも通常の値より大きい．しかも，HEMT を冷却すれば，伝導電子の移動度はさらに大きくなる．この理由を説明せよ．

(a) 構造断面図　(b) エネルギーバンド図

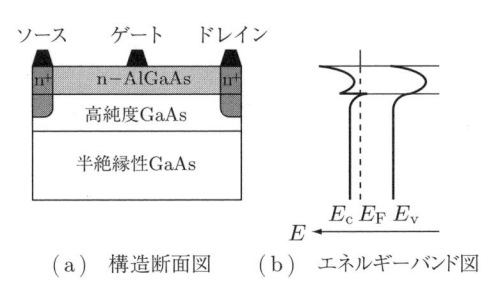

図 5.21 高電子移動度トランジスタ

第6章 アクティブデバイス

◆この章の目的◆

本章では，スイッチングデバイスや，フィードバックなしで発振できるデバイスの特性について説明する．

◆キーワード◆

サイリスタ，ショックレーダイオード，SCR，ユニジャンクショントランジスタ，ガンダイオード，インパットダイオード

6.1 サイリスタ

3個以上の pn 接合を組み合わせた半導体スイッチを広義の**サイリスタ** (thyristor) という．一方，狭義のサイリスタは，**ショックレーダイオード** (Shockley diode) にスイッチング用のゲート電極を設けたものであり，**SCR**(semiconductor controlled rectifier または silicon controlled rectifier) とよばれる．

（ショックレーダイオード） 図 6.1 のような pnpn 構造ダイオードをショックレーダイオードという．図 6.1 からわかるように，3 個の pn 接合 J_1, J_2, J_3 をもっており，広義のサイリスタである．

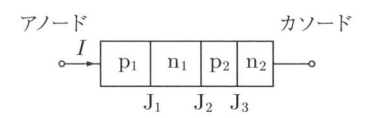

図 6.1 ショックレーダイオード

アノードに印加する電圧（アノード電圧）V が正のとき $(V > 0)$ のとき，接合 J_1 と J_3 が順バイアスになっており，J_2 は逆バイアスとなっている．したがって，アノード電圧 V がスイッチング電圧 V_S よりも小さい間は，電圧 V の大部分は，接合 J_2 にかかり，接合 J_2 の空乏層がどんどん広がる．このときのエネルギーバンドを図 6.2 に示す．接合 J_2 には，eV 程度のエネルギー（図 6.2 では，$\sim eV$ と表

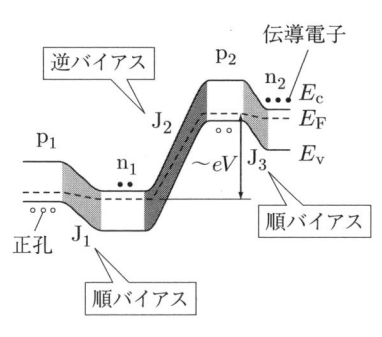

図 6.2 アノード電圧 V が $0 < V < V_S$ のときのショックレーダイオードのエネルギーバンド

記）のエネルギー障壁が存在し，接合 J_1 と J_3 には，拡散電位程度のエネルギー障壁が存在する．したがって，電流はほとんど流れない．

　アノード電圧 V が大きくなると，接合 J_2 の空乏層にかかる電界が大きくなる．そして，アノード電圧 V がスイッチング電圧 V_S に達すると，接合 J_2 の空乏層で電子なだれが生じてスイッチングが起こり，電流が流れるようになる．このとき，キャリアが接合 J_2 に注入されるため，しゃへい効果によって接合 J_2 における空間電荷密度が小さくなる．この結果，アノード–カソード間電圧が小さくなる．そして，接合 J_1 と J_3 では拡散によって電流が流れ，接合 J_2 ではドリフトによって電流が流れる．このときのエネルギーバンドを図 6.3 に示す．

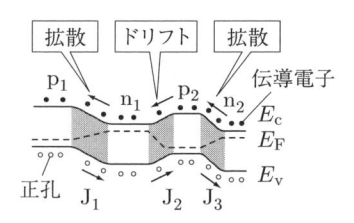

図 6.3 スイッチング後のショックレーダイオードのエネルギーバンド

　一方，アノード電圧 V が負 $(V<0)$ のときは，接合 J_2 が順バイアスとなり，接合 J_1 と J_3 が逆バイアスになる．したがって，接合 J_1 と J_3 に空乏層が形成される．そして，電流はほとんど流れない．さらに，バイアス電圧の絶対値 $|V|$ が大きくなって接合 J_1 と J_3 における空乏層で電子なだれが生じるとき，キャリアは接合 J_1 と J_3 を横切るだけである．したがって，接合 J_1 と J_3 における空間電荷密度はほとんど変化しない．このため，アノード–カソード間電圧は，降伏電圧にほぼ等

しいままである．このときのエネルギーバンドを図 6.4 に示す．

以上の説明のように，ショックレーダイオードの電流–電圧特性は，図 6.5 のようになる．

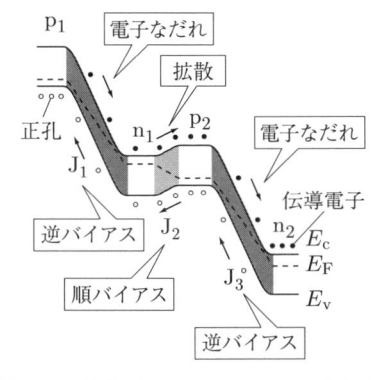

図 6.4 降伏時のショックレーダイオードのエネルギーバンド

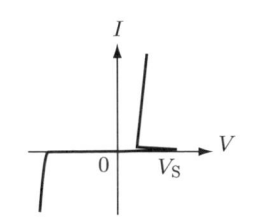

図 6.5 ショックレーダイオードの電流–電圧特性

> **・Point・**
> ・ショックレーダイオードは，アノード–カソード間にスイッチング電圧を印加すると，導通する．

例題 6.1 図 6.6 のショックレーダイオードのアノードに正の電圧を印加し，カソードを接地する．このとき，n_1 領域の電子なだれ降伏電圧 V_{BD} と，パンチスルー電圧 V_{PT}（接合 J_2 の空乏層が接合 J_1 の空乏層と接触する電圧）を求めよ．ただし，電子なだれをおこす電界を E_{BD}，n_1 領域の厚さを W_1 とする．

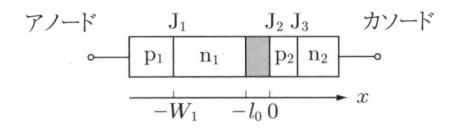

図 6.6 ショックレーダイオードの n_1 領域における空乏層

◆**解答**◆ 図 6.6 において，p_2 の不純物濃度が n_1 の不純物濃度に比べて十分高く，n_1–p_2 界面で空乏層が n_1 領域のみに広がっているとする．そして，図 6.6 のように x 軸をとり，n_1–p_2 界面における空乏層の両端の座標を $-l_0$, 0 とする．このとき，n_1–p_2 界面における空乏層に対するポアソン方程式は，次のようになる．

$$\frac{d^2\phi(x)}{dx^2} = -\frac{eN_d}{\varepsilon_{n1}\varepsilon_0} \tag{6.1}$$

ここで，$\phi(x)$ は位置 x における空乏層の電位，e は電気素量，N_d は n_1 領域における

ドナー濃度，ε_{n1} は n_1 領域の比誘電率，ε_0 は真空の誘電率である．なお，n_1 領域における不純物はドナーのみとし，すべてのドナーがイオン化していると仮定した．また，n_1-p_2 界面における空乏層には，まったくキャリアが存在しないとした．

空乏層の端 $x = -l_0$ において，電界の x 成分 $E_x(x)$ が 0，すなわち $E_x(-l_0) = 0$ とすると，電界の x 成分 $E_x(x)$ は，次のように表される．

$$E_x(x) = -\frac{\mathrm{d}\phi(x)}{\mathrm{d}x} = \frac{eN_\mathrm{d}}{\varepsilon_{n1}\varepsilon_0}(x + l_0) \tag{6.2}$$

さらに，$x = -l_0$ において電位 0，すなわち $\phi(-l_0) = 0$ とすると，次のようになる．

$$\phi(x) = -\frac{eN_\mathrm{d}}{2\varepsilon_{n1}\varepsilon_0}(x^2 + 2l_0 x + l_0{}^2) = -\frac{eN_\mathrm{d}}{2\varepsilon_{n1}\varepsilon_0}(x + l_0)^2 \tag{6.3}$$

電子なだれをおこす電界 E_BD が $E_x(0)$ に等しいとすると，式 (6.2) から

$$l_0 = \frac{\varepsilon_{n1}\varepsilon_0}{eN_\mathrm{d}}E_x(0) = \frac{\varepsilon_{n1}\varepsilon_0}{eN_\mathrm{d}}E_\mathrm{BD} \tag{6.4}$$

となる．また，電子なだれ降伏電圧 V_BD が n_1-p_2 界面における空乏層のみにかかっているとすると，次式が得られる．

$$V_\mathrm{BD} = \phi(-l_0) - \phi(0) = \frac{eN_\mathrm{d}}{2\varepsilon_{n1}\varepsilon_0}l_0{}^2 = \frac{\varepsilon_{n1}\varepsilon_0}{2eN_\mathrm{d}}E_\mathrm{BD}{}^2 \tag{6.5}$$

ただし，ここで式 (6.3)，(6.4) を用いた．

一方，パンチスルー電圧 V_PT は，$l_0 = W_1$ のときの電圧だから，式 (6.3) から

$$V_\mathrm{PT} = \phi(-W_1) - \phi(0) = \frac{eN_\mathrm{d}}{2\varepsilon_{n1}\varepsilon_0}W_1{}^2 \tag{6.6}$$

となる．なお，接合 J_1 における空乏層の厚さは無視した．

(SCR) 図 6.7 に SCR の等価回路を示す．図 6.7 (a) のように，SCR は，pnp トランジスタと npn トランジスタとが接続されたものと考えることができる．いま，pnp トランジスタの電流増幅率を α_1，npn トランジスタの電流増幅率を α_2 とおき，アノードから注入される電流すなわち pnp トランジスタのエミッタ電流を I とする．このとき，SCR の等価回路は，図 6.7 (b) のように描くことができる．図 6.7 (b) において，npn トランジスタのコレクタ電流 $I_{\mathrm{C}2}$ とエミッタ電流 $I_{\mathrm{E}2}$ は，次のように表される．

$$I_{\mathrm{C}2} = (1 - \alpha_1)I - I_{\mathrm{C}0} \tag{6.7}$$

$$I_{\mathrm{E}2} = I + I_\mathrm{G} \tag{6.8}$$

また，

$$I_{\mathrm{C}2} \simeq \alpha_2 I_{\mathrm{E}2} \tag{6.9}$$

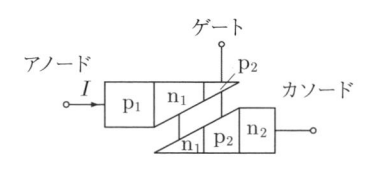

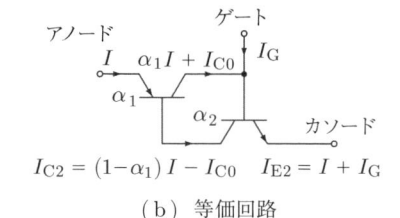

(a) 2個のトランジスタによる表現   (b) 等価回路

図 6.7 SCR の等価回路

であり，式 (6.7)–(6.9) から

$$(1 - \alpha_1) I - I_{C0} = \alpha_2 (I + I_G) \tag{6.10}$$

が成り立つ．したがって，電流 I は次のように表される．

$$I = \frac{\alpha_2 I_G + I_{C0}}{1 - \alpha_1 - \alpha_2} \tag{6.11}$$

式 (6.11) から，

$$\alpha_1 + \alpha_2 = 1 \tag{6.12}$$

のとき，電流 I が急激に大きくなって，導通状態となることがわかる．SCR では，ゲート電流 I_G によって α_2 を制御し，式 (6.12) を満足すると，スイッチングが起こる．

・**Point**・ ・SCR は，ゲート電流でショックレーダイオードをスイッチングする．

例題 6.2
電流 $\alpha_2 I_G = 0.6\,\text{mA}$, $I_{C0} = 0.4\,\text{mA}$ の SCR を考える．電流利得 $\alpha_1 + \alpha_2 = 0.01$ のときのサイリスタの動作と，$\alpha_1 + \alpha_2 = 0.9999$ のときのサイリスタの動作について説明せよ．

◆**解答**◆ 電流利得 α_1 と α_2 は，電流 I の関数であり，電流 I とともに増加する．電流 I が小さい間は，電流利得 α_1 と α_2 は 1 に比べて十分小さい．そして，電流利得 $\alpha_1 + \alpha_2 = 0.01$ のときは，式 (6.11) から

$$I = \frac{\alpha_2 I_G + I_{C0}}{1 - \alpha_1 - \alpha_2} = 1.01\,\text{mA} \tag{6.13}$$

であり，SCR はオフ状態である．

SCR への印加電圧が大きくなって，電流利得が $\alpha_1 + \alpha_2 = 0.9999$ となると，式 (6.11) から

$$I = \frac{\alpha_2 I_\mathrm{G} + I_\mathrm{C0}}{1 - \alpha_1 - \alpha_2} = 10\,\mathrm{A} \tag{6.14}$$

となる．この電流値はオフ状態の 10^4 倍にもなっており，SCR はオン状態となる．

6.2 ユニジャンクショントランジスタ

図 6.8 (a)，(b)，(c) にユニジャンクショントランジスタ (unijunction transistor) の構造，等価回路，回路記号をそれぞれ示す．

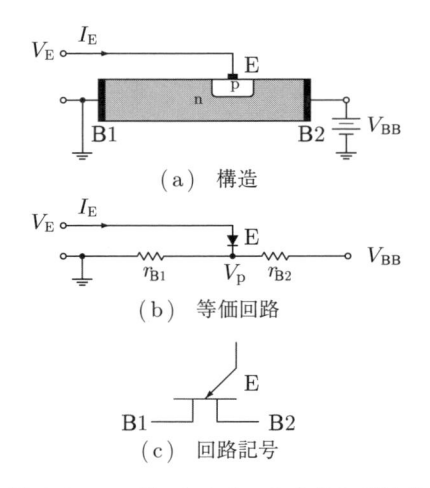

（a）構造

（b）等価回路

（c）回路記号

図 6.8 ユニジャンクショントランジスタ

エミッタ電流 I_E が流れない ($I_\mathrm{E} = 0$) とき，エミッタ電位 V_p は，

$$V_\mathrm{p} = \frac{r_\mathrm{B1}}{r_\mathrm{B1} + r_\mathrm{B2}} V_\mathrm{BB} \equiv \eta V_\mathrm{BB} \tag{6.15}$$

である．なお，ここで定義した η は，開放スタンドオフ比 (intrinsic stand-off ratio) とよばれている．

ベース 1 (B1)–エミッタ (E) 間電圧 V_E がエミッタ電位 V_p よりも小さい ($V_\mathrm{E} < V_\mathrm{p}$) とき，エミッタ–ベース 1 の pn 接合は，逆バイアスされていることになる．一方，$V_\mathrm{E} > V_\mathrm{p}$ となると，エミッタ–ベース 1 の pn 接合は順バイアスとなり，電流が流れるようになる．ベース 1 に注入された正孔は，正孔とほぼ同数の電子を引きつけるので，r_B1 は，さらに小さくなる．この結果，V_E と V_p はともに小さくなり，図 6.9 のように，ショックレーダイオードと似たような電流–電圧特性が得られる．

6.2 ユニジャンクショントランジスタ　119

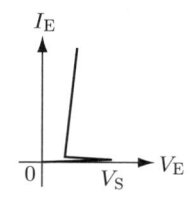

図 6.9 ユニジャンクショントランジスタの電流–電圧特性

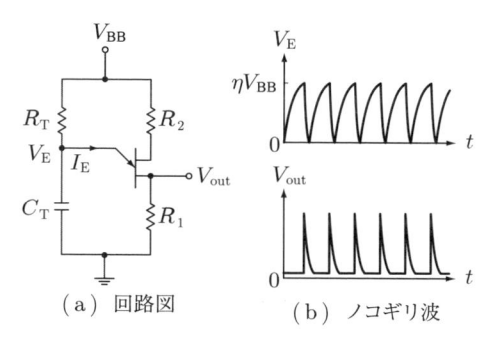

図 6.10 ユニジャンクショントランジスタを用いた，のこぎり波発振器

（a）回路図　（b）ノコギリ波

ユニジャンクショントランジスタを用いて図 6.10 (a) のような回路を作ると，のこぎり波発振器を得ることができる．エミッタ電圧 V_E と出力電圧 V_{out} の波形を図 6.10 (b) に示す．なお，のこぎり波の周波数 f は，近似的に次式で与えられる．

$$f = -\frac{1}{C_T R_T \ln(1-\eta)} \tag{6.16}$$

・**Point**・
・ユニジャンクショントランジスタの順方向 I–V 特性は，ショックレーダイオードに似ている．

例題 6.3　式 (6.16) を導出せよ．

◆**解答**◆　図 6.10 (a) のようなのこぎり波発振回路の等価回路は，図 6.11 のようになる．ここで，等価回路におけるダイオードの立上がり電圧を無視し，端子電圧 V_E と V_P の大小関係によって場合分けし，のこぎり波発振器の動作を考えよう．

(1) $V_E < V_P$ のとき

エミッタ電流はほとんど流れないので，図 6.12 の等価回路のように，ダイオードが接続されていた部分が開放になっていると考えることができる．

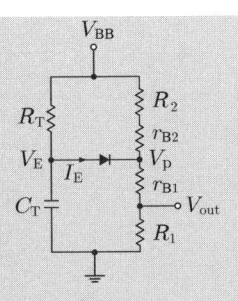

図 6.11 ユニジャンクショントランジスタを用いた，のこぎり波発振器の等価回路

いま，時刻 $t = 0$ で $V_E = 0$ とすると，

$$V_E = V_{BB}\left[1 - \exp\left(-\frac{t}{R_T C_T}\right)\right] \tag{6.17}$$

となる．そして，V_E は，その値が

$$V_P = \frac{R_1 + r_{B1}}{R_1 + R_2 + r_{B1} + r_{B2}} V_{BB} = \eta V_{BB} \tag{6.18}$$

に一致するまで増加する．$V_E = V_P$ となる時刻を t_0 とすると，式 (6.17)，(6.18) から

$$t_0 = -R_T C_T \ln(1 - \eta) \tag{6.19}$$

となる．なお，V_E が増加している間，V_{out} は次のようになる．

$$V_{out} = \frac{R_1}{R_1 + R_2 + r_{B1} + r_{B2}} V_{BB} \tag{6.20}$$

以上から，立上がり時における エミッタ電圧 V_E と出力電圧 V_{out} を時刻 t に対してプロットすると，図 6.13 のようになる．

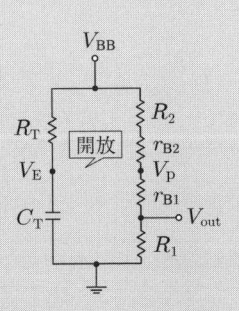

図 6.12 ユニジャンクショントランジスタを用いた，のこぎり波発振器の立上がり時の等価回路

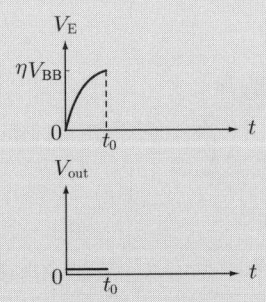

図 6.13 ユニジャンクショントランジスタを用いた，のこぎり波発振器の立上がり時の電圧波形

(2) $V_E \geq V_P$ のとき

エミッタ電流が流れるようになり，図 6.14 の等価回路のように，ダイオードが接続されていた端子どうしが短絡されたと考えることができる．

いま，時刻 $t = t_0$ で $V_E = \eta V_{BB}$ とすると，

$$V_P \simeq V_E = \eta V_{BB} \exp\left[-\frac{t - t_0}{(R_1 + r_{B1})C_T}\right] \tag{6.21}$$

となる．そして，V_{out} は，次のようになる．

$$V_{out} = \frac{R_1}{R_1 + r_{B1}} V_P \tag{6.22}$$

以上から，エミッタ電圧 V_E と出力電圧 V_{out} を時刻 t に対してプロットすると，図 6.15 のようになる．

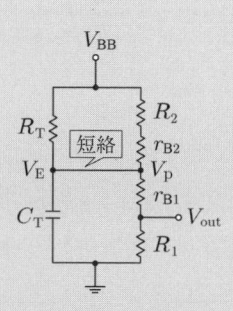

図 6.14 ユニジャンクショントランジスタを用いた，のこぎり波発振器の立下がり時の等価回路

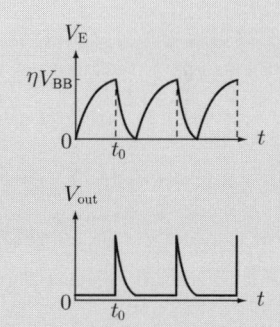

図 6.15 ユニジャンクショントランジスタを用いた，のこぎり波発振器の電圧波形

さて，$(R_1 + r_{B1})C_T \ll t_0$ となるように抵抗 R_T を選ぶと，周期はほぼ t_0 で決まる．したがって，のこぎり波発振回路の発振周波数 f は，次のようになる．

$$f = \frac{1}{t_0} = -\frac{1}{C_T R_T \ln(1 - \eta)} \tag{6.23}$$

6.3 ガンダイオード

図 6.16 にヒ化ガリウム (GaAs) のエネルギーバンドを示す．この図に示すように，ヒ化ガリウム (GaAs) の伝導帯は二つの谷（Γ 点と X 点）をもっている．

ヒ化ガリウム (GaAs) に印加される電界 E が小さい間は，伝導電子は伝導帯のエネルギーが最小である Γ 点に存在する．電界 E が大きくなり，その値が数 $kV\,cm^{-1}$ を超えるようになると，伝導電子は Γ 点から X 点に遷移するようになる．Γ 点と

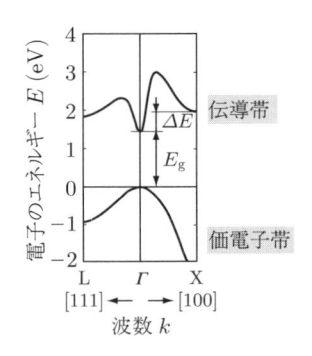

図 6.16 ヒ化ガリウム (GaAs) のエネルギーバンド

X 点における伝導電子の移動度が異なるため，実効的な移動度 μ_eff は，Γ 点と X 点における伝導電子の分布に依存する．いま，Γ 点と X 点における伝導電子の割合をそれぞれ η, $(1-\eta)$ とすると，実効的な移動度 μ_eff は，

$$\mu_\text{eff} = \eta\mu_\Gamma + (1-\eta)\mu_X \tag{6.24}$$

と表される．ここで，μ_Γ, μ_X はそれぞれ Γ 点と X 点における伝導電子の移動度である．ドリフト速度 $v_\text{d} = \mu_\text{eff} E$ を電界 E に対してプロットすると，図 6.17 のようになる．

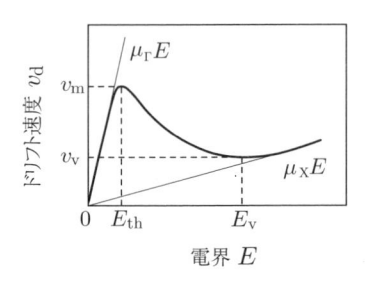

図 6.17 ヒ化ガリウム (GaAs) の移動度の電界依存性

ヒ化ガリウム (GaAs) では，数 kV cm^{-1} を超えるような高電界のもとでは，実効的な移動度 μ_eff を電界 E について微分すると，負になる．つまり，数 kV cm^{-1} を超えるような高電界では，負の微分移動度が得られ，微分コンダクタンスも負となる．この現象を**ガン効果** (Gunn effect) という．

ここで，デバイス内部の微分移動度が負のときの現象を考えよう．ゆらぎなどによってデバイス内部で伝導電子に局所的な偏りができると，伝導電子が空乏化した

領域と，伝導電子が蓄積された領域から構成される二重層 (dipole domain) が形成される．この二重層は，アノードに向かって移動し，アノードに到達した後は，元の状態に戻る．そして，再び二重層が形成され，またアノードに向かって進む．この過程を繰り返すことで発振するデバイスが，**ガンダイオード** (Gunn diode) である．ガンダイオードの発振周波数 f は，二重層の走行速度 v_{d0} と二重層の走行距離 l を用いて，次式で与えられる．

$$f = \frac{v_{d0}}{l} \tag{6.25}$$

・Point・ ・ガンダイオードは，伝導帯の Γ 点と X 点の移動度の差を利用している．

例題 6.4 ガンダイオードを作るための半導体材料としては，伝導帯の Γ 点と X 点のエネルギー差 ΔE が，次の関係

$$E_g > \Delta E > k_B T$$

を満足する必要がある．この理由を説明せよ．ただし，E_g は半導体材料のバンドギャップ，k_B はボルツマン定数，T は絶対温度である．

◆**解答**◆ ガンダイオードは，正の微分利得と負の微分利得が，電界によって切り替わることを利用している．そして，この微分利得の正負の切り替わりは，Γ 点における伝導電子の移動度 μ_Γ と X 点における伝導電子の移動度 μ_X との値が異なることにもとづく．もし，伝導帯の Γ 点と X 点のエネルギー差 ΔE が，熱エネルギー $k_B T$ と同程度以下ならば，電界を印加しない状態でも熱励起によって，Γ 点から X 点に伝導電子が遷移し，Γ 点と X 点における伝導電子の濃度差が小さくなる．したがって，電界によって Γ 点と X 点における伝導電子の濃度差を大きくすることが困難になる．

電界によって Γ 点と X 点における伝導電子の濃度差を大きくするためには，電界を印加しない状態での Γ 点と X 点における伝導電子の濃度差を大きくしておくことが必要である．このためには，熱励起による Γ 点から X 点への伝導電子の遷移を抑制しなければならない．したがって，$\Delta E > k_B T$ が必要となる．また，なるべく小さな電界で Γ 点から X 点への伝導電子の遷移を実現するためには，$E_g > \Delta E$ であることが望ましい．以上から，

$$E_g > \Delta E > k_B T$$

という関係を満足する必要があるといえる．

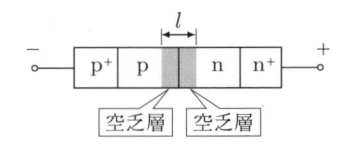

6.4 インパットダイオード

インパットダイオード (IMPATT diode) は，電子なだれが起きるように，直流バイアスが印加された状態で，マイクロ波電圧を重畳することで生じる交流負性抵抗を用いた増幅，発振デバイスである．なお，IMPATT は，*imp*act *a*valanche and *t*ransit *t*ime のイタリック部分からなる略語である．インパットダイオードは，ヒ化ガリウム (GaAs) のような伝導帯構造をもたない半導体材料でも，発振デバイスを実現できるという特徴がある．

> **・Point・** ・インパットダイオードは，伝導帯の Γ 点と X 点の移動度の差を利用せずに発振する．

例題 6.5 図 6.18 のような p^+pnn^+ 二重ドリフト形インパットダイオードにおいて，空乏層厚 $l = 2\ \mu\text{m}$ のとき，発振周波数 f は，どれくらいになるか．ただし，伝導電子と正孔の飽和速度を $v_{\text{sat}} = 10^7\ \text{cm}\,\text{s}^{-1}$ とする．

図 6.18 インパットダイオード

◆解答◆ 電子なだれが起きるような高電界では，伝導電子の速度と正孔の速度は飽和し，伝導電子と正孔は，飽和速度 $v_{\text{sat}} = 10^7\ \text{cm}\,\text{s}^{-1}$ で移動する．空乏層厚 $l = 2\ \mu\text{m}$ のとき，pn 接合界面における空乏層は，p 領域，n 領域にそれぞれ $l/2 = 1\ \mu\text{m}$ ずつ広がっているとする．このとき，伝導電子と正孔が，それぞれ $l/2 = 1\ \mu\text{m}$ の距離を 1 往復ドリフトによって移動すれば，インパットダイオードは発振できる．したがって，発振に要する伝導電子と正孔の移動距離が $2 \times l/2 = l = 2\ \mu\text{m}$ となり，発振周波数 f は次のように求められる．

$$f \simeq \frac{v_{\text{sat}}}{l} = 5 \times 10^{10}\ \text{Hz} = 50\ \text{GHz} \tag{6.26}$$

演習問題

6.1 ショックレーダイオード 図 6.19 のような不純物濃度をもつシリコン (Si) ショックレーダイオードを考える.
(a) パンチスルーで決まる逆方向耐圧が 120 V のとき, n_1 領域の厚さ W_1 を求めよ.
(b) n_1-p_2-n_2 トランジスタの電流利得 α_2 が電流密度に依存せずに $\alpha_2 = 0.4$ であり, p_1-n_1-p_2 トランジスタの電流利得 α_1 が電流密度に依存し, $\alpha_1 = 0.5\sqrt{L_p/W_1}\ln(J/J_0)$ と表されるとする. ショックレーダイオードのスイッチング電流 $I_S = 1$ mA のとき, このショックレーダイオードの断面積 S を求めよ. ただし, 正孔の拡散長 $L_p = 25$ μm, $J_0 = 5$ μA cm^{-2} とする.

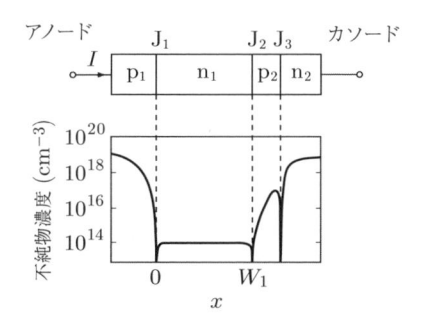

図 6.19 ショックレーダイオード

6.2 SCR SCR を作る場合, 半導体材料として, シリコン (Si) を用いた場合と, ゲルマニウム (Ge) を用いた場合について, スイッチング特性を比較せよ.

6.3 ガンダイオード (a) 絶対温度 $T = 300$ K において, ヒ化ガリウム (GaAs) の X 点における, 伝導帯に対する有効状態密度 N_{CU} を求めよ. ただし, X 点における伝導電子の有効質量を $m_X = 1.2 m_0$ (m_0 は真空中における電子の質量) とする.
(b) ヒ化ガリウム (GaAs) の Γ 点における, 伝導帯に対する有効状態密度を N_{CL} とすると, X 点における伝導電子濃度と, Γ 点における伝導電子濃度との比 γ は,

$$\gamma = \frac{N_{CU}}{N_{CL}} \exp\left(-\frac{\Delta E}{k_B T_e}\right) \tag{6.27}$$

で与えられる. いま, X 点における伝導電子のエネルギーと Γ 点における伝導電子のエネルギーとの差 $\Delta E = 0.31$ eV, 伝導電子の有効温度 $T_e = 300$ K とするとき, γ を求めよ.
(c) 伝導電子が電界からエネルギーを受け取ると, 伝導電子の有効温度 T_e は上昇する. 伝導電子の有効温度 $T_e = 1500$ K のときの γ を求めよ.

6.4 インパットダイオード 図 6.20 のような p$^+$-i-n$^+$-i-n$^+$ シリコン (Si) インパットダイオードを考える. いま, $b = 1$ μm, $W_2 = 6$ μm, 降伏電界 $E_{BD} = 3.3 \times 10^5$ Vcm^{-1},

単位面積あたりの蓄積電荷 $\sigma = 3.2 \times 10^{-7}\,\mathrm{C\,cm^{-2}}$ とするとき，降伏電圧 V_{BD}，ドリフト領域における電界 E_{drift}，動作周波数 f を計算せよ．

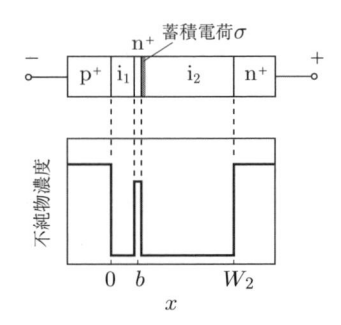

図 6.20 インパットダイオード

6.5 高温時におけるガンダイオードとインパットダイオードの比較 ガンダイオードとインパットダイオードを高温で使用した場合，出力はどのようになるか，比較せよ．

第7章

光デバイス

◆この章の目的◆

本章では，光検出デバイスや，発光デバイスの特性について説明する．

◆キーワード◆

吸収，自然放出，誘導放出，直接遷移，間接遷移，光導電セル，フォトダイオード，アバランシェフォトダイオード，ソーラーセル，発光ダイオード，半導体レーザー

7.1 半導体の光物性

光学遷移　■吸収　半導体に光が入射すると，

① バンド間吸収
② バンド–不純物準位間吸収
③ 励起子吸収
④ 不純物準位間吸収
⑤ バンド内吸収
⑥ 自由キャリア吸収

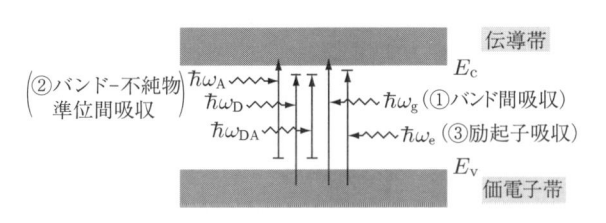

図 7.1 光の吸収遷移

などの過程によって，エネルギー保存則を満たすように，入射光が吸収される．図7.1に光吸収時の**光学遷移** (optical transition) の例を示す．ここで，$\hbar\omega_A$ は伝導帯とアクセプター準位のエネルギー差，$\hbar\omega_D$ はドナー準位と価電子帯のエネルギー差，$\hbar\omega_{DA}$ はドナー準位とアクセプター準位のエネルギー差，$\hbar\omega_g$ は伝導帯–価電子帯のエネルギー差，$\hbar\omega_e$ は伝導電子と正孔が対になり励起子を形成するのに必要なエネルギーである．図7.1に示した①，②，③の過程では，光吸収にともなってキャリアが発生するので，これらの過程を用いて，光検出デバイスが実現されている．

■発光　図7.2のような遷移が起きると，エネルギー保存則を満たすように，遷移によって失った光を外部に放出し，発光が起きる．発光については，

① バンド間発光
② バンド–不純物準位間発光
③ 励起子発光
④ 不純物準位間発光

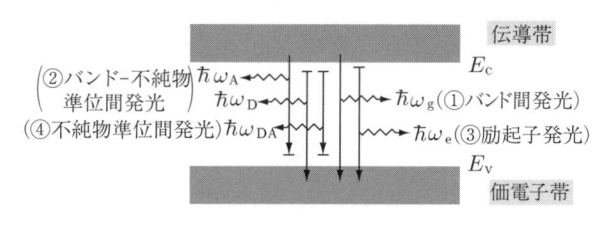

図 7.2 発光遷移

などの過程がある．外部から，半導体に光や電子線を照射したり，電流注入などを行うと，これらのエネルギーを受け取って，価電子帯の電子が伝導帯に**励起** (excitation) されて伝導電子となり，価電子帯には電子の抜け殻である正孔が発生する．この伝導電子と正孔とが再結合するときの発光（バンド間発光）を利用した発光デバイスが，発光ダイオードや半導体レーザーである．

光の吸収と放射　図 7.3 に光の吸収と放射の様子を模式的に示す．ここで $\hbar\omega$ は入射光あるいは放出光の光子エネルギーである．

図 7.3 (a) の**吸収** (absorption) は，電子が入射光のエネルギーを受け取って，低いエネルギー状態から高いエネルギー状態に遷移する過程である．入射光に誘導されて遷移が生じるので，**誘導吸収** (induced absorption) とよばれることもある．しかし，自然吸収は存在しないので，誘導を省略して吸収とよぶことが多い．放射には，**自然放出** (spontaneous emission) と**誘導放出** (stimulated emission, または induced emission) とがある．図 7.3 (b) の自然放出は，励起された電子がある寿命で**緩和** (relaxation) して発光する過程で，入射光の有無に関わらず生じる．一方，図 7.3 (c) の誘導放出は，励起された電子が入射光に誘導されて発光する過程で，入射光と同波長，同位相で，同方向に発光する．つまり，誘導放出光は，単色性に優れ，干渉性が高く，また直進性に優れている．

図 7.3 に示したように，1 個の光子が入射することによって，2 個の光子（1 個は

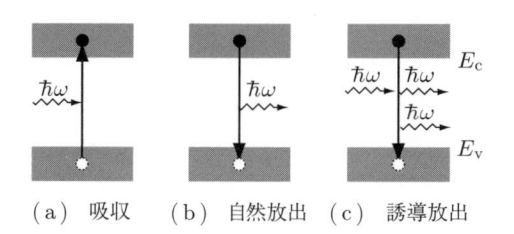

(a) 吸収　(b) 自然放出　(c) 誘導放出

図 7.3 光の吸収と放出

入射光，もう1個は誘導放出光）が出てくるので，誘導放出によって光の増幅が行われる．

レーザー 光子が入射すると，誘導放出と吸収とが同時に起きる．熱平衡状態では，エネルギーの低い電子の数のほうがエネルギーの高い電子の数よりも多い（自然界はエネルギーが低いほうが安定である）ので，観測されるのは吸収である．

誘導放出による増幅を実現するためには，エネルギーの高い電子の数をエネルギーの低い電子の数よりも大きくしてやればよい．このような状態は，通常とエネルギー分布が反転していることから，**反転分布** (inverted population または population inversion) とよばれる．反転分布は，半導体の場合，光照射や電流注入による励起を用いて，バンド端付近に実現することができる．

自然放出光の一部を入力として利用し，その自然放出光を誘導放出によって増幅して光の発振を実現したのが**レーザー** (laser) である．なお，この用語は，"*light amplification by stimulated emission of radiation*"（放射の誘導放出による光増幅）の頭文字を集めてつくった造語である．

直接遷移と間接遷移 伝導帯の底から価電子帯の頂上への電子の遷移を考えよう．伝導帯の底と価電子帯の頂上が，波数空間（k 空間）上で一致している半導体を**直接遷移** (direct transition) 型半導体という．一方，伝導帯の底と価電子帯の頂上とが，波数空間上で一致していない半導体を**間接遷移** (indirect transition) 型半導体という．図 7.4 に直接遷移と間接遷移の概略を示す．

遷移の際に運動量保存則が成り立つので，直接遷移では**フォノン** (phonon) が介在しないが，間接遷移ではフォノンが介在する．遷移確率が，直接遷移では光学遷移確率だけで決まるのに対して，間接遷移では光学遷移確率とフォノン遷移確率との積で与えられる．したがって，直接遷移のほうが間接遷移よりも遷移確率が大きい．

遷移確率が大きいと，光利得が大きくなり発光効率が増すので，発光デバイスに

(a) 直接遷移型半導体　　(b) 間接遷移型半導体

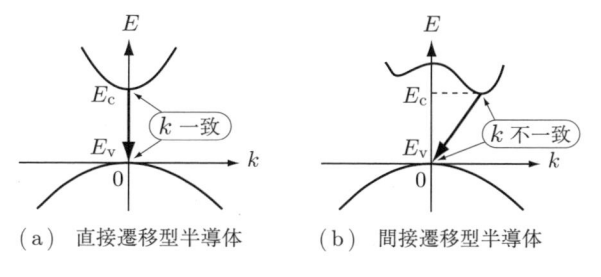

図 7.4 直接遷移と間接遷移

対しては，直接遷移型半導体（GaAs，AlGaAs，InP，InGaAsP，InGaN 系などの化合物半導体）が適している．シリコン (Si) は，電子デバイスの材料としてよく用いられているが，間接遷移型半導体であり，発光効率が低いので，発光デバイスの材料としては用いられていない．

> **・Point・** ・エネルギー保存則と運動量保存則を満たして，光学遷移が起こる．

7.2 光検出デバイス

（光導電セル）光照射時のキャリア発生による電気伝導率の変化を利用したデバイスが**光導電セル** (photoconductor) である．キャリア濃度が空間的に一様な場合，バンド間吸収における伝導電子濃度 n と正孔濃度 p に対する，単位時間あたりの変化を示す方程式（レート方程式）は，

$$\frac{\partial n}{\partial t} = G - \frac{n - n_0}{\tau_n} \tag{7.1}$$

$$\frac{\partial p}{\partial t} = G - \frac{p - p_0}{\tau_p} \tag{7.2}$$

となる．ここで，G は伝導電子および正孔の単位体積あたりの生成レート，n_0 は熱平衡状態における伝導電子濃度，τ_n は伝導電子の寿命，p_0 は熱平衡状態における正孔濃度，τ_p は正孔の寿命である．定常状態 ($\partial/\partial t = 0$) では，伝導電子濃度 n と正孔濃度 p は，次のようになる．

$$n = n_0 + G\tau_n \tag{7.3}$$

$$p = p_0 + G\tau_p \tag{7.4}$$

伝導電子と正孔の移動度をそれぞれ μ_n，μ_p とすると，電気伝導率 σ は，

$$\sigma = \sigma_0 + \sigma_L \tag{7.5}$$

$$\sigma_0 = e\left(n_0\mu_n + p_0\mu_p\right) \tag{7.6}$$

$$\sigma_L = eG\left(\mu_n\tau_n + \mu_p\tau_p\right) \tag{7.7}$$

となる．ここで，σ_0 は光照射がないときの電気伝導率すなわち暗伝導率，σ_L は光照射による電気伝導率である．いま，$\mu_n\tau_n \gg \mu_p\tau_p$ とすると，光照射による電気伝導率 σ_L は，次のように表される．

$$\sigma_L \simeq eG\mu_n\tau_n \tag{7.8}$$

図 7.5 のような,長さ L,断面積 S の光導電セルに電圧 V を印加すると,つぎのような光照射電流 I_L が流れる.

$$I_L = \sigma_L \frac{V}{L} S = egGLS \tag{7.9}$$

ここで,g は光利得係数であり,

$$g = \frac{\sigma_L V}{eGL^2} = \frac{\mu_n V}{L^2} \tau_n = \frac{\tau_n}{\tau} \tag{7.10}$$

$$\tau = \frac{L^2}{\mu_n V} \tag{7.11}$$

と表される.なお,τ はキャリアの走行時間である.

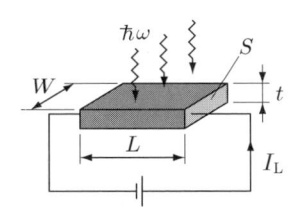

図 7.5 光導電セル

例題 7.1

内部量子効率 $\eta_i = 0.5$ の光導電セルを考える.この光導電セルにおいて,伝導電子の寿命 $\tau_n = 10^{-3}$ s,移動度 $\mu_n = 10^3$ cm^2 V^{-1} s^{-1} とする.また,正孔は,発生すると同時にトラップに捕獲され,正孔の寿命 $\tau_p = 0$ s とする.光導電セルの受光面(横幅 $W = 0.5$ cm,長さ $L = 1$ cm)に対して垂直に,単位面積あたりの光強度 $P_L = 10$ mW cm^{-2} の紫外線(波長 $\lambda = 409.6$ nm)を照射したとき,次の問いに答えよ.なお,光導電セルの厚みは,$t = 2 \times 10^{-2}$ cm である.

(a) 受光面に入射する毎秒あたりの光子濃度 $n_{\rm ph}$ を求めよ.
(b) 光導電セル内での伝導電子の発生レート G はいくらか.
(c) 長さ方向に電圧 $V = 50$ V を印加したとき,伝導電子の走行時間 τ はいくらか.
(d) 長さ方向に電圧 $V = 50$ V を印加したときの光照射電流 I_L を計算せよ.

◆解答◆ (a) 受光面に入射する毎秒あたりの光子濃度 $n_{\rm ph}$ は,プランク定数 h と真空中の光速 c を用いて,次のような値になる.

$$n_{\rm ph} = \frac{P_L}{hc/\lambda} = 2.06 \times 10^{16} \text{ cm}^{-2} \text{ s}^{-1} \tag{7.12}$$

(b) 光導電セル内での伝導電子の発生レート G は,次のようになる.

$$G = \eta_i \frac{n_{\rm ph}}{t} = 5.15 \times 10^{17} \text{ cm}^{-3} \text{ s}^{-1} \tag{7.13}$$

(c) 伝導電子の走行時間 τ は,次のように計算される.

$$\tau = L \div \left(\mu_n \frac{V}{L}\right) = \frac{L^2}{\mu_n V} = 20\,\mu\text{s} \tag{7.14}$$

(d) 式 (7.9), (7.10) から，光照射電流 I_L は，次のように求められる．

$$I_L = e\frac{\tau_n}{\tau}GLS = 41.3\,\text{mA} \tag{7.15}$$

フォトダイオード，アバランシェフォトダイオード，ソーラーセル フォトダイオード (photo diode) は，ダイオードを逆バイアスした状態で光を照射し，このときの電流変化を利用したデバイスである．特性をよくするために，通常の pn 接合の間に i 層を挿入した pin 構造を用いることが多い．

アバランシェフォトダイオード (avalanche photo diode) は，フォトダイオードの空乏層に高電界を印加して電子なだれを起こし，高感度化を図ったものである．

ソーラーセル (solar cell) は，ダイオードにバイアス電圧を印加しない状態で光を照射し，このときの電流変化を利用したデバイスである．ソーラーセルは，太陽電池という名前でもよばれているが，動作原理として電池とは異なることに注意してほしい．図 7.6 にソーラーセルの等価回路を示す．ここで，I_L は光照射によって発生したキャリアがドリフトで移動することによって発生した電流，I は負荷抵抗 R_L に流れる電流である．また，ドリフトによる伝導電子と正孔の移動にともなって，n 側が負に帯電し，p 側が正に帯電する．この結果，ソーラーセルに順バイアス電圧 V がかかる．この順バイアス電圧 V によって，ソーラーセル内部に電流 I_D が流れる．この電流 I_D は，式 (2.66) から次のように書くことができる．

$$I_D = I_0 \left[\exp\left(\frac{eV}{\eta k_B T}\right) - 1\right] \tag{7.16}$$

なお，図 7.6 において，R_S はソーラーセルの内部抵抗である．負荷抵抗 R_L に流れる電流 I は，I_L と I_D を用いて，次のように表される．

$$I = I_D - I_L \tag{7.17}$$

ソーラーセルの電流–電圧 (I–V) 特性は，図 7.7 のようになる．シリコン (Si) ソーラーセルでは，短絡電流 $I_{SC} = 2 \times 10^{-2}\,\text{A}\,\text{cm}^{-2}$ 程度である．ソーラーセルを

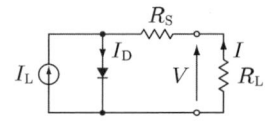

図 7.6 ソーラーセルの等価回路

短絡しているときは，ソーラーセルのアノード–カソード間電圧 $V = 0$ である．一方，ソーラーセルを開放しているときは，ソーラーセルに電流は流れない．シリコン (Si) ソーラーセルの場合，開放電圧は $V_{OC} = 0.6$ V 程度である．また，ソーラーセルの出力 P は，曲線因子あるいは完全因子 (full factor) FF を用いて，次のように表すことが多い．

$$P = FF \cdot I_{SC} V_{OC} \tag{7.18}$$

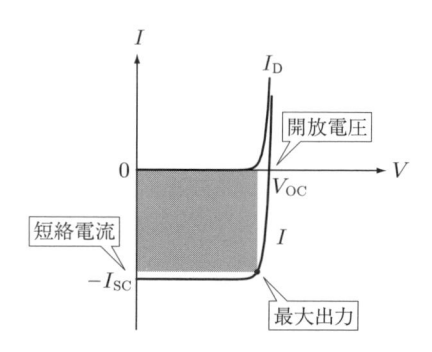

図 7.7 ソーラーセルの電流–電圧（I–V）特性

・**Point**・
- フォトダイオード：逆バイアス
- アバランシェフォトダイオード：逆バイアス（電子なだれ）
- ソーラーセル：無バイアス

例題 7.2 (a) 単結晶シリコン (Si) ソーラーセルに単位面積あたりの光強度 $P_L = 10$ mW cm^{-2} の光を照射したとき，短絡電流密度 $J_{SC} = 31.5$ mA cm^{-2}，開放端出力電圧 $V_{OC} = 0.560$ V，効率 $\eta = 13.5\%$ が得られたとする．このとき，曲線因子 FF を求めよ．
(b) 非晶質シリコン (Si) ソーラーセルに単位面積あたりの光強度 $P_L = 10$ mW cm^{-2} の光を照射したとき，短絡電流密度 $J_{SC} = 13.5$ mA cm^{-2}，開放端出力電圧 $V_{OC} = 0.909$ V，曲線因子 $FF = 0.617$ が得られたとする．このとき，効率 η を求めよ．

◆**解答**◆ (a) ソーラーセルの面積を S とすると，式 (7.18) から，ソーラーセルの出力 P は，

$$P = FF \cdot J_{SC} S V_{OC} = \eta S P_L \tag{7.19}$$

と表すことができる．したがって，曲線因子 FF は，次のようになる．

$$FF = \frac{\eta P_\mathrm{L}}{J_\mathrm{SC} V_\mathrm{OC}} = 0.765 \tag{7.20}$$

(b) 式 (7.19) から，効率 η は次のように求められる．

$$\eta = \frac{FF \cdot J_\mathrm{SC} V_\mathrm{OC}}{P_\mathrm{L}} = 7.57\,\% \tag{7.21}$$

7.3 発光素子

半導体発光素子のうち，**発光ダイオード** (light emitting diode, LED) は，自然放出を利用した発光素子である．ダイオードに順バイアスを印加することで，pn 接合の間に挿入した活性層（i 層）にキャリアを注入する．発光ダイオードは，リモコンの送信部，スイッチのオン・オフ表示，ディスプレイ，自動車のハイマウント・ストップランプ，信号機等に利用されている．

半導体レーザー (semiconductor laser，または laser diode, LD) は，発光ダイオードと同様にダイオードに順バイアスを印加することで，pn 接合の間に挿入した活性層（i 層）にキャリアを注入する．発光ダイオードとの違いは，半導体レーザーは誘導放出を利用した光の発振器ということである．そして，レーザー発振を実現するために十分な光利得を得る目的で，光を帰還する役割をもつ光共振器をもっている．

図 7.8 にへき開面を反射鏡として利用し，ファブリ・ペロー共振器を構成したファブリ・ペロー半導体レーザーを示す．また，図 7.9 に回折格子を共振器として利用した (a) 分布帰還形 (distributed feedback, DFB) レーザーと (b) 分布ブラッグ反射形 (distributed Bragg reflector, DBR) レーザーを示す．

半導体レーザーは，光通信，コンパクト・ディスク，レーザープリンター，レーザーポインター，バーコードリーダーなどの光源として使用されている．

> **・Point・**
> ・発光ダイオード：自然放出光
> ・半導体レーザー：誘導放出光

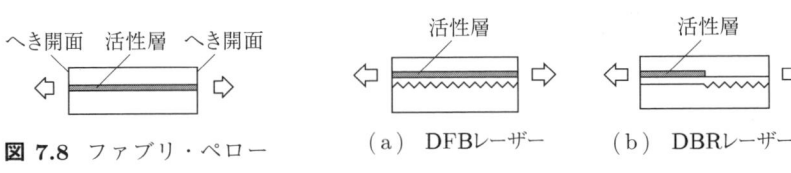

図 7.8 ファブリ・ペロー半導体レーザー

(a) DFBレーザー　　(b) DBRレーザー

図 7.9 回折格子を用いたレーザー

例題 7.3　波長 $\lambda = 1.30\ \mu\mathrm{m}$ で発振する，共振器長 $L = 300\ \mu\mathrm{m}$ の InGaAsP/Inp レーザーを考える．なお，この半導体レーザーの等価屈折率を $n_\mathrm{r} = 3.52$ とする．
(a) 共振器長 L は，媒質内の半波長 $\lambda/(2n_\mathrm{r})$ の何倍か．
(b) 隣接する共振波長の間隔 $\Delta\lambda$ はいくらか．

◆解答◆ (a) 共振器長 L を媒質内の半波長 $\lambda/(2n_\mathrm{r})$ で割った値を m とすると，

$$m = \frac{L}{\lambda/(2n_\mathrm{r})} = \frac{2n_\mathrm{r}L}{\lambda} = 271 \tag{7.22}$$

となる．したがって，271 倍である．
(b) 共振波長を $\lambda_m = 2n_\mathrm{r}L/m$ と表すと，$\Delta\lambda$ は次のようになる．

$$\Delta\lambda = |\lambda_{m\pm 1} - \lambda_m| \simeq \frac{2n_\mathrm{r}L}{m^2} = 4.8\,\mathrm{nm} \tag{7.23}$$

演習問題

7.1　ソーラーセルの温度特性　ソーラーセルの特性は，温度上昇とともにどのように変化するか，説明せよ．

7.2　pin フォトダイオード　pin フォトダイオードが，pn フォトダイオードよりも優れている理由を説明せよ．

7.3　ダブルヘテロ構造　ダブルヘテロ構造について説明せよ．

7.4　発光ダイオードと半導体レーザー　発光ダイオードと半導体レーザーの特徴について説明せよ．

7.5　量子井戸レーザー　活性層に量子井戸を用いた半導体レーザーは，量子井戸レーザーとよばれる．量子井戸レーザーの特徴について，説明せよ．

第8章 半導体プロセス

◆この章の目的◆

本章では，半導体デバイスを作るための半導体プロセス技術のうち，熱拡散，イオン注入，熱酸化について説明する．

◆キーワード◆

熱拡散，拡散方程式，イオン注入，熱酸化

8.1 熱拡散

半導体に不純物をドーピングして，導電形やキャリア寿命を制御することがよく行われている．この節では，**熱拡散** (thermal diffusion) による不純物のドーピングについて説明する．

いま，不純物濃度が，半導体表面からの深さ x によって変化し，y 方向と z 方向には均一であると仮定する．このとき，不純物濃度 $N(x,t)$ に対する拡散方程式は，次のように表される．

$$\frac{\partial N(x,t)}{\partial t} = D\frac{\partial^2 N(x,t)}{\partial x^2} \tag{8.1}$$

ここで，D は半導体ウェハー内における不純物の**拡散係数** (diffusion coefficient) であり，**活性化エネルギー** (activation energy) E_A を用いて，

$$D = D_0 \exp\left(-\frac{E_A}{k_B T}\right) \tag{8.2}$$

で与えられる．なお，k_B はボルツマン定数，T は絶対温度である．式 (8.2) からわかるように，温度が高くなるにつれて拡散係数 D が大きくなる．したがって，半導体ウェハーを加熱すると，半導体ウェハーの表面から内部に不純物を拡散させることができる．

8.1 熱拡散

> **・Point・**
> ・熱拡散を支配しているのは，拡散方程式
> $$\frac{\partial N(x,t)}{\partial t} = D\frac{\partial^2 N(x,t)}{\partial x^2}$$
> である．

半導体ウェハー表面に気体から不純物が供給されている場合　図8.1のように，不純物を含んだ気体中で半導体ウェハーを加熱して，半導体ウェハー内に不純物を拡散させる場合を考える．

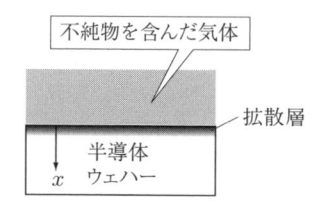

図 8.1 不純物を含んだ気体中における熱拡散

気体から半導体ウェハー表面に不純物が供給され続けるので，半導体ウェハー表面における不純物濃度は一定と考えられる．したがって，拡散方程式 (8.1) の解として，不純物濃度 $N(x,t)$ は，拡散時間 t を用いて，

$$N(x,t) = N_0\left[1 - \mathrm{erf}\left(\frac{x}{\sqrt{4Dt}}\right)\right] = N_0\,\mathrm{erf_c}\left(\frac{x}{\sqrt{4Dt}}\right) \tag{8.3}$$

と表される．ここで，erf は次式で定義される**誤差関数** (error function) である．

$$\mathrm{erf}\,u \equiv \frac{2}{\sqrt{\pi}}\int_0^u \exp\left(-s^2\right)\,\mathrm{d}s \tag{8.4}$$

一方，$\mathrm{erf_c}$ は**補誤差関数** (complementary error function) とよばれ，次式で定義されている．

$$\mathrm{erf_c}\,u \equiv 1 - \mathrm{erf}\,u \tag{8.5}$$

式 (8.3) の不純物濃度 $N(x,t)$ を表面からの深さ x の関数として示すと，図8.2のようになる．

> **・Point・**
> ・熱拡散において，半導体ウェハー表面の不純物濃度が一定のとき，不純物濃度は補誤差関数で表される．

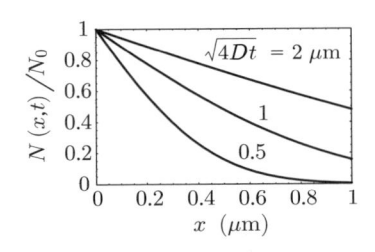

図 8.2 不純物を含んだ気体中の熱拡散における不純物濃度

例題 8.1 ドナー濃度 $N_d = 1.8 \times 10^{16}$ cm^{-3} の n 形シリコン (Si) 基板に対して，ホウ素 (B) を 950 °C で 30 分間拡散する．n 形シリコン (Si) 基板表面のホウ素 (B) 濃度が，拡散中ずっと一定で $N_0 = 1.8 \times 10^{20}$ cm^{-3} のとき，接合深さ x_j はいくらになるか．ただし，ホウ素 (B) に対して，$D_0 = 0.76$ cm^2 s^{-1}，活性化エネルギー $E_A = 3.46$ eV とする．

◆解答◆ 式 (8.2) から，n 形シリコン (Si) 基板内における不純物の拡散係数 D は，

$$D = D_0 \exp\left(-\frac{E_A}{k_B T}\right) = 4.21 \times 10^{-15} \text{ cm}^2 \text{ s}^{-1} \tag{8.6}$$

となる．n 形シリコン (Si) 基板表面におけるホウ素 (B) の濃度 $N(x)$ がドナー濃度 N_d に一致する深さが接合深さ x_j だから，式 (8.3) から，

$$N(x_j, t) = N_0 \text{ erf}_c\left(\frac{x_j}{\sqrt{4Dt}}\right) = N_d \tag{8.7}$$

という関係が成り立つ．したがって，式 (8.6)，(8.7) から，接合深さ x_j は，次のようになる．

$$x_j = \sqrt{4Dt} \text{ erf}_c^{-1}\left(\frac{N_d}{N_0}\right) = 0.151 \text{ μm} \tag{8.8}$$

半導体ウェハー表面に不純物が付着している場合 図 8.3 のように，半導体ウェハー表面に不純物を付着させ，半導体ウェハーを加熱して，半導体ウェハー内に不純物を拡散させる場合を考える．

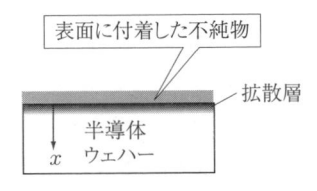

図 8.3 表面に不純物を付着させた場合の熱拡散

8.1 熱拡散

　半導体ウェハー表面に付着した不純物と半導体ウェハー内に拡散した不純物の総量は一定であると考えられる．したがって，拡散方程式 (8.1) の解として，不純物濃度 $N(x,t)$ は，拡散時間 t を用いて，次のように表される．

$$N(x,t) = \frac{C_0}{\sqrt{\pi Dt}} \exp\left[-\left(\frac{x}{\sqrt{4Dt}}\right)^2\right] \tag{8.9}$$

これは，表面からの深さ x についてのガウス分布関数となっている．半導体ウェハー表面に付着した不純物の量は有限だから，拡散が進行すると，半導体ウェハー表面における不純物濃度が低下し，不純物が半導体ウェハー内の奥深くまで拡散する．このような拡散方法を**ドライブイン** (drive-in) という．式 (8.9) の不純物濃度 $N(x,t)$ を表面化からの深さ x の関数として示すと，図 8.4 のようになる．

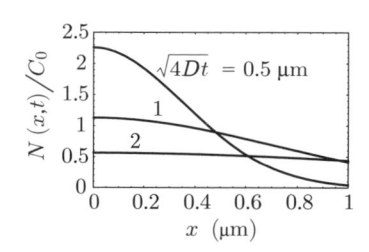

図 8.4 表面に不純物を付着させた場合の熱拡散における不純物濃度

- **Point**
  - 熱拡散において，不純物の総量が一定のとき，不純物濃度は，表面からの深さについてのガウス分布関数で表される．

例題 8.2　p 形シリコン (Si) 基板に対して，リン (P) を 1000 °C でドライブインすることで，pn 接合を作ることができる．ドライブイン後の表面不純物濃度が，p 形シリコン (Si) 基板の不純物濃度の 1000 倍のとき，接合深さ x_j はいくらか．なお，リン (P) の拡散定数 $D = 4 \times 10^{-14}$ cm^2 s^{-1}，拡散時間 $t = 600$ s とする．

◆解答◆ リン (P) の濃度 $N(x)$ が p 形シリコン (Si) 基板の不純物濃度 N_a に一致する深さが接合深さ x_j であり，ドライブイン後の表面不純物濃度 $N(0,t) = 1000 N_a$ だから，

$$N(x_j, t) = N_a = 10^{-3} N(0,t) \tag{8.10}$$

が成り立つ．式 (8.9), (8.10) から，接合深さ x_j は，次のようになる．

$$x_j = -\sqrt{4Dt(\ln 10^{-3})} = 0.258\,\mu\text{m} \tag{8.11}$$

8.2 イオン注入

半導体に不純物をドーピングする方法として，この節では**イオン注入** (ion implantation) について説明する．イオン注入では，図 8.5 のように，不純物をイオン化し，電圧で加速することによって，半導体ウェハーに打ち込む．

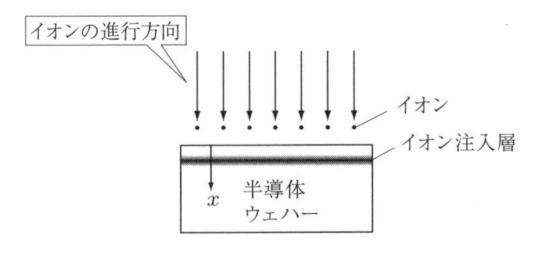

図 8.5 イオン注入

イオン注入によって半導体ウェハー内部に打ち込まれた不純物の濃度 $N(x)$ は，打ち込まれた深さ x に対してガウス分布をしており，

$$N(x) = \frac{N_\square}{\sqrt{2\pi}\Delta R_\mathrm{p}} \exp\left[-\left(\frac{x-R_\mathrm{p}}{\sqrt{2}\Delta R_\mathrm{p}}\right)^2\right] \quad (8.12)$$

で与えられる．ここで，$N_\square$ は単位面積あたりの打ち込みイオン数，R_p は平均射影飛程，ΔR_p は平均射影飛程の標準偏差である．

式 (8.12) の不純物濃度 $N(x)$ を表面からの深さ x の関数として示すと，図 8.6 のようになる．

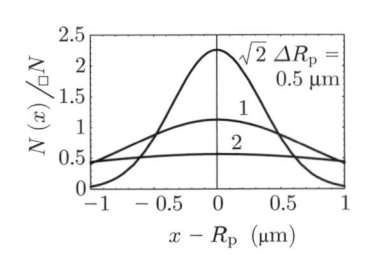

図 8.6 イオン注入における不純物濃度

・Point・ ・イオン注入では，不純物濃度は，表面からの深さについてのガウス分布関数で表される．

例題 8.3 不純物濃度が 10^{14} cm^{-3} の n 形シリコン (Si) 基板に対して，加速電圧 150 keV でホウ素 (B) をランダムにイオン注入する．シリコン (Si) 基板表面から $x = 0.8$ μm の深さに pn 接合界面を作るためには，単位面積あたりの打ち込みイオン数 $N_\Box$ をいくらにすればよいか．ただし，平均射影飛程 $R_\mathrm{p} = 400$ nm，平均射影飛程の標準偏差 $\Delta R_\mathrm{p} = 80$ nm とする．

◆解答◆ 式 (8.12) から，単位面積あたりの打ち込みイオン数 $N_\Box$ は，次のようになる．

$$N_\Box = \sqrt{2\pi}\Delta R_\mathrm{p} N(x) \exp\left[-\left(\frac{x - R_\mathrm{p}}{\sqrt{2}\Delta R_\mathrm{p}}\right)^2\right] = 5.4 \times 10^{14} \text{ cm}^{-2} \quad (8.13)$$

例題 8.4 加速電圧 200 keV でヒ素 (As) をランダムにイオン注入し，イオン注入後のウェハー内の最大不純物濃度を $N_\mathrm{max} = 2 \times 10^{21}$ cm^{-3} とする．このとき，単位面積あたりの打ち込みイオン数を求めよ．ただし，平均射影飛程 $R_\mathrm{p} = 110$ nm，平均射影飛程の標準偏差 $\Delta R_\mathrm{p} = 36$ nm とする．

◆解答◆ 最大不純物濃度 N_max は，深さ $x = R_\mathrm{p}$ で得られ，このとき式 (8.12) から

$$N_\mathrm{max} = N(R_\mathrm{p}) = \frac{N_\Box}{\sqrt{2\pi}\Delta R_\mathrm{p}} \quad (8.14)$$

となる．したがって，単位面積あたりの打ち込みイオン数 $N_\Box$ は，次のようになる．

$$N_\Box = \sqrt{2\pi}\Delta R_\mathrm{p} N_\mathrm{max} = 1.8 \times 10^{16} \text{ cm}^{-2} \quad (8.15)$$

8.3 シリコンの熱酸化

加熱炉の中にシリコンウェハーを挿入し，酸素ガスを流すと，

$$\mathrm{Si + O_2 \rightarrow SiO_2}$$

という反応が生じ，シリコンウェハー表面に酸化膜が形成される．このような酸化方法を**ドライ酸化** (dry oxidization) という．

また，加熱炉の中にシリコンウェハーを挿入し，水蒸気を含んだ酸素を流すと，

$$\mathrm{Si + 2H_2O \rightarrow SiO_2 + 2H_2 \uparrow}$$

という反応が生じ，シリコンウェハー表面に酸化膜が形成される．このような酸化方法を**ウェット酸化** (wet oxidization) という．

ドライ酸化とウェット酸化をまとめて，**熱酸化** (thermal oxidization) とよんでいる．熱酸化によって形成される酸化膜の厚さを t_ox，酸化時間を t とすると，ある

程度時間が経過した後は，

$$t_{\text{ox}} = \sqrt{Bt} \tag{8.16}$$

と表されるようになる．ここで，B は熱酸化の方法によって決まる係数である．

> **・Point・** ・シリコン (Si) では，熱酸化によって，絶縁膜である酸化膜を形成することができる．

例題 8.5 シリコン (Si) を熱酸化して，厚さ t_{ox} の SiO_2 が得られたとする．この熱酸化の過程で，反応に寄与したシリコン (Si) 基板の厚さ t を求めよ．ただし，シリコン (Si) の原子量は 28，密度は $2.33\,\text{g}\,\text{cm}^{-3}$ であり，SiO_2 の分子量は 60，密度は $2.27\,\text{g}\,\text{cm}^{-3}$ である．

◆解答◆ シリコン (Si) 基板表面の熱酸化前後において，単位面積あたりのシリコン (Si) 原子数は等しい．したがって，次式が成り立つ．

$$\frac{2.33\,\text{g}\,\text{cm}^{-3}\,t}{28\,\text{g}/N_A} = \frac{2.27\,\text{g}\,\text{cm}^{-3}\,t_{\text{ox}}}{60\,\text{g}/N_A} \tag{8.17}$$

ここで，N_A はアボガドロ定数である．この式から，反応に寄与したシリコン (Si) 基板の厚さ t は，次のような値になる．

$$t = \frac{28\,\text{g} \times 2.27\,\text{g}\,\text{cm}^{-3}}{60\,\text{g} \times 2.33\,\text{g}\,\text{cm}^{-3}}\,t_{\text{ox}} = 0.455\,t_{\text{ox}} \tag{8.18}$$

演習問題

8.1 拡散 リン (P) の濃度 $N(x)$ が，ガウス分布関数をしているとする．拡散係数 $D = 2.3 \times 10^{-13}\,\text{cm}^2\,\text{s}^{-1}$，表面不純物濃度 $N_0 = 10^{18}\,\text{cm}^{-3}$，接合深さ $x_j = 1\,\mu\text{m}$，シリコン (Si) 基板の不純物濃度 $N_a = 10^{15}\,\text{cm}^{-3}$ のとき，拡散時間 t はいくらか．

8.2 イオン注入 イオン注入によって作製した npn トランジスタの中性ベース領域の単位面積あたりのアクセプター濃度 $N_a(x)$ が，

$$N_a(x) = N_{a0} \exp\left(-\frac{x}{l}\right) \tag{8.19}$$

と表されるとする．このとき，中性ベース領域における単位面積あたりのアクセプター濃度の総数 N_{tot} を求めよ．ただし，$N_{a0} = 2 \times 10^{18}\,\text{cm}^{-2}$，$l = 0.5\,\mu\text{m}$ とする．また，x は中性ベース領域の座標であり，中性ベース領域は $x = 0$ から $x = W_p = 1\,\mu\text{m}$ に存在しているとする．

8.3 酸化膜の厚さ シリコン (Si) 基板上に形成された酸化膜に白色光を照射し，観察される干渉色を用いることで，酸化膜の厚さ t_{ox} をある程度推定することができる．表 8.1

に干渉色と酸化膜の厚さとの関係を示す．ただし，$t_\mathrm{ox} < 0.25\ \mu\mathrm{m}$ とした．

シリコン (Si) 基板上に酸化膜が 1 層だけ形成されている場合，入射光の波長 λ と酸化膜の厚さ t_ox との関係は，

$$\lambda = \frac{2 n_\mathrm{r} t_\mathrm{ox}}{2m - 1} \tag{8.20}$$

で与えられることがわかっている．ここで，$n_\mathrm{r} = 1.459$ は酸化膜の屈折率，m は正の整数である．式 (8.20) を用いて，表 8.1 が成り立つことを確かめよ．

表 8.1 干渉色とシリコン (Si) 基板上に形成された酸化膜の膜厚との関係

干渉色	灰色	褐色	紫	青	緑	黄	橙	赤
膜厚 (μm)	0.01	0.05	0.10	0.15	0.18	0.20	0.22	0.25

8.4 シリコン (Si) のウェット酸化 ウェット酸化において，1200 °C，30 min の条件のもとで厚さ $0.6\ \mu\mathrm{m}$ の $\mathrm{SiO_2}$ を形成した．厚さを $1.2\ \mu\mathrm{m}$ にするには，さらにどれくらいの時間が必要か．

演習問題の解答

第 1 章

1.1 単位体積あたりの原子数 ゲルマニウム (Ge) 原子 1 個の質量 m_{Ge} は，原子量 M_{Ge} とアボガドロ定数 N_{A} を用いて，次のように求められる．

$$m_{\mathrm{Ge}} = \frac{M_{\mathrm{Ge}}}{N_{\mathrm{A}}} = \frac{72.6\,\mathrm{g\,mol^{-1}}}{6.022 \times 10^{23}\,\mathrm{mol^{-1}}} = 1.21 \times 10^{-22}\,\mathrm{g} \tag{1}$$

したがって，ゲルマニウム (Ge) の単位体積あたりの原子数，すなわち原子濃度（原子数密度）N_{Ge} は，ゲルマニウム (Ge) の（重量）密度 ρ_{Ge} を用いて，

$$N_{\mathrm{Ge}} = \frac{\rho_{\mathrm{Ge}}}{m_{\mathrm{Ge}}} = \frac{\rho_{\mathrm{Ge}} N_{\mathrm{A}}}{M_{\mathrm{Ge}}} = 4.42 \times 10^{22}\,\mathrm{cm^{-3}} \tag{2}$$

となる．同様にして，シリコン (Si) とヒ化ガリウム (GaAs) についても計算し，まとめたものが解表 1.1 である．ただし，ヒ化ガリウム (GaAs) については，ガリウム (Ga) とヒ素 (As) が 1 対 1 の割合で含まれているので，原子濃度は

$$N_{\mathrm{GaAs}} = 2 \times \frac{\rho_{\mathrm{GaAs}}}{m_{\mathrm{GaAs}}} = 2 \times \frac{\rho_{\mathrm{GaAs}} N_{\mathrm{A}}}{M_{\mathrm{GaAs}}} = 4.43 \times 10^{22}\,\mathrm{cm^{-3}} \tag{3}$$

のように，因子 2 を乗じて求めることに注意してほしい．

解表 1.1 Ge, Si, GaAs の単位体積あたりの原子数

半導体材料	単位体積あたりの原子数 $N\,(\mathrm{cm^{-3}})$
ゲルマニウム (Ge)	4.42×10^{22}
シリコン (Si)	4.99×10^{22}
ヒ化ガリウム (GaAs)	4.43×10^{22}

1.2 半導体の純度 式 (1.24)–(1.27) から，伝導帯における有効状態密度 N_{c} は，

$$N_{\mathrm{c}} = 2 \left[\frac{2\pi \left(m_{\mathrm{t}}^{2} m_{\mathrm{l}} \right)^{\frac{1}{3}} k_{\mathrm{B}} T}{h^{2}} \right]^{\frac{3}{2}} M_{\mathrm{c}} \tag{4}$$

と表される．また，式 (1.29), (1.30) から，価電子帯における有効状態密度 N_{v} は，

$$N_{\mathrm{v}} = 2 \left[\left(\frac{2\pi m_{\mathrm{lh}} k_{\mathrm{B}} T}{h^{2}} \right)^{\frac{3}{2}} + \left(\frac{2\pi m_{\mathrm{hh}} k_{\mathrm{B}} T}{h^{2}} \right)^{\frac{3}{2}} \right] \tag{5}$$

となる．式 (4), (5) を式 (1.33) に代入することで，真性キャリア濃度を求めることができる．なお，伝導帯のバンド端の数 M_{c} は，ゲルマニウム (Ge) に対して 8, シリコン (Si)

に対して 6，ヒ化ガリウム (GaAs) に対して 1 である．このようにして計算した真性キャリア濃度 n_i と純度 n_i/N の値を解表 1.2 に示す．ただし，原子濃度 N として，演習問題 1.1 の解答中の解表 1.1 の値を用いた．シリコン (Si) の場合，解表 1.2 から純度 n_i/N は $10^{-13} < 1.34 \times 10^{-13} < 10^{-12}$ である．このとき，$1 - n_\mathrm{i}/N$ を求めると，数字の 9 が 12 個並ぶ．したがって，このような場合，純度を twelve-nine と表現することも多い．

解表 1.2 Ge, Si, GaAs の真性キャリア濃度と純度

半導体材料	真性キャリア濃度 n_i (cm^{-3})	純度 n_i/N
ゲルマニウム (Ge)	2.62×10^{13}	5.93×10^{-10}
シリコン (Si)	6.71×10^{9}	1.34×10^{-13}
ヒ化ガリウム (GaAs)	2.08×10^{6}	4.70×10^{-17}

1.3 不純物半導体 (a) IV族のシリコン (Si) に対して，V族のヒ素 (As) はドナー（イオン化エネルギー 49 meV）として，III族のホウ素 (B) はアクセプター（イオン化エネルギー 45 meV）としてそれぞれはたらく．簡単のため，これらがすべてイオン化したとすると，イオン化したドナー濃度 $N_\mathrm{d} = 5 \times 10^{16}$ cm^{-3}，イオン化したアクセプター濃度 $N_\mathrm{a} = 4.9 \times 10^{16}$ cm^{-3} となる．したがって，伝導形は n 形となる．自然界は，エネルギーが低いほうが安定なので，アクセプターは，ドナーがもっていた余分な電子を受容してイオン化する．この様子を解図 1.1 に示す．

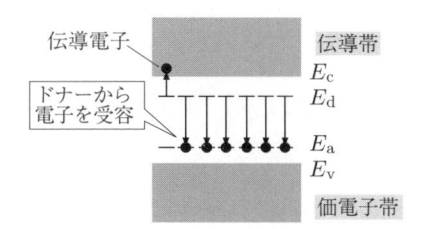

解図 1.1 ドナーとアクセプターが共存したときのイオン化

(b) 演習問題 1.3 (a) の解答で示したように，伝導形が n 形だから，多数キャリアは伝導電子である．電気的中性条件から，伝導電子濃度 n と正孔濃度 p は，

$$n + N_\mathrm{a} = p + N_\mathrm{d} \tag{6}$$

によって関係づけられる．ただし，簡単のため，ドナーとアクセプターは，すべてイオン化していると仮定した．式 (6) の両辺に伝導電子濃度 n を乗じ，式 (1.32) を代入してから整理すると，

$$n^2 + (N_\mathrm{a} - N_\mathrm{d})\,n - {n_\mathrm{i}}^2 = 0 \tag{7}$$

が得られる．伝導電子濃度 n は負の値はとらないので，式 (7) から

$$n = \frac{1}{2}\left[(N_\mathrm{d} - N_\mathrm{a}) + \sqrt{(N_\mathrm{d} - N_\mathrm{a})^2 + 4{n_\mathrm{i}}^2}\right] \tag{8}$$

が得られる．ここで，
$$N_d - N_a = 1.0 \times 10^{15} \text{ cm}^{-3} \gg n_i = 6.71 \times 10^9 \text{ cm}^{-3} \tag{9}$$
だから，
$$n \simeq N_d - N_a = 1.0 \times 10^{15} \text{ cm}^{-3} \tag{10}$$
が得られる．ただし，温度 $T = 300$ K におけるシリコン (Si) の真性キャリア濃度 n_i として，演習問題 1.2 の解表 1.2 の値を用いた．
(c) 熱平衡状態では式 (1.32) が成り立つから，少数キャリアである正孔の濃度 p は，
$$p = \frac{n_i{}^2}{n} \simeq \frac{(6.71 \times 10^9 \text{ cm}^{-3})^2}{1.0 \times 10^{15} \text{ cm}^{-3}} = 4.5 \times 10^4 \text{ cm}^{-3} \tag{11}$$
となる．

1.4 電気的中性条件 (a) 電気的中性条件 $n = p + N_d$ から，
$$p = n - N_d \tag{12}$$
が成り立つ．式 (12) を式 (1.32) に代入して，
$$n^2 - N_d n - n_i{}^2 = 0 \tag{13}$$
が得られる．伝導電子濃度 n は正の値だけをとるから，この方程式の解として
$$n = \frac{1}{2}\left(N_d + \sqrt{N_d{}^2 + 4n_i{}^2}\right) \tag{14}$$
が導かれる．この結果を式 (12) に代入すると，正孔濃度 p として，次式を得る．
$$p = \frac{1}{2}\left(-N_d + \sqrt{N_d{}^2 + 4n_i{}^2}\right) \tag{15}$$
$N_d \gg n_i$ のとき，$N_d{}^2 \gg 4n_i{}^2$ である．したがって，伝導電子濃度 n は，
$$n \simeq \frac{1}{2}(N_d + N_d) = N_d \tag{16}$$
となる．また，$np = n_i{}^2$ だから，正孔濃度 p は，次のように表される．
$$p = \frac{n_i{}^2}{N_d} \tag{17}$$
(b) 電気的中性条件 $p = n + N_a$ から，
$$n = p - N_a \tag{18}$$
が成り立つ．式 (18) を式 (1.32) に代入して，
$$p^2 - N_a p - n_i{}^2 = 0 \tag{19}$$
が得られる．正孔濃度 p は正の値だけをとるから，この方程式の解として
$$p = \frac{1}{2}\left(N_a + \sqrt{N_a{}^2 + 4n_i{}^2}\right) \tag{20}$$

が導かれる．この結果を式 (18) に代入すると，伝導電子濃度 n として，次式を得る．

$$n = \frac{1}{2}\left(-N_a + \sqrt{N_a{}^2 + 4n_i{}^2}\right) \tag{21}$$

$N_a \gg n_i$ のとき，$N_a{}^2 \gg 4n_i{}^2$ である．したがって，正孔濃度 p は，

$$p \simeq \frac{1}{2}(N_a + N_a) = N_a \tag{22}$$

となる．また，$np = n_i{}^2$ だから，伝導電子濃度 n は，次のようになる．

$$n = \frac{n_i{}^2}{N_a} \tag{23}$$

1.5 正孔の寿命 正孔の寿命 τ_p は，不純物濃度に反比例すると考えられる．したがって，正孔の寿命 τ_p は，次のようになると予想される．

$$\tau_p = 10^{-7}\,\mathrm{s} \times \frac{10^{14}\,\mathrm{cm^{-3}}}{10^{17}\,\mathrm{cm^{-3}}} = 10^{-10}\,\mathrm{s} \tag{24}$$

1.6 ドナーのイオン化エネルギー (a) 基底状態 ($n=1$) における水素原子のエネルギー，すなわち水素原子のイオン化エネルギー E_1 と電子軌道半径 a_1 は，それぞれ次のように求められる．

$$E_1 = -\frac{m_0 e^4}{8\varepsilon_0{}^2 h^2} = -2.18 \times 10^{-18}\,\mathrm{J} = -13.6\,\mathrm{eV} \tag{25}$$

$$a_1 = \frac{\varepsilon_0 h^2}{\pi m_0 e^2} = 5.29 \times 10^{-11}\,\mathrm{m} = 0.053\,\mathrm{nm} \tag{26}$$

(b) 原子核は電子に比べて十分質量が大きいから，静止していると考える．すると，水素原子に対するシュレーディンガー方程式は，

$$\left(-\frac{\hbar^2}{2m_0}\nabla^2 - \frac{e^2}{4\pi\varepsilon_0 r}\right)\psi = E\psi \tag{27}$$

と表される．ここで，$\hbar = h/(2\pi)$ はディラック定数，ψ は波動関数，E はエネルギー固有値である．一方，ドナーに対するシュレーディンガー方程式は，

$$\left(-\frac{\hbar^2}{2m_c}\nabla^2 - \frac{e^2}{4\pi\varepsilon_s\varepsilon_0 r}\right)\psi = E\psi \tag{28}$$

と表される．
 したがって，ドナー原子のイオン化エネルギー，すなわちドナー準位 E_d と，電子軌道半径 a_d は，それぞれ次のように表される．

$$E_d = -\frac{m_c e^4}{8(\varepsilon_s \varepsilon_0)^2 h^2} \cdot \frac{1}{n^2} = -\frac{m_0 e^4}{8\varepsilon_0{}^2 h^2} \cdot \frac{1}{n^2} \cdot \frac{m_c}{m_0} \cdot \frac{1}{\varepsilon_s{}^2} = E_1 \cdot \frac{m_c}{m_0}\left(\frac{1}{\varepsilon_s}\right)^2 \tag{29}$$

$$a_d = \frac{\varepsilon_s \varepsilon_0 h^2}{\pi m_c e^2} = \frac{\varepsilon_0 h^2}{\pi m_0 e^2} \cdot \frac{m_0}{m_c} \cdot \varepsilon_s = a_1 \cdot \frac{m_0}{m_c}\varepsilon_s \tag{30}$$

(c) シリコン (Si) の伝導電子の伝導率有効質量 $m_{c\text{-Si}}$ は，式 (1.55) に演習問題 1.2 の表 1.3 の値を代入すると，次のように表される．

$$m_{c\text{-Si}} = \frac{3 \times 0.19 m_0 \times 0.98 m_0}{0.19 m_0 + 2 \times 0.98 m_0} = 0.26 m_0 \tag{31}$$

一方，ヒ化ガリウム (GaAs) の伝導電子の伝導率有効質量 $m_{\text{c-GaAs}}$ は，次のようになる．

$$m_{\text{c-GaAs}} = 0.067 m_0 \tag{32}$$

したがって，シリコン (Si) に対して，次のような結果が得られる．

$$E_{\text{d}} = 13.6\,\text{eV} \times 0.26 \times \left(\frac{1}{11.8}\right)^2 = 2.53 \times 10^{-2}\,\text{eV} = 25.3\,\text{meV} \tag{33}$$

$$a_{\text{d}} = 0.053\,\text{nm} \times \frac{1}{0.26} \times 11.8 = 2.41\,\text{nm} \tag{34}$$

一方，ヒ化ガリウム (GaAs) に対しては，次のような結果が得られる．

$$E_{\text{d}} = 13.6\,\text{eV} \times 0.067 \times \left(\frac{1}{13.1}\right)^2 = 5.31 \times 10^{-3}\,\text{eV} = 5.31\,\text{meV} \tag{35}$$

$$a_{\text{d}} = 0.053\,\text{nm} \times \frac{1}{0.067} \times 13.1 = 10.4\,\text{nm} \tag{36}$$

(d) ヒ化ガリウム (GaAs) のほうが，シリコン (Si) よりも伝導電子の伝導率有効質量が小さく，かつ比誘電率が大きいことによる．

1.7 万有引力とクーロン力との比較 シリコン (Si) 原子における最外殻電子 1 個に対して，最近接シリコン (Si) 原子からはたらく万有引力とクーロン力を考える．

シリコン (Si) 原子 1 個の質量 m_{Si} は，原子量 M_{Si} とアボガドロ定数 N_{A} を用いて，次のように求められる．

$$m_{\text{Si}} = \frac{M_{\text{Si}}}{N_{\text{A}}} = 4.67 \times 10^{-23}\,\text{g} = 4.67 \times 10^{-26}\,\text{kg} \tag{37}$$

ただし，シリコン (Si) 原子の原子量 M_{Si} として，演習問題 1.1 の表 1.2 の値を用いた．

シリコン (Si) 単結晶はダイヤモンド構造をとっているため，格子定数 $a = 0.543\,\text{nm}$ を用いると，最近接原子間距離 l は，

$$l = \frac{\sqrt{3}}{4} a = 2.35 \times 10^{-10}\,\text{m} \tag{38}$$

となる．したがって，最近接原子と最外殻電子との間の万有引力の大きさ f_{G} は，万有引力定数 $G = 6.67 \times 10^{-11}\,\text{m}^3\,\text{kg}^{-1}\,\text{s}^{-2}$ を用いて，

$$f_{\text{G}} = G \frac{m_{\text{Si}} m_0}{l^2} = 5.14 \times 10^{-47}\,\text{N} \tag{39}$$

となる．ここで，m_0 は電子の質量である．

一方，最近接シリコン (Si) 原子がイオン化して，1 価の陽イオンとなっている場合，しゃへい効果を無視すると，最近接原子と最外殻電子との間のクーロン力の大きさ f_{C} は，

$$f_{\text{C}} = \frac{e^2}{4\pi\varepsilon_{\text{s}}\varepsilon_0 l^2} = 3.53 \times 10^{-10}\,\text{N} \gg f_{\text{G}} \tag{40}$$

となる．ここで，e は電気素量，$\varepsilon_{\text{s}} = 11.8$ はシリコン (Si) 原子の比誘電率，ε_0 は真空の誘電率である．以上の計算からわかるように，クーロン力の大きさ f_{C} が万有引力の大きさ f_{G} に比べて十分大きい．したがって，結晶中の解析では，通常は万有引力を無視する．

第 2 章

2.1 pn 接合 (a) 式 (1.75), (2.37), (2.38) から, 正孔の拡散長 L_p と伝導電子の拡散長 L_n は, それぞれ次のように求められる.

$$L_p = \sqrt{D_p \tau_p} = \sqrt{\mu_p \frac{k_B T}{e} \tau_p} = 1.14 \times 10^{-6}\,\text{m} = 1.14 \times 10^{-4}\,\text{cm} \tag{41}$$

$$L_n = \sqrt{D_n \tau_n} = \sqrt{\mu_n \frac{k_B T}{e} \tau_n} = 6.23 \times 10^{-6}\,\text{m} = 6.23 \times 10^{-4}\,\text{cm} \tag{42}$$

なお, 拡散係数の添え字の p と n は, それぞれ正孔と伝導電子に対応している.
(b) 式 (2.3) から, 拡散電位 ϕ_D は, 次のようになる.

$$\phi_D = \frac{k_B T}{e} \ln \frac{N_a N_d}{n_i^2} = 1.03\,\text{V} \tag{43}$$

(c) p 領域, n 領域それぞれにおいて, 不純物が完全にイオン化していると仮定する. このとき, p 領域における熱平衡時の正孔濃度 p_{p0} と n 領域における熱平衡時の伝導電子濃度 n_{n0} は,

$$p_{p0} = N_a = 10^{17}\,\text{cm}^{-3}, \quad n_{n0} = N_d = 10^{20}\,\text{cm}^{-3} \tag{44}$$

となる. また, 式 (1.44), (1.47), (2.1), (2.2) から, 熱平衡が成り立っている場合, p 領域の伝導電子濃度 n_{p0}, 正孔濃度 p_{p0} と, n 領域の伝導電子濃度 n_{n0}, 正孔濃度 p_{n0} は,

$$n_{p0} = n_i \exp\left(\frac{e\phi_p}{k_B T}\right), \quad p_{p0} = n_i \exp\left(-\frac{e\phi_p}{k_B T}\right) \tag{45}$$

$$n_{n0} = n_i \exp\left(\frac{e\phi_n}{k_B T}\right), \quad p_{n0} = n_i \exp\left(-\frac{e\phi_n}{k_B T}\right) \tag{46}$$

と表される. ここで, n_i は真性キャリア濃度である. 式 (45), (46) から真性キャリア濃度 n_i を消去し, 式 (2.3) を用いると, 熱平衡時の, p 領域における伝導電子濃度 n_{p0} と n 領域における正孔濃度 p_{n0} は, 次のようになる.

$$n_{p0} = n_{n0} \exp\left(-\frac{e\phi_D}{k_B T}\right) = 4.50 \times 10^2\,\text{cm}^{-3} \tag{47}$$

$$p_{n0} = p_{p0} \exp\left(-\frac{e\phi_D}{k_B T}\right) = 4.50 \times 10^{-1}\,\text{cm}^{-3} \tag{48}$$

飽和電流密度 J_s は, 式 (2.44), (41), (42) から, 次のようになる.

$$J_s = -e\left(\frac{D_n}{L_n} n_{p0} + \frac{D_p}{L_p} p_{n0}\right) = -e\left(\frac{L_n}{\tau_n} n_{p0} + \frac{L_p}{\tau_p} p_{n0}\right)$$
$$= -4.50 \times 10^{-12}\,\text{A cm}^{-2} \tag{49}$$

(d) 飽和電流密度における正孔電流密度 J_p と伝導電子電流密度 J_n は,

$$J_p = -e\frac{L_p}{\tau_p} p_{n0}, \quad J_n = -e\frac{L_n}{\tau_n} n_{p0} \tag{50}$$

である. したがって, J_p と J_n の比は, 次のようになる.

$$\frac{J_p}{J_n} = \frac{L_p}{\tau_p}p_{n0} \div \left(\frac{L_n}{\tau_n}n_{p0}\right) = \frac{L_p\tau_n p_{n0}}{L_n\tau_p n_{p0}} = 1.83 \times 10^{-3} \tag{51}$$

2.2 片側階段状 pn 接合 式 (2.3) から，拡散電位 ϕ_D は，次のようになる．

$$\phi_D = \frac{k_B T}{e}\ln\frac{N_a N_d}{n_i^2} = 0.915\ \text{V} \tag{52}$$

p^+n 形ダイオードのように，p^+ 領域のアクセプター濃度 N_a が n 領域のドナー濃度 N_d に比べて十分大きい場合，空乏層の大部分は n 領域に広がる．そこで，n 領域に広がる空乏層の厚さ l_n に比べて p 領域に広がる空乏層の厚さ l_p が十分小さいとして l_p を無視することができる．式 (2.14) においてバイアス電圧 $V=0$ として，空乏層厚 l_D は，次のようになる．

$$l_D \simeq l_n = \sqrt{\frac{2\varepsilon_p\varepsilon_0\phi_D}{eN_d}\frac{N_a}{N_a+N_d}} = 0.361\ \mu\text{m} \tag{53}$$

式 (2.11) において，$l_n \gg l_p$ として，最大電界 E_m は，次のように求められる．

$$E_m \simeq \frac{eN_d}{\varepsilon_p\varepsilon_0}l_n = 5.54 \times 10^3\ \text{V cm}^{-1} \tag{54}$$

2.3 片側階段状 pn 接合における接合容量 式 (2.3) から，拡散電位 ϕ_D は，次のように求められる．

$$\phi_D = \frac{k_B T}{e}\ln\frac{N_a N_d}{n_i^2} = 0.927\ \text{V} \tag{55}$$

(a) $V = 0$ V のときの接合容量 C_J の値は，式 (2.17) から，次のようになる．

$$C_J = 2.68 \times 10^{-8}\ \text{F cm}^{-2} \tag{56}$$

(b) $V = -4$ V のときの接合容量 C_J の値は，式 (2.17) から，次のようになる．

$$C_J = 1.16 \times 10^{-8}\ \text{F cm}^{-2} \tag{57}$$

2.4 片側傾斜状 pn 接合 解図 2.1 のように，接合界面で片側だけの不純物濃度 $(N_a - N_d)$ の空間分布が徐々に変化している pn 接合を片側傾斜状 pn 接合 (one-sided-graded pn junction) という．この図は，接合界面を $x = 0$ とし，

$$N_a - N_d = \begin{cases} -N_d & (x < 0) \\ ax & (0 \leq x \leq l_p) \end{cases} \tag{58}$$

に対するものである．また，$x \leq 0$ に n 層（ドナー濃度 N_d）が存在し，$0 \leq x$ に p 層（中性領域のアクセプター濃度 N_a）が存在する．ここで，n 層にはドナーだけがドーピングされ，p 層にはアクセプターだけがドーピングされていると仮定した．なお，図中に記述した n と p は，それぞれ n 層の存在領域と p 層の存在領域を示している．

すべてのドナーとアクセプターがイオン化し，かつ接合界面（$-l_n \leq x \leq l_p$ の領域）が完全に空乏化していると仮定する．このとき，pn 接合界面における電荷密度 ρ の空間分布は，解図 2.2 のようになる．なお，$x \leq -l_n$ と $l_p \leq x$ の領域では，キャリアとイオン化した不純物とが同数存在し，電気的中性条件が満たされているとした．解図 2.2 において，界面の両側のグレー部の面積は等しいから，

演習問題の解答　**151**

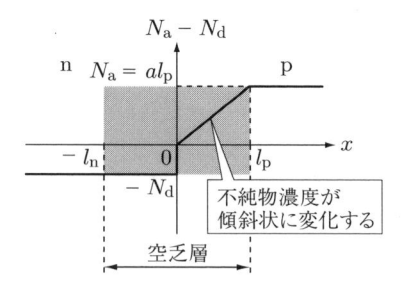

解図 2.1　片側傾斜状 pn 接合における不純物濃度

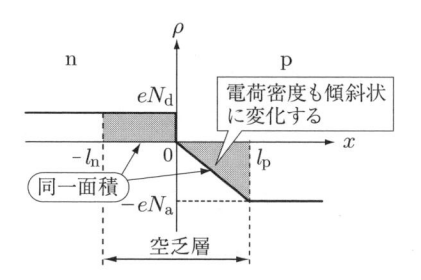

解図 2.2　片側傾斜状 pn 接合における電荷密度

$$N_\mathrm{d} l_\mathrm{n} = \frac{1}{2} a l_\mathrm{p}{}^2 \tag{59}$$

という関係が成り立つ．したがって，n 層側の空乏層の厚さ l_n は，次のように求められる．

$$l_\mathrm{n} = \frac{1}{2N_\mathrm{d}} a l_\mathrm{p}{}^2 = 0.8\,\mu\mathrm{m} \tag{60}$$

ここで，次に示す空乏層におけるポアソン方程式

$$\frac{\mathrm{d}^2 \phi}{\mathrm{d}x^2} = \begin{cases} -\dfrac{eN_\mathrm{d}}{\varepsilon_\mathrm{s} \varepsilon_0} & (-l_\mathrm{n} \leq x < 0) \\ \dfrac{eax}{\varepsilon_\mathrm{s} \varepsilon_0} & (0 \leq x \leq l_\mathrm{p}) \end{cases} \tag{61}$$

を解き，電界分布と電位分布を求めてみよう．なお，式 (61) において，ϕ は電位，ε_s は半導体の比誘電率，ε_0 は真空の誘電率である．ここで，簡単のため，n 層と p 層の比誘電率は等しいとした．

電気的中性領域 $x \leq -l_\mathrm{n}$ と $l_\mathrm{p} \leq x$ では，電界 $E_x = -\mathrm{d}\phi/\mathrm{d}x = 0$ である．すなわち，電界に対する境界条件として $x = -l_\mathrm{n}$ と $x = l_\mathrm{p}$ において，$E_x = -\mathrm{d}\phi/\mathrm{d}x = 0$ が成り立つ．したがって，この境界条件を用いて，式 (61) を x について積分すると，

$$\frac{d\phi}{dx} = \begin{cases} -\dfrac{eN_d}{\varepsilon_s\varepsilon_0}(x+l_n) & (-l_n \leq x < 0) \\ \dfrac{ea\left(x^2 - l_p{}^2\right)}{2\varepsilon_s\varepsilon_0} & (0 \leq x \leq l_p) \end{cases} \tag{62}$$

が得られる．この結果から，電界 $E_x = -d\phi/dx$ をグラフ化すると，解図 2.3 のようになる．ここで，接合界面 $x = 0$ における電界 $E_x = -d\phi/dx$ の値 E_m は，次式で与えられる．

$$E_m = \frac{eN_d}{\varepsilon_s\varepsilon_0}l_n = \frac{eal_p{}^2}{2\varepsilon_s\varepsilon_0} = 4.91 \times 10^3 \text{ V cm}^{-1} \tag{63}$$

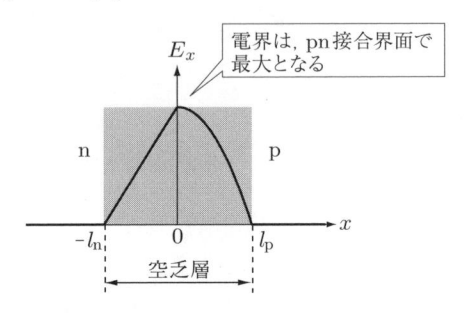

解図 2.3 片側傾斜状 pn 接合における電界分布

ここで，式 (62) を x について積分し，境界条件として，$x = 0$ において電位 $\phi = 0$ と仮定すると，

$$\phi(x) = \begin{cases} -\dfrac{eN_d}{2\varepsilon_s\varepsilon_0}(x^2 + l_n x) & (-l_n \leq x < 0) \\ \dfrac{ea\left(x^3 - 3l_p{}^2 x\right)}{6\varepsilon_s\varepsilon_0} & (0 \leq x \leq l_p) \end{cases} \tag{64}$$

が導かれる．この結果をグラフ化すると，解図 2.4 のようになる．そして，拡散電位 ϕ_D の値は，解図 2.4 において，$\phi_n = \phi(-l_n)$，$\phi_p = \phi(l_p)$ として

$$\phi_D = \phi(-l_n) - \phi(l_p) = 0.458 \text{ V} \tag{65}$$

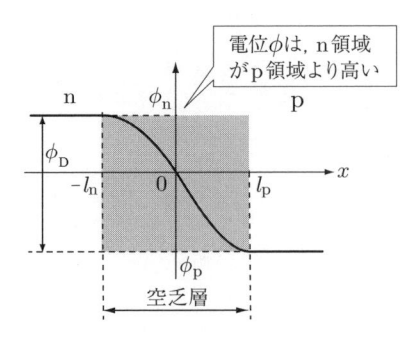

解図 2.4 片側傾斜状 pn 接合における電位分布

となる．

2.5 キャリアの再結合レート　解図 2.5 に示すように，再結合中心を介した電子と正孔の再結合を考えよう．この再結合中心のエネルギー準位は，バンドギャップ内に存在し，エネルギー E_t をもっている．

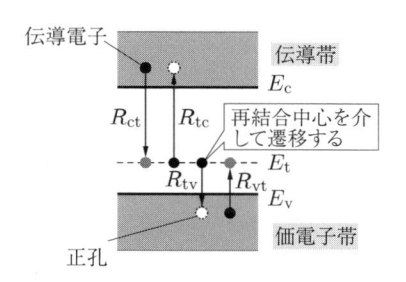

解図 2.5　再結合中心を介した電子と正孔の再結合

まず，伝導帯–再結合中心間の遷移について考えよう．伝導帯から再結合中心への伝導電子の遷移レート，すなわち再結合中心による伝導電子の捕獲レート R_ct が

$$R_\mathrm{ct} = \sigma_n v_\mathrm{th} n N_\mathrm{t} (1 - f_\mathrm{t}) \tag{66}$$

であると仮定する．ここで，σ_n は伝導電子と再結合中心との衝突断面積，v_th はキャリアの熱速度である．ここでは，伝導電子が，単位時間あたり長さ v_th，断面積 σ_n の空間に入ると再結合中心と衝突し，伝導電子が再結合中心に捕獲されると考えている．また，n は伝導電子濃度，N_t は再結合中心の濃度，f_t は再結合中心の一つの状態を占有している電子の平均個数である．つまり，再結合中心による伝導電子の捕獲レート R_ct は，伝導電子濃度 n と，電子によって占有されていない再結合中心の濃度 $N_\mathrm{t}(1 - f_\mathrm{t})$ に比例し，その比例係数を $\sigma_n v_\mathrm{th}$ としている．

再結合中心から伝導帯への電子の遷移レート，すなわち再結合中心による伝導電子の放出レート R_tc を次のようにおく．

$$R_\mathrm{tc} = e_n N_\mathrm{t} f_\mathrm{t} \tag{67}$$

ここで，e_n は単位時間あたりに 1 個の再結合中心が電子を伝導帯に放出する確率である．

再結合準位のスピン多重度を無視し，f_t としてフェルミ–ディラック分布を考えると，

$$f_\mathrm{t} = \frac{1}{1 + \exp\left(\dfrac{E_\mathrm{t} - E_\mathrm{F}}{k_\mathrm{B}T}\right)} \tag{68}$$

となる．

これから，熱平衡状態における伝導帯–再結合中心間の遷移について考えよう．熱平衡状態では，二つの遷移レート R_ct と R_tc とがつりあっているから，

$$R_\mathrm{ct} = R_\mathrm{tc} \tag{69}$$

が成り立つ．また，熱平衡状態では，式 (1.44) から，伝導電子濃度 n は，

$$n = n_i \exp\left(-\frac{E_i - E_F}{k_B T}\right) \tag{70}$$

と表される．ここで，n_i は真性キャリア濃度，E_i は真性フェルミ準位である．

式 (66)–(70) から，単位時間あたりに 1 個の再結合中心が電子を伝導帯に放出する確率 e_n は，次のように表すことができる．

$$e_n = \sigma_n v_{th} n_i \exp\left(-\frac{E_i - E_t}{k_B T}\right) \tag{71}$$

次に，価電子帯–再結合中心間の遷移について考えよう．再結合中心から価電子帯への電子の遷移レート，すなわち再結合中心による正孔の捕獲レート R_{tv} が，

$$R_{tv} = \sigma_p v_{th} p N_t f_t \tag{72}$$

であると仮定する．ここで，σ_p は正孔と再結合中心との衝突断面積，v_{th} はキャリアの熱速度である．ここでも，正孔が，単位時間あたり長さ v_{th}，断面積 σ_p の空間に入ると再結合中心と衝突し，正孔が再結合中心に捕獲されると考えている．また，p は正孔濃度である．つまり，再結合中心による正孔の捕獲レート R_{tv} は，正孔濃度 n と，電子によって占有されている再結合中心の濃度 $N_t f_t$ に比例し，その比例係数を $\sigma_p v_{th}$ としている．

価電子帯から再結合中心への電子の遷移レート，すなわち再結合中心による正孔の放出レート R_{vt} を次のようにおく．

$$R_{vt} = e_p N_t (1 - f_t) \tag{73}$$

ここで，e_p は単位時間あたりに 1 個の再結合中心が正孔を価電子帯に放出する確率である．

これから，熱平衡状態における価電子帯–再結合中心間の遷移について考えよう．熱平衡状態では，二つの遷移レート R_{tv} と R_{vt} とがつりあっているから，

$$R_{tv} = R_{vt} \tag{74}$$

が成り立つ．また，熱平衡状態では，式 (1.47) から，正孔濃度 p は，次式で与えられる．

$$p = n_i \exp\left(\frac{E_i - E_F}{k_B T}\right) \tag{75}$$

式 (68), (72)–(75) から，単位時間あたりに 1 個の再結合中心が正孔を価電子帯に放出する確率 e_p は，次のように表すことができる．

$$e_p = \sigma_n v_{th} n_i \exp\left(\frac{E_i - E_t}{k_B T}\right) \tag{76}$$

これから，半導体に光を照射したときや電流を注入したときのような，非平衡状態におけるキャリア濃度の変動レート dn/dt と dp/dt について考えよう．非平衡状態では，伝導電子濃度と正孔濃度が熱平衡状態から大きくかけ離れ，もはや $np = n_i^2$ は成り立たない．非平衡状態においては，電子正孔対が発生するレートを G とすると，

$$\frac{dn}{dt} = G - R_{ct} + R_{tc} \tag{77}$$

となる。定常状態 ($d/dt = 0$) では，式 (77), (78) から，発生レート G を消去して，

$$\frac{dp}{dt} = G - R_{\text{tv}} + R_{\text{vt}} \tag{78}$$

$$-R_{\text{ct}} + R_{\text{tc}} = -R_{\text{tv}} + R_{\text{vt}} \tag{79}$$

が成り立つ。

式 (66), (67), (71)–(73), (76) を式 (79) に代入して整理すると，再結合中心の一つの状態を占有している電子の平均個数 f_{t} は，次のように表される。

$$f_{\text{t}} = \frac{\sigma_n n + \sigma_p n_{\text{i}} \exp\left(\dfrac{E_{\text{i}} - E_{\text{t}}}{k_{\text{B}} T}\right)}{\sigma_n \left[n + n_{\text{i}} \exp\left(-\dfrac{E_{\text{i}} - E_{\text{t}}}{k_{\text{B}} T}\right)\right] + \sigma_p \left[p + n_{\text{i}} \exp\left(\dfrac{E_{\text{i}} - E_{\text{t}}}{k_{\text{B}} T}\right)\right]} \tag{80}$$

式 (77), (78) から，キャリアの再結合レートを $-U$ とすると，

$$U = R_{\text{ct}} - R_{\text{tc}} = R_{\text{tv}} - R_{\text{vt}} \tag{81}$$

であり，式 (66), (67), (71)–(73), (76), (80) を式 (81) に代入すると，

$$U = \frac{\sigma_n \sigma_p v_{\text{th}} N_{\text{t}} \left(np - n_{\text{i}}^2\right)}{\sigma_n \left[n + n_{\text{i}} \exp\left(-\dfrac{E_{\text{i}} - E_{\text{t}}}{k_{\text{B}} T}\right)\right] + \sigma_p \left[p + n_{\text{i}} \exp\left(\dfrac{E_{\text{i}} - E_{\text{t}}}{k_{\text{B}} T}\right)\right]} \tag{82}$$

が得られる。

熱平衡状態における伝導電子濃度と正孔濃度をそれぞれ n_0, p_0 とすると，$n_0 p_0 = n_{\text{i}}^2$ である。また，$\sigma_n = \sigma_p = \sigma$ とすると，式 (82) は次式のようになり，式 (2.48) が導かれる。

$$U = \frac{np - n_0 p_0}{n + p + 2n_{\text{i}} \cosh\left(\dfrac{E_{\text{t}} - E_{\text{i}}}{k_{\text{B}} T}\right)} \sigma v_{\text{th}} N_{\text{t}} \tag{83}$$

2.6 キャリアの蓄積時間 (a) $I_{\text{F}} = 2$ mA, $I_{\text{R}} = 10$ mA のとき，次のようになる。

$$t_{\text{s}} \simeq 10^{-6} \text{ s} \times \ln\left(1 + \frac{2 \text{ mA}}{10 \text{ mA}}\right) = 0.182 \ \mu\text{s} \tag{84}$$

(b) $I_{\text{F}} = 2$ mA, $I_{\text{R}} = 2$ mA のとき，次のようになる。

$$t_{\text{s}} \simeq 10^{-6} \text{ s} \times \ln\left(1 + \frac{2 \text{ mA}}{2 \text{ mA}}\right) = 0.693 \ \mu\text{s} \tag{85}$$

2.7 不純物濃度分布 (a) n$^+$p 接合ダイオードでは，空乏層はおもに p 領域に広がる。接合界面を原点にとり，$x \leq 0$ に n 領域が，$x > 0$ に p 領域が存在すると仮定する。このとき，ポアソン方程式は，

$$\frac{d^2 \phi}{dx^2} = e N_{\text{a}}(x) = e k_2 x^m \tag{86}$$

となる。p 領域で空乏層が $x = l_0$ まで広がるとすると，

$$\frac{d\phi}{dx} = \frac{e k_2}{m+1} \left(x^{m+1} - l_0^{m+1}\right) \tag{87}$$

となる. 式 (87) を x について 0 から l_0 まで積分すると, 電位 ϕ は次のようになる.

$$\phi = \phi_\mathrm{D} - V = -\frac{ek_2}{m+2}l_0^{m+2} \tag{88}$$

ここで, ϕ_D は拡散電位, V はバイアス電圧である. いま, 拡散電位 $\phi_\mathrm{D} = 0$ とすると,

$$l_0 = \left(\frac{m+2}{ek_2}V\right)^{\frac{1}{m+2}} \tag{89}$$

となる. したがって, 接合容量 C_J は, 次のように表される.

$$C_\mathrm{J} = \frac{\varepsilon_\mathrm{s}\varepsilon_0}{l_0} = \frac{\varepsilon_\mathrm{s}\varepsilon_0}{l_0}\left(\frac{m+2}{ek_2}V\right)^{\frac{1}{m+2}} = k_1 V^n \tag{90}$$

以上から,

$$V^{\frac{n+1}{m+2}} = \frac{\varepsilon_\mathrm{s}\varepsilon_0}{k_1}\left(\frac{ek_2}{m+2}\right)^{\frac{1}{m+2}} = \text{constant} \tag{91}$$

となるので, $\frac{n+1}{m+2} = 0$ から次の結果が得られる.

$$n = -\frac{1}{m+2} \tag{92}$$

(b) LC 並列共振回路の共振周波数 f が $f = k_3 V$ と表されるとき, 次の関係が成り立つ.

$$f = \frac{1}{2\pi\sqrt{LC_\mathrm{J}}} = k_3 V \tag{93}$$

このとき, 式 (93) に演習問題 2.7 (a) の結果を代入すると,

$$V^{1-\frac{1}{2(m+2)}} = \frac{1}{2\pi k_3}\left(\frac{1}{\varepsilon_\mathrm{s}\varepsilon_0 L}\right)^{\frac{1}{2}}\left(\frac{m+2}{ek_2}\right)^{\frac{1}{2(m+2)}} = \text{constant} \tag{94}$$

となるので, $1 - \frac{1}{2(m+2)} = 0$ から次の結果が得られる.

$$m = -\frac{3}{2} \tag{95}$$

第 3 章

3.1 金属–半導体接合のエネルギーバンド (a) $\phi_\mathrm{M} > \phi_\mathrm{S}$ のとき 解図 3.1 に示すように, 金属と p 形半導体が十分離れているときは, 金属中の電子に対する真空準位と p 形半導体中の電子に対する真空準位は等しい. 金属と p 形半導体との接合が形成されると, 金属におけるフェルミ準位 E_FM と p 形半導体におけるフェルミ準位 E_FS とが一致するように, 接合界面でキャリアが拡散し, 熱平衡状態となる. また, 接合界面では, 金属中の電子に対する真空準位と p 形半導体中の電子に対する真空準位は連続に変化する. このときの金属–p 形半導体接合界面のエネルギーバンドを解図 3.2 に示す.

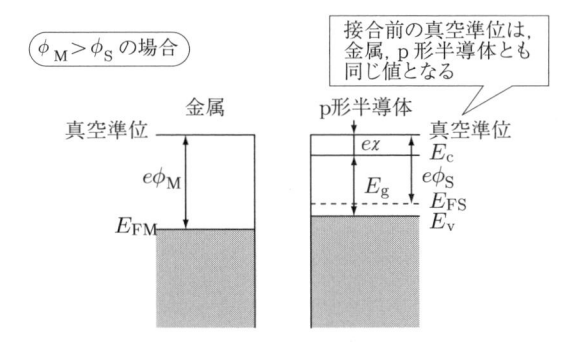

解図 3.1 接合形成前の金属とp形半導体のエネルギー ($\phi_M > \phi_S$)

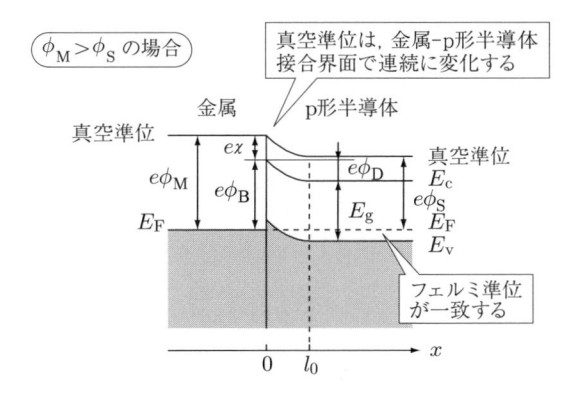

解図 3.2 金属–p形半導体接合におけるエネルギーの空間分布 ($\phi_M > \phi_S$)

(b) $\phi_M < \phi_S$ のとき　接合前の金属とp形半導体が十分離れているときのエネルギーバンドを解図 3.3 に示す．また，接合後，熱平衡状態となったときの金属–p形半導体接合界面のエネルギーバンドを解図 3.4 に示す．

3.2　ショットキー接合における不純物濃度と接合容量

接合部の単位面積あたりの静電容量を C とすると，式 (3.38) から次式が得られる．

$$d\sigma_R = qN(x)\,dx = C\,dV_R \tag{96}$$

したがって，

$$N(x) = \frac{C}{q}\frac{dV_R}{dx} = \frac{C}{q}\frac{dV_R}{dC}\frac{dC}{dx} \tag{97}$$

となる．ここで，式 (3.39) から

$$\frac{dC}{dx} = -\frac{\varepsilon_s \varepsilon_0}{x^2} = -\frac{C^2}{\varepsilon_s \varepsilon_0} \tag{98}$$

158 演習問題の解答

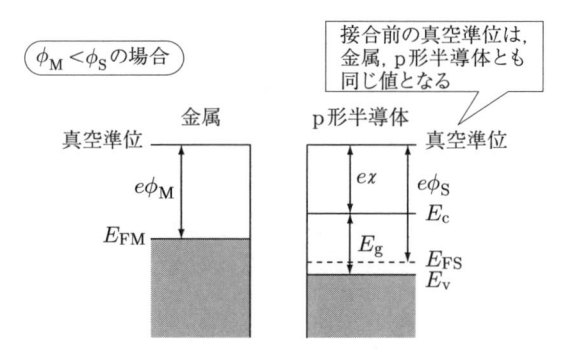

解図 3.3 接合形成前の金属と p 形半導体のエネルギー ($\phi_M < \phi_S$)

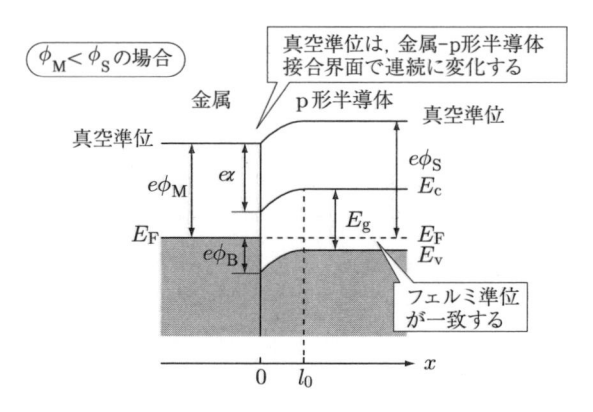

解図 3.4 金属–p 形半導体接合におけるエネルギーの空間分布 ($\phi_M < \phi_S$)

であり，式 (97) に式 (98) を代入すると，

$$N(x) = -\frac{C^3}{q\varepsilon_s\varepsilon_0 \dfrac{dC}{dV_R}} \tag{99}$$

となる．ここで，

$$\frac{d}{dV_R}\left(\frac{1}{C^2}\right) = \frac{dC}{dV_R}\frac{d}{dC}\left(\frac{1}{C^2}\right) = -\frac{2}{C^3}\frac{dC}{dV_R} \tag{100}$$

という関係が成り立つから，

$$\frac{dC}{dV_R} = -\frac{C^3}{2}\frac{d}{dV_R}\left(\frac{1}{C^2}\right) \tag{101}$$

が得られる．式 (99) に式 (101) を代入すると，次の関係が導かれる．

$$N(x) = \frac{2}{q\varepsilon_s\varepsilon_0 \dfrac{\mathrm{d}}{\mathrm{d}V_R}\left(\dfrac{1}{C^2}\right)} \tag{102}$$

3.3 ショットキーダイオード 拡散電位 ϕ_D は，例題 3.5 で示したように，$1/C^2 = 0$ を満たすバイアス電圧 $V = -V_R$ に等しいので，式 (3.41) から次のように求められる．

$$\phi_D = \frac{1.57 \times 10^{15}}{2.12 \times 10^{15}} = 0.74 \text{ V} \tag{103}$$

また，式 (3.41) から，

$$\frac{\mathrm{d}}{\mathrm{d}V_R}\left(\frac{1}{C^2}\right) = 2.12 \times 10^{15} \text{ F}^{-2}\,\text{cm}^{-2} \tag{104}$$

となる．式 (3.40) に式 (104) を代入すると，n 形ヒ化ガリウム (GaAs) におけるドナー濃度 N_d は，次のような値になる．

$$N_d = \frac{2}{q\varepsilon_s\varepsilon_0 \dfrac{\mathrm{d}}{\mathrm{d}V_R}\left(\dfrac{1}{C^2}\right)} = 5.64 \times 10^{15} \text{ cm}^{-3} \tag{105}$$

熱平衡状態において，すべてのドナーがイオン化していると仮定し，伝導電子濃度 $n = N_d$ とすると，例題 3.2 と同様にして，次式が得られる．

$$E_c - E_F = k_B T \ln \frac{N_c}{N_d} = 0.161 \text{ eV} \tag{106}$$

式 (3.6) に式 (103), (106) を代入すると，ショットキー障壁 $e\phi_B$ は，次のような値になる．

$$e\phi_B = e\phi_D + E_c - E_F = 0.901 \text{ eV} \tag{107}$$

3.4 検波ダイオード 金属–半導体接合ショットキーダイオードの立上がり電圧は，一般に pn 接合ダイオードよりも小さい．このため，検波ダイオードとしては，pn 接合ダイオードではなく，金属–半導体接合ショットキーダイオードが用いられることが多い．また，金属–半導体接合ショットキーダイオードでは，伝導電子電流が支配的であるため，動作速度は伝導電子よりも移動度の小さい正孔の影響をほとんど受けない．このため，高速動作が期待できるという利点もある．

第 4 章

4.1 pnp トランジスタ (a) 式 (4.98), (4.99) から

$$I_{E0}\left[\exp\left(\frac{e\phi_E}{k_B T}\right) - 1\right]$$

を消去すると，

$$I_E + \frac{I_C}{\alpha_N} = -\frac{I_{C0}}{\alpha_N}\left[\exp\left(\frac{e\phi_C}{k_B T}\right) - 1\right] \tag{108}$$

となる．式 (108) を書き換えると，次式が得られる．

$$I_\mathrm{C} = -\alpha_\mathrm{N} I_\mathrm{E} - I_\mathrm{C0} \left[\exp\left(\frac{e\phi_\mathrm{C}}{k_\mathrm{B}T}\right) - 1 \right] \tag{109}$$

(b) 図 4.18 において，キルヒホッフの電流則から，

$$I_\mathrm{E} + I_\mathrm{B} + I_\mathrm{C} = 0 \tag{110}$$

が成り立つ．式 (108)，(110) からエミッタ電流 I_E を消去すると，次式が得られる．

$$I_\mathrm{C} = \frac{\alpha_\mathrm{N}}{1-\alpha_\mathrm{N}} I_\mathrm{B} - \frac{I_\mathrm{C0}}{1-\alpha_\mathrm{N}} \left[\exp\left(\frac{e\phi_\mathrm{C}}{k_\mathrm{B}T}\right) - 1 \right] \tag{111}$$

4.2 pnp トランジスタ 式 (2.3) から，エミッタ–ベース間の拡散電位 ϕ_D1 は，次のように求められる．

$$\phi_\mathrm{D1} = \frac{k_\mathrm{B}T}{e} \ln \frac{N_\mathrm{a} N_\mathrm{d}}{n_\mathrm{i}^2} = 0.979 \text{ V} \tag{112}$$

式 (112)，(2.14) から，エミッタ–ベース間の空乏層の厚さ W_1 は，次のようになる．

$$W_1 = \sqrt{\frac{2\varepsilon_\mathrm{s}\varepsilon_0}{eN_\mathrm{d}}(\phi_\mathrm{D1} - V_\mathrm{EB})\frac{N_\mathrm{a}}{N_\mathrm{a}+N_\mathrm{d}}} = 5.48 \times 10^{-2} \text{ μm} \tag{113}$$

同様にして，コレクタ–ベース間の拡散電位 ϕ_D2 は，次のように求められる．

$$\phi_\mathrm{D2} = \frac{k_\mathrm{B}T}{e} \ln \frac{N_\mathrm{a} N_\mathrm{d}}{n_\mathrm{i}^2} = 0.814 \text{ V} \tag{114}$$

式 (114)，(2.14) から，コレクタ–ベース間の空乏層の厚さ W_2 は，次のようになる．

$$W_2 = \sqrt{\frac{2\varepsilon_\mathrm{s}\varepsilon_0}{eN_\mathrm{d}}(\phi_\mathrm{D2} - V_\mathrm{CB})\frac{N_\mathrm{a}}{N_\mathrm{a}+N_\mathrm{d}}} = 4.25 \times 10^{-2} \text{ μm} \tag{115}$$

したがって，中性ベース領域の厚さ W_nB は，次のような値になる．

$$W_\mathrm{nB} = W_\mathrm{B} - W_1 - W_2 = 0.903 \text{ μm} \tag{116}$$

4.3 ダーリントン接続 解図 4.1 のように，エミッタ電流，ベース電流，コレクタ電流を選ぶことにする．ただし，$I_\mathrm{E1} = I_\mathrm{B2}$ である．いま，

$$I_\mathrm{C1} = \beta_1 I_\mathrm{B1} = \beta_1 i_\mathrm{in} \tag{117}$$

だから，

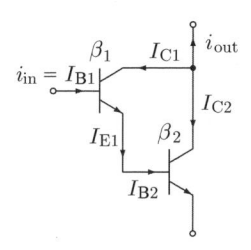

解図 4.1 ダーリントン接続における電流

$$I_{E1} = I_{C1} + I_{B1} = (\beta_1 + 1)i_{in} = I_{B2} \tag{118}$$

である．式 (118) から，次のような関係も得られる．

$$I_{C2} = \beta_2 I_{B2} = \beta_2 I_{E1} = \beta_2(\beta_1 + 1)i_{in} \tag{119}$$

式 (117), (119) から，i_{out}/i_{in} は，次のようになる．

$$\frac{i_{out}}{i_{in}} = \frac{-(I_{C1} + I_{C2})}{i_{in}} = -(\beta_1 + \beta_2 + \beta_1\beta_2) \tag{120}$$

4.4 エミッタ接地増幅回路の電圧増幅率 (a) 周囲温度が上昇したとき エミッタ抵抗 r_E は，

$$r_E = \frac{\partial V}{\partial I_E} = \frac{k_B T}{e}\frac{1}{I_E} \tag{121}$$

と表すことができる．この式から，エミッタ抵抗 r_E は，周囲温度 T の上昇とともに，T に比例して大きくなることがわかる．

図 4.13 と図 4.14 (a) に対して式 (4.50)–(4.52) を用いると，エミッタ接地における電圧増幅率（電圧利得）G_{vE} は，

$$G_{vE} = -\frac{\alpha R_L}{r_E + (1-\alpha)r_B(1-\alpha)} \tag{122}$$

で与えられる．周囲温度 T の上昇とともにエミッタ抵抗 r_E が大きくなるから，$|G_{vE}|$ は小さくなる．

(b) エミッタ電流が増加したとき 式 (121) から，エミッタ電流 I_E が増加すると，エミッタ抵抗 r_E は小さくなる．この結果，式 (122) から $|G_{vE}|$ は大きくなる．

4.5 pnp 接合と npn 接合 式 (4.74) から，npn トランジスタに対する電流輸送率（ベース接地電流利得）α の遮断周波数 f_α^{npn} は，次式で与えられる．

$$f_\alpha^{npn} = \frac{D_{nB}}{\pi W_{nB}^2} \tag{123}$$

なお，W_{nB} は中性ベース領域の厚さ，D_{nB} は中性ベースにおける伝導電子の拡散係数である．

同様にして，pnp トランジスタに対する電流輸送率（ベース接地電流利得）α の遮断周波数 f_α^{pnp} は，次式で与えられる．

$$f_\alpha^{pnp} = \frac{D_{pB}}{\pi W_{nB}^2} \tag{124}$$

ここで，D_{pB} は中性ベースにおける正孔の拡散係数である．

一般に，$D_{nB} > D_{pB}$ なので，$f_\alpha^{npn} > f_\alpha^{pnp}$ となり，npn トランジスタのほうが pnp トランジスタよりも高周波特性が優れているといえる．したがって，pnp 接合より npn 接合のほうが多く利用される．

4.6 ヘテロバイポーラトランジスタ 式 (4.43) から，$Al_xGa_{1-x}As/GaAs$ ヘテロバイポーラトランジスタの電流増幅率（エミッタ接地電流利得）β_{HBT} と GaAs バイポーラトランジスタの電流増幅率（エミッタ接地電流利得）β_{BT} の比 β_{HBT}/β_{BT} は，次式で与えられる．

$$\frac{\beta_\mathrm{HBT}}{\beta_\mathrm{BT}} = \exp\left[\frac{E_\mathrm{g}(x) - E_\mathrm{gB}}{k_\mathrm{B}T}\right] \tag{125}$$

ここで，E_gB は GaAs ベース層のバンドギャップである．式 (125) のグラフを描くと，解図 4.2 のようになる．縦軸が対数表示であることに注意してほしい．

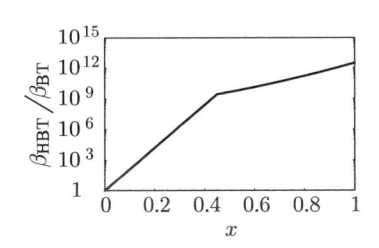

解図 4.2 電流増幅率の比 $\beta_\mathrm{HBT}/\beta_\mathrm{BT}$ と組成 x の関係

4.7 総合雑音指数 解図 4.3 のような 2 段トランジスタ増幅器を考える．まず，解図 4.3 (a) の前段 A_1，後段 A_2 の場合を取り上げよう．入力信号電力を S_i，前段のトランジスタ増幅器に入る雑音電力を $N_\mathrm{i} = k_\mathrm{B}TB$ とする．ここで，k_B はボルツマン係数，T は絶対温度，B は観測する周波数帯域幅である．前段 A_1 における雑音指数 F_1 は，前段 A_1 から出力される信号電力 $S_1 = G_1 S_\mathrm{i}$ と雑音電力 N_1 を用いて，次式のように表される．

$$F_1 = \frac{S_\mathrm{i}/N_\mathrm{i}}{S_1/N_1} = \frac{N_1}{G_1 k_\mathrm{B}TB} \tag{126}$$

ここで，雑音指数 F_1 と電力利得 G_1 は，線形表示である．つまり，$F_1 = 3.0\,\mathrm{dB}$ は線形表示では $F_1 = 10^{3.0/10}$，$G_1 = 20\,\mathrm{dB}$ は線形表示では $G_1 = 10^{20/10}$ である．

式 (126) から，前段 A_1 から出力される雑音電力 N_1 は，

$$N_1 = G_1 F_1 k_\mathrm{B}TB = G_1 k_\mathrm{B}TB + G_1(F_1 - 1)k_\mathrm{B}TB \tag{127}$$

となる．同様にして，後段 A_2 から出力される雑音電力 N_2 は，

$$N_2 = G_2 N_1 + G_2(F_2 - 1)k_\mathrm{B}TB = G_1 G_2 F_1 k_\mathrm{B}TB + G_2(F_2 - 1)k_\mathrm{B}TB \tag{128}$$

と表される．したがって，後段 A_2 から出力される信号電力 $S_2 = G_2 S_1 = G_1 G_2 S_\mathrm{i}$ と雑音電力 N_2 を用いると，総合雑音指数 F_a は，次のようになる．

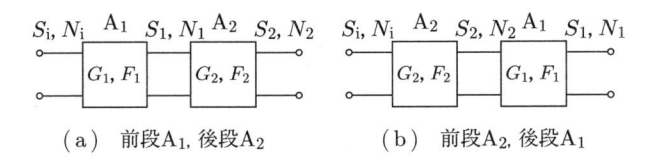

(a) 前段A_1, 後段A_2　　(b) 前段A_2, 後段A_1

解図 4.3 2 段トランジスタ増幅器

$$F_{\mathrm{a}} = \frac{S_{\mathrm{i}}/N_{\mathrm{i}}}{S_2/N_2} = F_1 + \frac{F_2-1}{G_1} = 10^{3.0/10} + \frac{10^{4.5/10}-1}{10^{20/10}}$$
$$= 2.01345 = 3.04 \text{ dB} \tag{129}$$

解図 4.3 (b) の前段 A_2，後段 A_1 の場合も，解図 4.3 (a) の場合と同様に計算して，総合雑音指数 F_{b} は，次のように表される．

$$F_{\mathrm{b}} = \frac{S_{\mathrm{i}}/N_{\mathrm{i}}}{S_1/N_1} = F_2 + \frac{F_1-1}{G_2} = 10^{4.5/10} + \frac{10^{3.0/10}-1}{10^{10/10}}$$
$$= 2.91791 = 4.65 \text{ dB} \tag{130}$$

以上から，縦続接続における総合雑音指数は，主に初段増幅器の雑音指数で決まることがわかる．この問題では，初段増幅器の雑音指数が小さい (a) 前段 A_1，後段 A_2 の組合せのほうが，(b) 前段 A_2，後段 A_1 の組合せよりも，総合雑音指数が小さい．

4.8 ビルトイン電界 中性ベース領域を流れる正孔電流 j_p は，

$$j_p = ep(x)\mu_p E_x - eD_p \frac{\mathrm{d}p(x)}{\mathrm{d}x} \tag{131}$$

と表される．右辺第 1 項がドリフト電流であり，右辺第 2 項が拡散電流を表している．バイアス電圧を印加しないとき，正孔電流 $j_p = 0$ なので，ビルトイン電界 E_x は，

$$E_x = \frac{D_p}{p(x)\mu_p} \frac{\mathrm{d}p(x)}{\mathrm{d}x} \tag{132}$$

となる．ここで，アインシュタインの関係を表す式 (1.75) から

$$\frac{D_p}{\mu_p} = \frac{k_{\mathrm{B}}T}{e} \tag{133}$$

を用いる．また，アクセプターがすべてイオン化していると仮定し，$p(x) = N_{\mathrm{a}}(x)$ とすると，ビルトイン電界 E_x は，次のように書き換えられる．

$$E_x = \frac{k_{\mathrm{B}}T}{e} \frac{1}{N_{\mathrm{a}}(x)} \frac{\mathrm{d}N_{\mathrm{a}}(x)}{\mathrm{d}x} = -\frac{k_{\mathrm{B}}T}{e} \frac{a}{W_{\mathrm{nB}}} \tag{134}$$

さて，式 (4.101) において，$N_{\mathrm{a}}(0)/N_{\mathrm{a}}(W_{\mathrm{nB}}) = \mathrm{e} = 2.718$ だから，$a = 1$ となる．したがって，ビルトイン電界の大きさ $|E_x|$ は，次のようになる．

$$|E_x| = 259 \text{ V cm}^{-1} \tag{135}$$

4.9 中性ベース領域の厚さと電流輸送率の遮断周波数 (a) 式 (2.3) から，エミッタ–ベース間の拡散電位 ϕ_{D1} は，

$$\phi_{\mathrm{D1}} = \frac{k_{\mathrm{B}}T}{e} \ln \frac{N_{\mathrm{a}}N_{\mathrm{d}}}{n_{\mathrm{i}}^2} = 1.03 \text{ V} \tag{136}$$

となる．式 (136)，(2.15) から，エミッタ–ベース間の空乏層の厚さ W_1 は，

$$W_1 = \sqrt{\frac{2\varepsilon_{\mathrm{s}}\varepsilon_0}{eN_{\mathrm{a}}}(\phi_{\mathrm{D1}} - V_{\mathrm{BE}})\frac{N_{\mathrm{d}}}{N_{\mathrm{a}}+N_{\mathrm{d}}}} = 0.116 \text{ } \mu\mathrm{m} \tag{137}$$

となる．ただし，$V_{\mathrm{BE}} = -V_{\mathrm{EB}} = 0$ V である．

同様にして，コレクタ–ベース間の拡散電位 ϕ_{D2} は，

$$\phi_{D2} = \frac{k_B T}{e} \ln \frac{N_a N_d}{n_i{}^2} = 0.796 \text{ V} \tag{138}$$

となる．式 (138)，(2.15) から，コレクタ–ベース間の空乏層の厚さ W_2 は，

$$W_2 = \sqrt{\frac{2\varepsilon_s \varepsilon_0}{eN_a}(\phi_{D1} - V_{BC})\frac{N_d}{N_a + N_d}} = 0.113 \text{ μm} \tag{139}$$

となる．ただし，$V_{BC} = -V_{CB} = 10$ V である．したがって，中性ベース領域の厚さ W_{nB} は，次のように求められる．

$$W_{nB} = W_B - W_1 - W_2 = 0.271 \text{ μm} \tag{140}$$

(b) 式 (4.74) から，npn トランジスタに対する電流輸送率（ベース接地電流利得）α の遮断周波数 $f_{\alpha n}$ は，次のようになる．

$$f_\alpha = \frac{D_{nB}}{\pi W_{nB}{}^2} = 21.7 \text{ GHz} \tag{141}$$

4.10 ベース電位のクランプとスイッチング速度との関係 スイッチング時間を短縮するには，キャリアの蓄積時間を短くすればよい．このためには，ベースに蓄積される電荷 $|Q_B|$ を小さくすればよい．

ここで，$V_B > V_C$ の場合について考えよう．このとき，ベースにエミッタ，コレクタ両側から伝導電子が注入される．この結果，ベースに蓄積される電荷 $|Q_B|$ が大きくなる．これを防ぐには，立上がり電圧 V_0 の小さなダイオードを用いて，ベース電圧 V_B をコレクタ電圧 V_C にクランプすればよい．こうすれば，

$$V_B = V_C + V_0 \simeq V_C \tag{142}$$

となり，コレクタからベースへの伝導電子の注入がなくなる．したがって，ベースに蓄積される電荷 $|Q_B|$ が小さくなって，キャリアの蓄積時間が短くなる．このようなクランプを目的としたダイオードとしては，pn ダイオードではなく，ショットキーダイオードが使われる．この理由は，ショットキーダイオードのほうが pn ダイオードよりも立上がり電圧 V_0 が小さく，高速だからである．

4.11 構造断面図と等価回路 ①：A，②：B，③：C，④：D，⑤：E

第 5 章

5.1 CMOS ゲート電極に電圧を印加すると，酸化物–半導体界面の半導体層にキャリアが流れるチャネルができる．ゲート電圧が正のとき，伝導電子によるチャネル (n-channel) が形成され，伝導電子電流が流れる MOSFET を NMOS という．一方，ゲート電圧がゼロ以下のとき，正孔によるチャネル (p-channel) が形成され，正孔電流が流れる MOSFET を PMOS という．つまり，NMOS では，ゲート電圧が正のときにソース–ドレイン間が導通し，ゲート電圧がゼロ以下のときにソース–ドレイン間が開放となる．一方，PMOS では，ゲート電圧がゼロ以下のときにソース–ドレイン間が導通し，ゲート電圧が正のときにソー

ス - ドレイン間が開放となる．もちろん，開放と言っても厳密なものではなく，ソース - ドレイン間に微小な電流は流れるが，ここでは無視する．

NMOS と PMOS を組み合わせたものが，1968 年に RCA によって開発された CMOS（Complementary MOS の略）である．解図 5.1 に CMOS を用いた NOR ゲートの例を示す．MOSFET の記号の近くに示した n と p は，それぞれ NMOS と PMOS を示している．いま，端子 A に正の電圧を印加したとする．入力 x と y の電圧が両方ともゼロのとき，二つの PMOS のソース - ドレイン間が導通すると同時に二つの NMOS のソース - ドレイン間は開放となる．したがって，端子 B はアースと電気的に切り離され，端子 A と端子 B の電圧が等しくなる．すなわち，端子 B の電圧が正となる．これに対して，入力 x と y の電圧の少なくとも一方が正のとき，二つの PMOS のソース - ドレイン間のうち少なくとも一方が開放となり，端子 A と端子 B が電気的に切り離される．同時に，二つの NMOS のソース - ドレイン間のうち少なくとも一方が導通し，端子 B はアースと同電圧，すなわち電圧がゼロとなる．したがって，正論理の場合，すなわち，それぞれ正電圧を 1，ゼロ電圧を 0 に対応づけると，解図 5.1 の回路が NOR ゲートとして動作することがわかる．

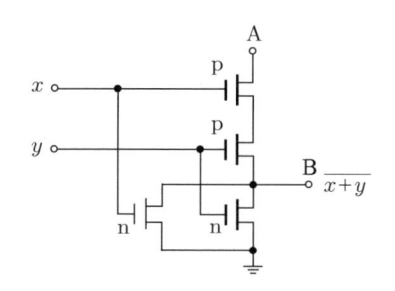

解図 5.1 CMOS を用いた NOR ゲート

ここで，NMOS と PMOS の組合せによる CMOS と，バイポーラトランジスタを用いた TTL（transistor transistor logic の略語）との比較をしておこう．CMOS は，TTL に比べて消費電力が小さいという長所がある．また，CMOS のファンアウトは 50 であり，TTL のファンアウト 10 に比べて大きいという長所もある．反面，スイッチング速度については，CMOS は，TTL よりも遅いという短所がある．これらの性質から，低消費電力という長所を生かして，CMOS はゲート数 100 以上の大規模 IC に用いられている．

5.2 MOS 構造 式 (5.8)，(5.31)，(5.32) から，しきい電圧 V_T は，次のように書き換えられる．

$$V_T = \frac{eN_a l_{Dm}}{\varepsilon_{ox}\varepsilon_0} t_{ox} + (2\phi_F + V_{FB}) \tag{143}$$

この式を式 (5.88) と比較すると，次のようになる．

$$\frac{eN_a l_{Dm}}{\varepsilon_{ox}\varepsilon_0} = 15 \text{ V}\,\mu\text{m}^{-1} \tag{144}$$

$$2\phi_F + V_{FB} = 1.5 \text{ V} \tag{145}$$

ここで，式 (5.18), (5.19) を式 (144) に代入すると，

$$2\sqrt{\frac{e\varepsilon_\mathrm{p} n_\mathrm{i} \phi_\mathrm{F}}{\varepsilon_\mathrm{ox}{}^2 \varepsilon_0}} \exp\left(\frac{e\phi_\mathrm{F}}{k_\mathrm{B} T}\right) = 15\,\mathrm{V}\,\mu\mathrm{m}^{-1} \tag{146}$$

となる．この方程式を解くと，フェルミポテンシャル ϕ_F は，次のような値になる．

$$\phi_\mathrm{F} = 0.37\,\mathrm{V} \tag{147}$$

式 (147) を式 (145) に代入すると，フラットバンド電圧 V_FB は，次のように求められる．

$$V_\mathrm{FB} = 0.76\,\mathrm{V} \tag{148}$$

式 (147) を式 (5.18) に代入すると，アクセプター濃度 N_a は，次のようになる．

$$N_\mathrm{a} = n_\mathrm{i} \exp\left(\frac{e\phi_\mathrm{F}}{k_\mathrm{B} T}\right) = 1.08 \times 10^{16}\,\mathrm{cm}^{-3} \tag{149}$$

5.3 しきい電圧 V_T とドーズ量 $N_\square$ との関係 式 (5.18), (5.19), (5.32) から，p 形シリコン (Si) 基板に対するしきい電圧 V_T は，次のように書き換えられる．

$$V_\mathrm{T} = \frac{2k_\mathrm{B} T}{e} \ln \frac{N_\mathrm{a}}{n_\mathrm{i}} + \frac{2eN_\mathrm{a}}{C_\mathrm{ox}} \sqrt{\frac{\varepsilon_\mathrm{p} \varepsilon_0}{eN_\mathrm{a}} \frac{k_\mathrm{B} T}{e} \ln \frac{N_\mathrm{a}}{n_\mathrm{i}}} + \phi_\mathrm{D} - \frac{\sigma_\mathrm{SS}}{C_\mathrm{ox}} \tag{150}$$

ホウ素 (B) は，シリコン (Si) のなかでアクセプターとしてはたらく．したがって，不純物としてホウ素 (B) をドーピングすると，チャネルにおけるアクセプター濃度 N_a が大きくなる．この結果，式 (150) から，しきい電圧 V_T が大きくなる．つまり，ホウ素 (B) のドーズ量 $N_\square$ の増加にともなって，しきい電圧 V_T が増大する．

リン (P) は，シリコン (Si) のなかでドナーとしてはたらく．したがって，不純物としてリン (P) をドーピングすると，p 形シリコン基板のアクセプターとの間で補償が起こり，チャネルにおけるアクセプター濃度 N_a が小さくなる．したがって，式 (150) から，しきい電圧 V_T が小さくなる．つまり，リン (P) のドーズ量 $N_\square$ の増加にともなって，しきい電圧 V_T が減少する．さらにドーズ量を増やして，チャネルの伝導形を n 形に変えると，式 (150), (5.33) からしきい電圧 V_T は，次のように書き換えられる．

$$V_\mathrm{T} = \frac{2k_\mathrm{B} T}{e} \ln \frac{N_\mathrm{a}}{n_\mathrm{i}} + \frac{2eN_\mathrm{a}}{C_\mathrm{ox}} \sqrt{\frac{\varepsilon_\mathrm{p} \varepsilon_0}{eN_\mathrm{a}} \frac{k_\mathrm{B} T}{e} \ln \frac{N_\mathrm{a}}{n_\mathrm{i}}} + \phi_\mathrm{D} - \frac{\sigma_\mathrm{SS}}{C_\mathrm{ox}} - \frac{eN_\mathrm{d} l_\mathrm{C}}{C_\mathrm{ox}} \tag{151}$$

式 (151) から，ドナー濃度 N_d が大きくなると，しきい電圧 V_T が小さくなる．つまり，リン (P) のドーズ量 $N_\square$ の増加にともなって，しきい電圧 V_T が減少する．

アルミニウム (Al) は，シリコン (Si) のなかでアクセプターとしてはたらく．したがって，不純物としてアルミニウム (Al) をドーピングすると，チャネルにおけるアクセプター濃度 N_a が大きくなる．この結果，式 (150) から，アルミニウム (Al) のドーズ量 $N_\square$ の増加にともなって，しきい電圧 V_T が増大する．しかし，アルミニウム (Al) のドーズ量 $N_\square$ が増加するにつれて，$\mathrm{SiO_2}$/p 形シリコン (Si) 界面に Al 金属層が形成され，界面に伝導電子が存在するようになる．この結果，ドレイン電流 I_D が流れるので，しきい電圧 V_T が減少する効果が現れる．このしきい電圧 V_T の減少と，前述のしきい電圧 V_T の増加とがつりあって，

アルミニウム (Al) のドーズ量 $N_\square$ の増加にともなって，しきい電圧 V_T の増加量 ΔV_T は飽和する．

さて，リン (P) のドーズ量 $N_\square$ の増加 $\Delta N_\square$ にともなうしきい電圧 V_T の変化量 ΔV_T は，式 (151) から，

$$\Delta V_T = -\frac{e\Delta N_\square}{C_{ox}} = -\frac{e\Delta N_\square}{\varepsilon_{ox}\varepsilon_0} t_{ox} \tag{152}$$

と表される．ここで，$N_\square = N_d l_C$，すなわち $\Delta N_\square = \Delta N_d l_C$ という関係と式 (5.8) を用いた．式 (152) から，SiO$_2$ の膜厚 t_{ox} は，次のように求められる．

$$t_{ox} = -\frac{\varepsilon_{ox}\varepsilon_0}{e\Delta N_\square} \Delta V_T = 0.108\ \mu\text{m} \tag{153}$$

5.4 バイポーラトランジスタとユニポーラトランジスタにおける相互コンダクタンスの比較 コレクタ電流 I_C とドレイン電流 I_D が等しい ($I_C = I_D$) とき，式 (5.89)，(5.90) から

$$\frac{g_{mB}}{g_{mU}} = \frac{eV_P}{2k_B T} = 96.7 \tag{154}$$

となる．この結果では，バイポーラトランジスタの相互コンダクタンス g_{mB} が，ユニポーラトランジスタの相互コンダクタンス g_{mU} の約 100 倍の大きさになっている．

5.5 FET のしきい電圧とキャリアの実効移動度 (a) 図 5.19 において，直線を延長して，横軸と交わる点がしきい電圧 V_T を与える．したがって，$V_T = 1\ \text{V}$ である．
(b) 図 5.19 の配線では，

$$V_G = V_D \tag{155}$$

だから，これと演習問題 5.5 (a) の結果を式 (5.42) に代入すると，

$$I_D = \frac{1}{2L}\mu C_{ox} W \left(V_D{}^2 - 2V_D\right) \tag{156}$$

となる．したがって，$V_D \gg 2\ \text{V}$ のとき，ドレイン電流 I_D は，

$$I_D \simeq \frac{1}{2L}\mu C_{ox} W V_D{}^2 \tag{157}$$

となる．式 (157) から，キャリアの実効移動度 μ は，

$$\mu \simeq \frac{2L}{C_{ox} W}\frac{I_D}{V_D{}^2} = 545\ \text{cm}^2\,\text{V}^{-1}\,\text{s}^{-1} \tag{158}$$

となる．ただし，ここで図 5.19 から $V_D \gg 2\ \text{V}$ のとき，

$$\sqrt{I_D} = \frac{0.1\,\text{A}^{\frac{1}{2}}}{6\,\text{V}}(V_D - 1) \simeq \frac{0.1\,\text{A}^{\frac{1}{2}}}{6\,\text{V}} V_D \tag{159}$$

となることを利用した．

5.6 MOSFET を用いたインバータ回路 MOSFET に信号電圧 V_{in} が入ると，MOSFET が導通し，負荷抵抗 R_L に電流 I_0 が流れる．したがって，負荷抵抗 R_L での電圧降下のために，出力電圧 V_{out} が小さくなる．MOSFET が導通したとき，MOSFET のチャネル抵抗 R_C は，ドレイン電圧 V_D とドレイン電流 I_D を用いて，

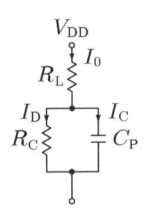

解図 5.2 MOSFET 導通時における等価回路

$$R_{\mathrm{C}} = \frac{V_{\mathrm{D}}}{I_{\mathrm{D}}} \tag{160}$$

と表される．このとき，MOS インバータ回路の等価回路は，解図 5.2 のようになる．

この等価回路から，ドレイン電流 I_{D} と寄生コンデンサ（寄生容量 C_{P}）を流れる電流 I_{C} は，次のように関係づけられる．

$$R_{\mathrm{L}} I_0 + R_{\mathrm{C}} I_{\mathrm{D}} = R_{\mathrm{L}} I_0 + \frac{1}{C_{\mathrm{P}}} \int I_{\mathrm{C}}\, \mathrm{d}t = V_{\mathrm{DD}},\ I_0 = I_{\mathrm{D}} + I_{\mathrm{C}} \tag{161}$$

式 (161) から，I_0 と I_{C} を消去すると，次式が得られる．

$$\frac{\mathrm{d}I_{\mathrm{D}}}{\mathrm{d}t} + \frac{R_{\mathrm{L}} + R_{\mathrm{C}}}{R_{\mathrm{L}} R_{\mathrm{C}} C_{\mathrm{P}}} I_{\mathrm{D}} = \frac{V_{\mathrm{DD}}}{R_{\mathrm{L}} R_{\mathrm{C}} C_{\mathrm{P}}} \tag{162}$$

ここで，一般に $R_{\mathrm{L}} \gg R_{\mathrm{C}}$ であることを利用すると，式 (162) は，

$$\frac{\mathrm{d}I_{\mathrm{D}}}{\mathrm{d}t} + \frac{1}{R_{\mathrm{C}} C_{\mathrm{P}}} I_{\mathrm{D}} = \frac{V_{\mathrm{DD}}}{R_{\mathrm{L}} R_{\mathrm{C}} C_{\mathrm{P}}} \tag{163}$$

と書き換えられる．したがって，ドレイン電流 I_{D} および出力電圧 $V_{\mathrm{out}} = R_{\mathrm{C}} I_{\mathrm{D}}$ に対する時定数 τ は，

$$\tau = R_{\mathrm{C}} C_{\mathrm{P}} \simeq \tau_{\mathrm{d}} \tag{164}$$

となる．時刻 $t = t_0$ において，入力電圧 V_{in} が印加されたとすると，式 (163) から出力電圧 V_{out} は，次式で与えられる．

$$V_{\mathrm{out}} = V_{\mathrm{DD}} \exp\left(-\frac{t - t_0}{\tau_{\mathrm{d}}}\right) \tag{165}$$

入力電圧 V_{in} と出力電圧 V_{out} の過渡応答特性を解図 5.3 (a)，(b) にそれぞれ示す．

以上から，瞬時電力 P は，

$$P = \frac{V_{\mathrm{out}}^2}{R_{\mathrm{C}}} = \frac{V_{\mathrm{DD}}^2}{R_{\mathrm{C}}} \exp\left[-\frac{2(t - t_0)}{\tau_{\mathrm{d}}}\right] \tag{166}$$

となる．したがって，平均電力 P_{d} は，次のようになる．

$$P_{\mathrm{d}} = \frac{1}{\tau_{\mathrm{d}}} \int_{t_0}^{t_0 + \tau_{\mathrm{d}}} P\, \mathrm{d}t = \frac{V_{\mathrm{DD}}^2}{2 R_{\mathrm{C}}} \left(1 - \mathrm{e}^{-2}\right) \simeq \frac{V_{\mathrm{DD}}^2}{2 R_{\mathrm{C}}} = \frac{V_{\mathrm{DD}}^2}{2 R_{\mathrm{C}} \tau_{\mathrm{d}}} \tau_{\mathrm{d}}$$

$$\simeq \frac{V_{\mathrm{DD}}^2}{2 R_{\mathrm{C}} \tau_{\mathrm{d}}} R_{\mathrm{C}} C_{\mathrm{P}} = \frac{1}{2 \tau_{\mathrm{d}}} C_{\mathrm{P}} V_{\mathrm{DD}}^2 \tag{167}$$

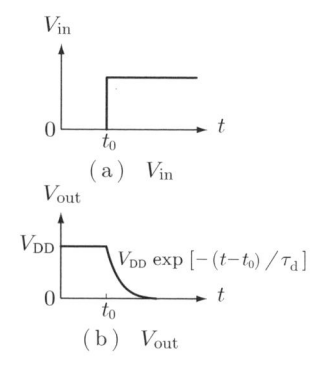

解図 5.3 MOS インバータ回路における電圧波形

5.7 絶縁体上に作られたシリコン (Si) MOSFET まず，単体の MOSFET について考える．絶縁体上に作られたシリコン (Si) MOSFET では，寄生容量が小さくなるので，応答速度が大きくなるとともに，消費電力の低減が期待される．また，シリコン (Si) の厚さが小さくなるので，α 線などが MOSFET に照射されたときにシリコン (Si) で発生する電荷量が少なくなる．したがって，α 線などが MOSFET に照射されたときのエラーが小さくなる．さらに，絶縁耐圧が大きくなる．

次に集積化した MOSFET について考える．半導体基板上に作られたシリコン (Si) MOSFET では，隣接した MOSFET 間を絶縁するために，逆バイアスした pn 接合を用いる．これは，逆バイアスした pn 接合に流れる電流がきわめて小さいことを利用したものである．しかし，隣接した MOSFET 間で pnpn 接合が形成され，サイリスタ（6.1 節参照）として動作すると，MOSFET 間が導通し，電源–アース間に大電流が流れる現象，いわゆるラッチアップ (latch up) が生じる．これに対して，絶縁体上に作られたシリコン (Si) MOSFET では，pnpn 接合が形成されないので，ラッチアップが生じない．また，絶縁体上にシリコン (Si) MOSFET を作ることができれば，3 次元状に MOSFET を集積化することも可能となり，高集積化にも寄与する．

5.8 絶縁体上の半導体におけるチャネル 式 (5.13) を式 (5.19) に代入すると，n チャネルに許される最大の厚さ，すなわち接合界面における p 形シリコン (Si) の空乏層の厚さの最大値 l_{Dm} は，次のようになる．

$$l_{\mathrm{Dm}} = 2\sqrt{\frac{\varepsilon_{\mathrm{p}}\varepsilon_0}{eN_{\mathrm{a}}}\frac{k_{\mathrm{B}}T}{e}\ln\frac{N_{\mathrm{a}}}{n_{\mathrm{i}}}} = 49.5 \text{ nm} \tag{168}$$

5.9 高電子移動度トランジスタ (a) 図 5.21 をみると，AlGaAs/GaAs ヘテロ界面の GaAs 側に，伝導電子に対するポテンシャル井戸ができていることがわかる．したがって，このポテンシャル井戸に伝導電子が蓄積され，チャネル（n チャネル）となる．
(b) ここで GaAs 層は，高純度すなわち不純物濃度が低い層である．したがって，GaAs 層におけるイオン化不純物散乱の影響が，音響フォノン散乱に比べて無視できるほど小さくなる．

この結果，室温においても，伝導電子の移動度は通常の値よりも大きくなる．また，HEMTを冷却すれば，音響フォノン散乱が生じる確率を小さくできるので，伝導電子の移動度は，さらに大きくなる．

第 6 章

6.1 ショックレーダイオード (a) n_1 領域のドナー濃度 $N_d = 10^{14}$ cm^{-3}, 比誘電率 $\varepsilon_s = 11.8$ を用いると，式 (6.6) からパンチスルー電圧 V_{PT} は，

$$V_{PT} = \frac{eN_d}{2\varepsilon_s\varepsilon_0}W_1{}^2 \tag{169}$$

と表される．いま，パンチスルー電圧 V_{PT} が逆方向耐圧 120 V に等しいから，n_1 領域の厚さ W_1 は，次のようになる．

$$W_1 = \sqrt{\frac{2\varepsilon_s\varepsilon_0}{eN_d}V_{PT}} = 39.6 \ \mu\text{m} \tag{170}$$

(b) スイッチングが起きるのは，

$$\alpha_1 + \alpha_2 \simeq 1 \tag{171}$$

のときだから，このとき α_1 は

$$\alpha_1 = 0.5\sqrt{\frac{L_p}{W_1}}\ln\left(\frac{J}{J_0}\right) \simeq 1 - \alpha_2 = 0.6 \tag{172}$$

となる．したがって，

$$J = J_0 \exp\left(1.2\sqrt{\frac{W_1}{L_p}}\right) = 22.6 \ \mu\text{A cm}^{-2} \tag{173}$$

となる．この結果，ショックレーダイオードの断面積 S は，次のようになる．

$$S = \frac{I_S}{J} = 44.2 \ \text{cm}^2 \tag{174}$$

6.2 SCR 式 (6.11) からわかるように，電流利得 α が大きくなって $\alpha_1 + \alpha_2 = 1$ となると，SCR はオフ状態からオン状態にスイッチングする．シリコン (Si) では，電流利得 α がエミッタ電流 I_E に強く依存するため，ゲート電流 I_G によってエミッタ電流 I_E を制御することで α_2 を変え，SCR をスイッチングさせることができる．しかし，シリコン (Si) に比べて，ゲルマニウム (Ge) では，電流利得 α のエミッタ電流 I_E 依存性が弱い．したがって，ゲルマニウム (Ge) では，ゲート電流 I_G によるエミッタ電流 I_E の制御を通しての α_2 の変化が，シリコン (Si) に比べて小さい．このため，ゲルマニウム (Ge) を用いた SCR では，シリコン (Si) に比べて大きなゲート電流 I_G が必要になる．

6.3 ガンダイオード (a) 式 (1.24) から，ヒ化ガリウム (GaAs) の X 点における，伝導帯に対する有効状態密度 N_{CU} は，次のようになる．ただし，X 点において，$M_c = 6$ である．

$$N_{CU} = 2\left(\frac{2\pi m_X k_B T}{h^2}\right)^{\frac{3}{2}} M_c = 1.98 \times 10^{20} \ \text{cm}^{-3} \tag{175}$$

(b) 伝導電子の有効温度 $T_e = 300$ K のとき，X 点における伝導電子濃度と Γ 点における伝導電子濃度との比 γ は，次のような値になる.

$$\gamma = \frac{N_{\text{CU}}}{N_{\text{CL}}} \exp\left(-\frac{\Delta E}{k_B T_e}\right) = 2.88 \times 10^{-3} \tag{176}$$

つまり，伝導電子の有効温度 $T_e = 300$ K では，Γ 点における伝導電子と X 点における伝導電子のうち，

$$\frac{2.88 \times 10^{-3}}{1 + 2.88 \times 10^{-3}} \times 100 = 0.287 \text{ \%} \tag{177}$$

だけが X 点に存在することになる.

(c) 伝導電子の有効温度 $T_e = 1500$ K のとき，γ の値は次のようになる.

$$\gamma = \frac{N_{\text{CU}}}{N_{\text{CL}}} \exp\left(-\frac{\Delta E}{k_B T_e}\right) = 41.5 \tag{178}$$

つまり，伝導電子の有効温度 $T_e = 1500$ K では，Γ 点における伝導電子と X 点における伝導電子のうち，

$$\frac{41.5}{1 + 41.5} \times 100 = 97.6 \text{ \%} \tag{179}$$

もの伝導電子が X 点に存在することになる.

6.4 インパットダイオード 理想的な i 層には空間電荷が存在しないので，i 層の中の電界は空間的に一様である．したがって，降伏電圧 V_{BD} は，次のようになる．

$$V_{\text{BD}} = E_{\text{BD}} b + \left(E_{\text{BD}} - \frac{e\sigma}{\varepsilon_s \varepsilon_0}\right)(W_2 - b) = 44.7 \text{ V} \tag{180}$$

ここで，e は電気素量，ε_s はシリコン (Si) の比誘電率，ε_0 は真空の誘電率である．図 6.20 では，ドリフト領域は i_2 領域であり，この領域における電界 E は，次のように求められる．

$$E_{\text{drift}} = \left(E_{\text{BD}} - \frac{e\sigma}{\varepsilon_s \varepsilon_0}\right) = 2.33 \times 10^4 \text{ V cm}^{-1} \tag{181}$$

動作周波数 f は，飽和速度 $v_{\text{sat}} = 10^7 \text{ cm s}^{-1}$ を用いて，

$$f = \frac{v_{\text{sat}}}{2(W_2 - b)} = 10^{10} \text{ Hz} = 10 \text{ GHz} \tag{182}$$

と計算される．ここで，$2(W_2 - b)$ は，伝導電子がドリフト領域を 1 往復するときに走行する距離である．実際のデバイスでは，残留不純物のために，i 層の伝導形は p 形あるいは n 形になる．しかし，i 層の空間電荷密度が，p^+ 層や n^+ 層に比べて 3, 4 桁低い場合は，i 層の空間電荷を無視してよいことが多い．なお，不純物濃度がきわめて低い p 形，n 形をそれぞれ π 形，ν 形と表すこともある．

6.5 高温時におけるガンダイオードとインパットダイオードの比較 ガンダイオードは，伝導帯の Γ 点と X 点のエネルギー差 ΔE を利用して，電界によって Γ 点と X 点における伝導電子の濃度差を制御することで，機能を実現している．しかし，高温になると，電界を印加しない状態でも熱励起によって，Γ 点から X 点に伝導電子が遷移し，Γ 点と X 点におけ

る伝導電子の濃度差が小さくなる．したがって，電界によってΓ点とX点における伝導電子の濃度差を大きくすることが困難になる．つまり，高温では，ガンダイオードの出力特性は劣化する．

一方，インパットダイオードは，伝導帯のΓ点とX点における伝導電子の濃度差を利用しておらず，p形半導体層，n形半導体層の不純物濃度によって性能が決まる．したがって，インパットダイオードは，ガンダイオードに比べて，高温における出力特性の劣化が小さい．

第7章

7.1 ソーラーセルの温度特性 温度が上昇すると，キャリアと原子あるいはイオンとの衝突確率が増大する．この結果，光照射によって発生したキャリアが電極に到達する前にキャリアが消失する．したがって，ソーラーセルの効率は減少し，光照射電流が小さくなる．

7.2 pinフォトダイオード pinフォトダイオードでは，光吸収層をi層とする．理想的なi層では不純物が存在しないため，光照射によってi層で発生したキャリアが不純物によって散乱されることなく，電極に到達できる．したがって，pnフォトダイオードよりも効率が大きくなる．現実には，i層としてπ層やν層を用いるが，π層やν層ではpnフォトダイオードの空乏層に比べてはるかに不純物濃度が低い．したがって，光照射によってi層で発生したキャリアがあまり不純物によって散乱されずに電極に到達できる．

また，pnフォトダイオードでは，印加電圧によって，光吸収層として機能する空乏層の厚さが変わる．一方，pinフォトダイオードでは，i層が光吸収層としてはたらくため，印加電圧の影響を受けにくいという特徴がある．したがって，pinフォトダイオードでは，使用する印加電圧において，必要な量子効率と遮断周波数を満足するように，i層を最適設計することができる．

7.3 ダブルヘテロ構造 ヘテロ接合 (heterojunction) とは，異なった結晶材料（異なった組成も含む）で作られた接合のことである．これに対して同一の材料で作られた接合のことをホモ接合 (homojunction) という．半導体では，一般に，結晶材料や組成によって，バンドギャップが異なるという性質がある．したがって，ヘテロ接合では，接合界面にエネルギー障壁 (energy barrier) が生じ，このエネルギー障壁を利用すれば，伝導電子と正孔を井戸層に閉じ込めることができる．そこで，半導体レーザーでは，伝導電子と正孔を活性層に閉じ込め，伝導電子と正孔との発光再結合を効率よく実現するために，活性層の近傍でヘテロ接合を用いている．そして，伝導電子と正孔の両方を活性層に閉じ込めるため，pクラッド層と活性層との接合と，nクラッド層と活性層との接合の両方ともヘテロ接合を形成している．このような構造をダブルヘテロ構造という．解図7.1にダブルヘテロ構造のエネルギーバンドと屈折率分布を示す．

解図7.1 (a) のエネルギーバンドのような，接合界面でのエネルギー差をバンド・オフセット (band offset) といい，伝導帯間のエネルギー差をΔE_c，価電子帯間のエネルギー差をΔE_vと表す．順バイアス時に，pクラッド層から活性層に正孔が注入されるが，正孔に対するエネルギー障壁は，nクラッド層と活性層との界面のΔE_vである．同様に，順バイアス

(a) エネルギーバンド

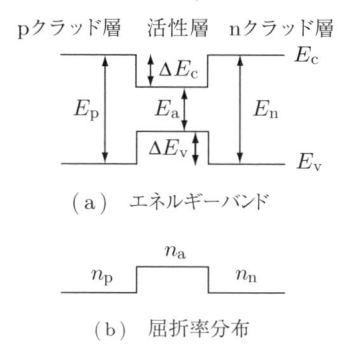

(b) 屈折率分布

解図 7.1 ダブルヘテロ構造

時に，nクラッド層から活性層に注入される電子に対しては，pクラッド層と活性層との界面の ΔE_c がエネルギー障壁となる．

また，一般に半導体ではバンドギャップが小さいほど，屈折率が大きいという性質がある．このため，解図 7.1 (b) に示すように，活性層の屈折率 n_a が，pクラッド層の屈折率 n_p や，nクラッド層の屈折率 n_n よりも大きくなる．この結果，活性層に光を閉じこめることができるので，光の増幅効率が大きくなる．このように，ダブルヘテロ構造を用いることで，活性層に光とキャリアの両方を閉じこめることができる．このことから，良好な特性の半導体レーザーを製作するうえで，ダブルヘテロ構造が不可欠であることがわかる．そして，ダブルヘテロ構造の採用によって，初めて半導体レーザーの室温連続発振が実現された．

7.4 発光ダイオードと半導体レーザー 発光ダイオードは，自然放出光を放出する．したがって，発光ダイオードから放出された光は，色々な波長，位相，進行方向をもった光が混ざったものである．

一方，半導体レーザーは，誘導放出光を放出する．したがって，誘導放出光から構成されるレーザー光は，高単色性（狭スペクトル線幅），高輝度（狭いスペクトル線幅内にエネルギーが集中している），可干渉性，高指向性といった特徴をもっている．

7.5 量子井戸レーザー 活性層に量子井戸を用いることで，活性層における伝導電子のエネルギー分布が狭くなる．このことから，量子構造を用いた発光素子を作製すれば，発光スペクトルが狭くなる．これは，利得が特定の波長に集中することを意味している．この結果，量子井戸レーザーでは，低発振しきい値，高速変調，低チャーピング，狭スペクトル線幅など半導体レーザーとして優れた特性が得られる．

また，量子井戸では，転位が入らない状態で，活性層に弾性歪 (elastic strain) を加えることができる．歪によって活性層の原子間距離が変わるので，活性層のエネルギーバンドが変化する．歪の大きさを制御すれば，エネルギーバンドを設計でき，このようなエネルギーバンドの設計をバンド構造エンジニアリング (band structure engineering) という．弾性歪をもった量子井戸を歪量子井戸 (strained quantum well) といい，半導体レーザーの高性能化

に役立てることが可能である.

第8章

8.1 拡散 式 (8.9) において，$C_0/\sqrt{\pi Dt} = N_0$ とおき，$N(x_j) = N_a$ を用いると，次式が成り立つ.

$$N(x_j) = N_0 \exp\left[-\left(\frac{x_j}{\sqrt{4Dt}}\right)^2\right] = N_a \tag{183}$$

したがって，次の結果が得られる.

$$t = -\frac{x_j^2}{4D}\left(\ln\frac{N_a}{N_0}\right)^{-1} = 1573.5 \text{ s} = 26 \text{ min } 13.5 \text{ s} \tag{184}$$

8.2 イオン注入 中性ベース領域における単位面積あたりのアクセプター濃度の総量 N_{tot} は，次のように求められる.

$$N_{\text{tot}} = \int_0^{W_p} N_a(x)\,dx = N_{a0}l\left[1 - \exp\left(-\frac{W_p}{l}\right)\right] = 5.19 \times 10^{13} \text{ cm}^{-2} \tag{185}$$

8.3 酸化膜の厚さ 一例をあげると，$m = 1$，$t_{\text{ox}} = 0.2$ μm の場合，式 (8.20) から，

$$\lambda = 2n_r t_{\text{ox}} = 0.5836 \text{ μm} \tag{186}$$

となる.この波長は黄色であり，表 8.1 と一致する.

8.4 シリコン (Si) のウェット酸化 さらに必要な時間を $t \text{(min)}$ とすると，式 (8.16) から，次の連立方程式が成り立つ.

$$0.6 \text{ μm} = \sqrt{B \times 30 \text{ min}} \tag{187}$$

$$1.2 \text{ μm} = \sqrt{B \times [t \text{ (min)} + 30 \text{ min}]} \tag{188}$$

この連立方程式から，係数 B を消去すると，

$$2 = \sqrt{\frac{t \text{ (min)} + 30 \text{ min}}{30 \text{ min}}} \tag{189}$$

すなわち，

$$t = 90 \text{ min} \tag{190}$$

が得られる.

付録 A

電磁気学の基礎

A.1 ガウスの法則とクーロンの法則

A.1.1 ガウスの定理

図 A.1 のような，ホースにつながれたノズルを考える．ホースのノズルにつながっていない端部を水道の蛇口につなぎ蛇口を開ければ，ノズルから水が一様に四方八方に飛び出す．ここで，ノズル**表面**とノズル**内部**との関係を考えると，ノズル表面から飛び出す水は，ノズル内部にある水と 1 対 1 の関係にあるはずである．

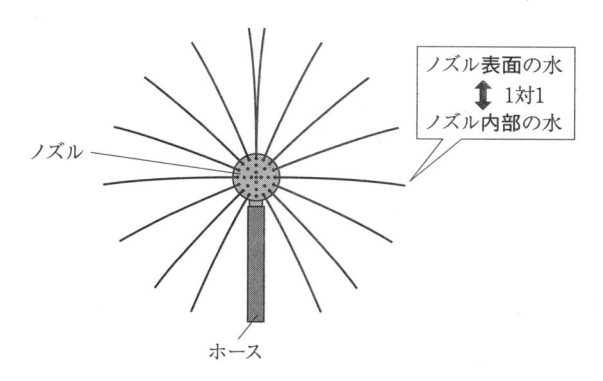

図 A.1 ホースにつながれたノズルから放出される水

ノズルには，水を出すための穴とホースとの接続口があるので，ノズルは閉曲面ではない．これに対して，ある閉曲面（たとえば，ビーチボールなど）を考え，その閉曲面の**表面**と**内部**との関係を示したのが，**ガウスの定理** (Gauss's Theorem) である．ベクトル E に対して，ガウスの定理は，次のように表される．

$$\iint \boldsymbol{E} \cdot \boldsymbol{n} \, \mathrm{d}S = \iiint \mathrm{div}\, \boldsymbol{E} \, \mathrm{d}V \tag{A.1}$$

まず，式 (A.1) の左辺について説明しよう．図 A.2 (a) のように，閉曲面の内側から，外側に向かう方向をもち，閉曲面に垂直な単位法線ベクトル $\boldsymbol{n}$ ($|\boldsymbol{n}| = 1$) を考える．

もちろん，閉曲面の形状によっては，閉曲面上の位置 $\boldsymbol{r}$ によって単位法線ベクトル $\boldsymbol{n}$ の方向は異なる．したがって，単位法線ベクトル $\boldsymbol{n}$ は，位置 $\boldsymbol{r}$ の関数であり，本来は $\boldsymbol{n}(\boldsymbol{r})$ と書くべきであるが，少しでも表記法を簡単にするために，単に $\boldsymbol{n}$ と書くことが多い．また，$\mathrm{d}S$ は閉曲面上の微小表面積であり，微小面積素とよばれる．ベクトル $\boldsymbol{E}$ と単位法線ベクト

(a) 閉曲面の表面　　(b) 閉曲面の内部

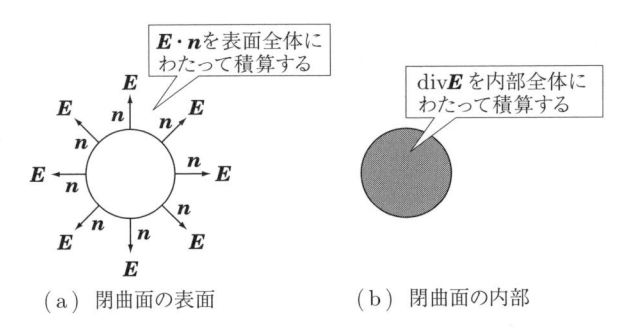

図 A.2 ガウスの定理（球状閉曲面の場合）

ル n との内積 $E \cdot n$ は，ベクトル E の法線方向への射影成分である．ここで，ベクトル E と単位法線ベクトル n とが常に平行 ($E \parallel n$) となるように閉曲面を選べば，

$$E \cdot n = |E| = E \tag{A.2}$$

となり，計算が簡単になる．ガウスの定理を用いるときは，ベクトル E の向きをイメージして，閉曲面をどのように選ぶかがポイントとなる．式 (A.1) の左辺は，閉曲面の表面全体にわたって，ベクトル E の法線方向への射影成分 $E \cdot n$ を積算したもの，つまり $E \cdot n$ の面積分をとったものである．なお，ベクトル E も位置 r の関数であり，本来は $E(r)$ と書くべきであるが，少しでも表記法を簡単にするために，単に E と書くことが多い．

次に，式 (A.1) の右辺について説明しよう．直交座標系における単位ベクトル $\hat{x}, \hat{y}, \hat{z}$ を用いて，ベクトル E を

$$E = E_x \hat{x} + E_y \hat{y} + E_z \hat{z} \tag{A.3}$$

とおくと，ベクトル E の発散 (divergence) div E は，

$$\mathrm{div}\, E = \frac{\partial E_x}{\partial x} + \frac{\partial E_y}{\partial y} + \frac{\partial E_z}{\partial z} = \frac{\partial}{\partial x} E_x + \frac{\partial}{\partial y} E_y + \frac{\partial}{\partial z} E_z \tag{A.4}$$

と表される．ここで，次のような演算子 ∇ を導入する．

$$\nabla = \frac{\partial}{\partial x} \hat{x} + \frac{\partial}{\partial y} \hat{y} + \frac{\partial}{\partial z} \hat{z} \tag{A.5}$$

この演算子 ∇ を用いると，div E は，演算子 ∇ とベクトル E の内積として

$$\mathrm{div}\, E = \nabla \cdot E \tag{A.6}$$

と表すことができる．なお，ここで，演算子 ∇ とベクトル E の順番を入れ替えて，$E \cdot \nabla$ としてはいけない．式 (A.1) の右辺は，図 A.2 (b) の閉曲面の内部全体にわたって，ベクトル E の発散 div E を積算したもの，つまり div E の体積分をとったものである．

A.1.2 クーロンの法則

電磁気学の近接作用論では，電荷の周囲の空間が電気的に歪んでいると考える．そして，電荷の周囲には，電気的な山や谷があると考える．この山や谷の高さが**電位** (electric potential)

A.1 ガウスの法則とクーロンの法則

である．そして，この山や谷の勾配を**電界** (electric field) という．電界は方向と大きさをもつので，ベクトルである．正の電荷をもつ点電荷からは，放射状に電界が広がり，負の電荷をもつ点電荷には，周囲から一様に電界が集中すると考える．この様子を図 A.3 に示す．この図では，電界 $\boldsymbol{E}$ が紙面上だけに描かれているが，電界 $\boldsymbol{E}$ は 3 次元のあらゆる方向を向いていることに注意してほしい．点電荷の周囲に他の電荷がまったく存在しない場合，正の点電荷では，図 A.3 (a) のように，すべての電界 $\boldsymbol{E}$ の起点は正の点電荷となり，負の点電荷では，図 A.3 (b) のように，すべての電界 $\boldsymbol{E}$ の終点は負の点電荷となる．

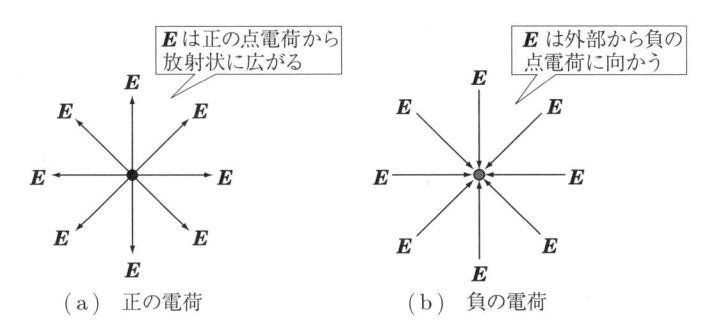

図 **A.3** 点電荷の周囲の電界

クーロンの法則 (Coulomb's law) によれば，真空中に置かれた正の点電荷 Q から距離 r だけ離れた位置に

$$|\boldsymbol{E}| = E = \frac{Q}{4\pi\varepsilon_0 r^2} \tag{A.7}$$

の大きさの電界 $\boldsymbol{E}$ が生じる．ここで，ε_0 は真空の誘電率であり，電界 $\boldsymbol{E}$ は，図 A.3 (a) に示したように，正の点電荷を起点として，周囲に放射状に広がる．

真空中に距離 r だけ離れて置かれた二つの点電荷の間には，次のような大きさをもつクーロン力 $\boldsymbol{F}$ がはたらく．

$$|\boldsymbol{F}| = F = \frac{Q_1 Q_2}{4\pi\varepsilon_0 r^2} \tag{A.8}$$

ここで，二つの点電荷の電荷量を，それぞれ Q_1，Q_2 とした．電荷量 Q_1，Q_2 が同符号のときは反発力がはたらき，異符号のときは引力がはたらく．式 (A.7) を用いると，式 (A.8) を次のように書き換えることができる．

$$F = Q_2 E_1 = Q_1 E_2 \tag{A.9}$$

$$E_1 = \frac{Q_1}{4\pi\varepsilon_0 r^2}, \quad E_2 = \frac{Q_2}{4\pi\varepsilon_0 r^2} \tag{A.10}$$

ここで，E_1 と E_2 は，それぞれ電荷量 Q_1，Q_2 をもつ点電荷によって生じた電界である．

A.1.3 ガウスの法則

真空中に置かれた正の点電荷 Q の周辺にできる電界 $\boldsymbol{E}$ に対して，ガウスの定理を適用してみよう．図 A.3 (a) のように，電界 $\boldsymbol{E}$ は放射状に広がるから，$\boldsymbol{E} \parallel \boldsymbol{n}$ を満たすためには，閉曲面として図 A.4 のような球面を考えるとよい．いま，球の半径を r とすると，

$$\iint \boldsymbol{E} \cdot \boldsymbol{n} \, \mathrm{d}S = \iint E \, \mathrm{d}S = 4\pi r^2 E \tag{A.11}$$

となる．式 (A.1)，(A.11) から，電界の大きさ E として，

$$E = \frac{1}{4\pi r^2} \iiint \mathrm{div}\, \boldsymbol{E} \, \mathrm{d}V \tag{A.12}$$

が得られる．ここで，

$$\frac{Q}{\varepsilon_0} = \iiint \mathrm{div}\, \boldsymbol{E} \, \mathrm{d}V \tag{A.13}$$

とおけば，式 (A.12) に式 (A.13) を代入して，式 (A.7) と同じ次式が得られる．

$$|\boldsymbol{E}| = E = \frac{Q}{4\pi\varepsilon_0 r^2} \tag{A.14}$$

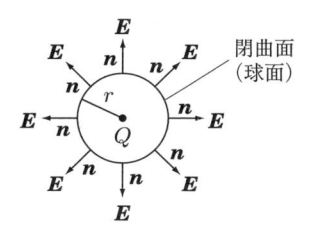

図 A.4 点電荷

いま，閉曲面で囲まれた空間内の電荷密度を ρ とすれば，

$$Q = \iiint \rho \, \mathrm{d}V \tag{A.15}$$

である．式 (A.6)，(A.13)，(A.15) から，

$$\mathrm{div}\, \boldsymbol{E} = \nabla \cdot \boldsymbol{E} = \frac{\rho}{\varepsilon_0} \tag{A.16}$$

とおいたものが，マクスウェル方程式のうちの一つである．

以上の説明をまとめると，電磁気学における**ガウスの法則** (Gauss's law) は，ガウスの定理

$$\iint \boldsymbol{E} \cdot \boldsymbol{n} \, \mathrm{d}S = \iiint \mathrm{div}\, \boldsymbol{E} \, \mathrm{d}V \tag{A.17}$$

と電荷密度に対するマクスウェル方程式

$$\mathrm{div}\, \boldsymbol{E} = \nabla \cdot \boldsymbol{E} = \frac{\rho}{\varepsilon_0} \tag{A.18}$$

を組み合わせたものであり，クーロンの法則を表しているといえる．

A.2 ストークスの法則とアンペールの法則

A.2.1 ストークスの定理

図 A.5 のように,ある閉曲線(たとえば,輪ゴムなど)を考え,その閉曲線上と,その閉曲線を境界とする曲面との関係を示したのが,**ストークスの定理** (Stokes's Theorem) である.ベクトル H に対して,ストークスの定理は,次のように表される.

$$\oint H \cdot dl = \iint \text{rot}\, H \cdot n\, dS \tag{A.19}$$

(a) 閉曲線　　(a) 閉曲線を境界とする曲面

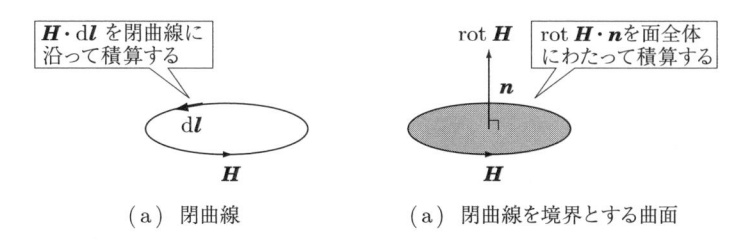

図 A.5 ストークスの定理

まず,式 (A.19) の左辺について説明しよう.ベクトル H と閉曲線上の微小素片 dl との内積 $H \cdot dl$ は,ベクトル H を閉曲線上の周回方向に射影した成分である.ここで,ベクトル H と閉曲線上の微小素片 dl とが常に平行 ($H \parallel dl$) となるように閉曲線を選べば,

$$H \cdot dl = H dl \tag{A.20}$$

となり,計算が簡単になる.ストークスの定理を用いるときは,ベクトル H の向きをイメージして,閉曲線をどのように選ぶかがポイントとなる.式 (A.19) の左辺は,図 A.5 (a) のように,閉曲線上の 1 周にわたって,$H \cdot dl$ を積算したもの,つまりベクトル H の周回積分をとったものである.

次に,式 (A.19) の右辺について説明しよう.図 A.6 のように右ねじを置き,右ねじが回転する方向をベクトル H の方向とする.そして,閉曲線を境界とする曲面の法線は,閉曲線を境界とする曲面から右ねじが進む空間に向いており,閉曲線を境界とする曲面に垂直な単位法線ベクトルを n ($|n| = 1$) とする.

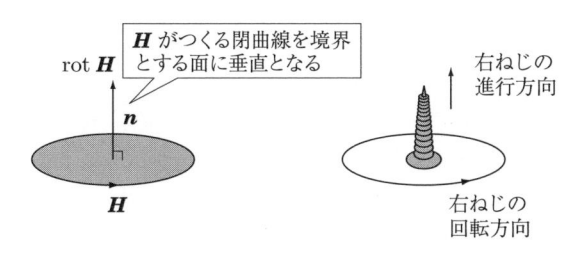

図 A.6 ベクトルの回転

180 付録 A. 電磁気学の基礎

直交座標系における単位ベクトル $\hat{x}, \hat{y}, \hat{z}$ を用いて，ベクトル $\boldsymbol{H}$ を

$$\boldsymbol{H} = H_x \hat{x} + H_y \hat{y} + H_z \hat{z} \tag{A.21}$$

とおくと，**回転** (rotation) rot $\boldsymbol{H}$ は，演算子 ∇ とベクトル $\boldsymbol{H}$ との外積として，

$$\begin{aligned}
\text{rot } \boldsymbol{H} = \nabla \times \boldsymbol{H} &= \begin{vmatrix} \hat{x} & \hat{y} & \hat{z} \\ \dfrac{\partial}{\partial x} & \dfrac{\partial}{\partial y} & \dfrac{\partial}{\partial z} \\ H_x & H_y & H_z \end{vmatrix} \\
&= \hat{x} \left(\dfrac{\partial}{\partial y} H_z - \dfrac{\partial}{\partial z} H_y \right) + \hat{y} \left(\dfrac{\partial}{\partial z} H_x - \dfrac{\partial}{\partial x} H_z \right) + \hat{z} \left(\dfrac{\partial}{\partial x} H_y - \dfrac{\partial}{\partial y} H_x \right)
\end{aligned} \tag{A.22}$$

と表される．なお，ここで，演算子 ∇ とベクトル $\boldsymbol{H}$ の順番を入れ替えて，$\boldsymbol{H} \times \nabla$ としてはいけない．ベクトル $\boldsymbol{H}$ の回転 rot $\boldsymbol{H}$ は，ベクトル $\boldsymbol{H}$ がつくる閉曲線を境界とする曲面に垂直なベクトルである．そして，図 A.6 のように，ベクトル $\boldsymbol{H}$ が回転する方向に右ねじが回転したとき，rot $\boldsymbol{H}$ は，右ねじが進む方向を向いているとする．

さて，dS は閉曲線を境界とする曲面上の微小面積素である．ベクトル $\boldsymbol{H}$ の回転 rot $\boldsymbol{H}$ と単位法線ベクトル $\boldsymbol{n}$ との内積 rot $\boldsymbol{H} \cdot \boldsymbol{n}$ は，ベクトル $\boldsymbol{H}$ の回転 rot $\boldsymbol{H}$ の法線方向への射影成分である．式 (A.19) の右辺は，図 A.5 (b) のように，閉曲線を境界とする曲面上全体にわたって，rot $\boldsymbol{H} \cdot \boldsymbol{n}$ を積算したもの，つまり rot $\boldsymbol{H} \cdot \boldsymbol{n}$ の面積分をとったものである．

A.2.2　アンペールの法則

導線に電流が流れると，周囲に**磁界** (magnetic field) ができる．磁界は方向と大きさをもつので，ベクトルである．いま，導線に直流電流を流した場合を考える．このとき，導線の周囲に周回状の磁界が発生する．この様子を図 A.7 に示す．

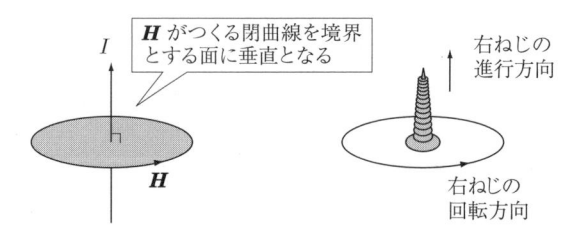

図 A.7 導線の周囲の磁界

アンペールの法則によれば，真空中に置かれた直線状の導線に電流 I を流したとき，導線から距離 r だけ離れた位置に

$$|\boldsymbol{H}| = H = \dfrac{I}{2\pi r} \tag{A.23}$$

の大きさの磁界 $\boldsymbol{H}$ が生じる．ここで，磁界 $\boldsymbol{H}$ の向きは，図 A.7 に示したように，電流の向きに右ねじが進むときに，右ねじが回転する方向である．

A.2.3 ストークスの法則

真空中に置かれた直線状の導線に電流 I を流したとき，直線状の導線の周囲にできる磁界 H に対して，ストークスの定理を適用してみよう．図 A.7 に示したように，磁界 H は周回状になるから，$H \parallel \mathrm{d}l$ を満たすためには，閉曲線として図 A.7 のような円を考えるとよい．いま，円の半径を r とすると，

$$\oint \boldsymbol{H} \cdot \mathrm{d}\boldsymbol{l} = 2\pi r H \tag{A.24}$$

となる．式 (A.19)，(A.24) から，磁界の大きさ H として，

$$H = \frac{1}{2\pi r} \iint \mathrm{rot}\,\boldsymbol{H} \cdot \boldsymbol{n}\,\mathrm{d}S \tag{A.25}$$

が得られる．ここで，

$$I = \iint \mathrm{rot}\,\boldsymbol{H} \cdot \boldsymbol{n}\,\mathrm{d}S \tag{A.26}$$

とおくことにすれば，式 (A.25) に式 (A.26) を代入して，式 (A.23) と同じ

$$|\boldsymbol{H}| = H = \frac{I}{2\pi r} \tag{A.27}$$

が得られる．

いま，導線内の単位面積あたりに流れる電流，すなわち電流密度を $\boldsymbol{i}$ とすれば，

$$I = \iint \boldsymbol{i} \cdot \boldsymbol{n}\,\mathrm{d}S \tag{A.28}$$

である．式 (A.26)，(A.28) から，

$$\mathrm{rot}\,\boldsymbol{H} = \nabla \times \boldsymbol{H} = \boldsymbol{i} \tag{A.29}$$

が得られる．また，コンデンサに時間的に変化する（たとえば交流）電位差を与えると，コンデンサに電流が流れる．このような変位電流も考慮すると，$\mathrm{rot}\,\boldsymbol{H}$ は

$$\mathrm{rot}\,\boldsymbol{H} = \boldsymbol{i} + \frac{\partial \boldsymbol{D}}{\partial t} \tag{A.30}$$

と拡張され，マクスウェル方程式のうちの一つが導かれる．ここで，$\boldsymbol{D}$ は電束密度である．

電磁気学における**ストークスの法則** (Stokes's law) は，ストークスの定理

$$\oint \boldsymbol{H} \cdot \mathrm{d}\boldsymbol{l} = \iint \mathrm{rot}\,\boldsymbol{H} \cdot \boldsymbol{n}\,\mathrm{d}S \tag{A.31}$$

と電流密度に対するマクスウェル方程式

$$\mathrm{rot}\,\boldsymbol{H} = \nabla \times \boldsymbol{H} = \boldsymbol{i} + \frac{\partial \boldsymbol{D}}{\partial t} \tag{A.32}$$

を組み合わせたものであり，$\partial \boldsymbol{D}/\partial t = 0$ のときにアンペールの法則を表している．

A.3 電位と電界

電荷の周囲に生じる，電気的な山や谷の高さが電位である．そして，2 点間の電位差を**電圧** (voltage) という．また，電位の**勾配** (gradient) を電界という．電位 ϕ と電界 $\boldsymbol{E}$ との間

には，次のような関係が存在する．

$$\phi = -\int_{r_0}^{r} \boldsymbol{E} \cdot d\boldsymbol{r} \tag{A.33}$$

$$E = -\text{grad } \phi = -\nabla \phi = -\left(\frac{\partial \phi}{\partial x}\hat{\boldsymbol{x}} + \frac{\partial \phi}{\partial y}\hat{\boldsymbol{y}} + \frac{\partial \phi}{\partial z}\hat{\boldsymbol{z}}\right) \tag{A.34}$$

ここで，r_0 は電位の基準（電位 0）となる点の位置ベクトル，r は電位を求めるべき点の位置ベクトルである．点電荷の周囲の電位を求める場合，電位の基準（電位 0）となる点は無限大に選ぶ．

式 (A.33) から，二つの点 A，B の間の電位差 $\Delta\phi$ は，

$$\Delta\phi = -\int_{r_A}^{r_B} \boldsymbol{E} \cdot d\boldsymbol{r} \tag{A.35}$$

と表される．ここで，r_A と r_B は，それぞれ点 A，B の位置ベクトルである．式 (A.7) から，2 点間の電位差は，2 点の位置が決まれば，ただ一つの値に決まることがわかる．

ここで，例として水素原子核が真空中に置かれた場合について，水素原子核周囲の電位 ϕ を求めてみよう．水素原子核の電荷 $Q = e = 1.602 \times 10^{-19}$ C だから，式 (A.7) から，水素原子核周囲の電界 E は，

$$E = \frac{e}{4\pi\varepsilon_0 r^2} \tag{A.36}$$

となる．式 (A.36) を，式 (A.33) に代入すると，

$$\phi = -\int_{\infty}^{r} E \, dr = \frac{e}{4\pi\varepsilon_0 r} \tag{A.37}$$

が導かれる．ここで，r は水素原子核中心からの距離である．また，積分経路 $d\boldsymbol{r}$ は電界 $\boldsymbol{E}$ と平行になるように選んだ．水素原子核周囲の電位 ϕ を図 A.8 に示す．この図において，(a) が電位 ϕ の空間分布を，(b) が等電位線を示している．図 A.8 (b) から，等電位線が，地図の等高線図のようになっていることがわかる．

図 A.8 のような電位分布が存在する空間に，正の電荷 Q を置くと，正の電荷 Q のポテンシャルエネルギー U は，クーロン力 $F = QE$ を用いて，

(a) 電位 ϕ の空間分布 (b) 等電位線

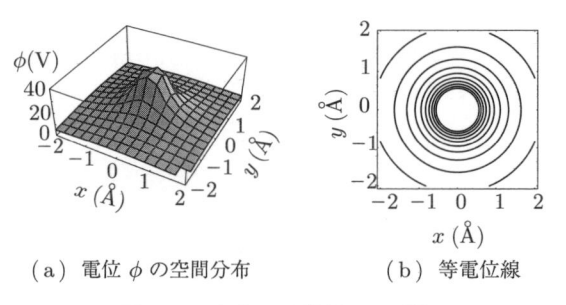

図 A.8 水素原子核周囲の電位

$$U = -\int_\infty^r F\,\mathrm{d}r = -\int_\infty^r QE\,\mathrm{d}r = Q\phi \tag{A.38}$$

となる．このとき，正の電荷 Q と水素の原子核との間に反発力がはたらき，図 A.8 (a) の坂を転げ落ちるように，正の電荷 Q は，水素の原子核から遠ざけられる．

さて，式 (A.16) に式 (A.34) を代入すると，

$$\nabla \cdot (-\nabla \phi) = -\nabla \cdot \nabla \phi = -\nabla^2 \phi = \frac{\rho}{\varepsilon_0} \tag{A.39}$$

が得られる．式 (A.39) は**ポアソン方程式** (Poisson equation) として知られており，この方程式を解くことで，電界 $\boldsymbol{E}$ と電位 ϕ を求めることができる．

半導体のように，誘電率 ε が，比誘電率 ε_s を用いて

$$\varepsilon = \varepsilon_\mathrm{s} \varepsilon_0 \tag{A.40}$$

と表される場合，ポアソン方程式は，真空の誘電率 ε_0 を誘電率 $\varepsilon = \varepsilon_\mathrm{s}\varepsilon_0$ でおきかえて，

$$\nabla^2 \phi = -\frac{\rho}{\varepsilon} = -\frac{\rho}{\varepsilon_\mathrm{s} \varepsilon_0} \tag{A.41}$$

となる．境界条件を決めて式 (A.41) を解くことで，pn 接合，金属–半導体接合，ヘテロ接合，MIS トランジスタや MOS トランジスタの伝導チャネルにおける電界，電位，エネルギー分布を求めることができる．

ここで，1 次元の場合のポアソン方程式の例を示そう．電位 ϕ が x 方向だけに変化し，y 方向と z 方向には一様であるとする．このとき，ポアソン方程式は，

$$\frac{\mathrm{d}^2 \phi}{\mathrm{d}x^2} = -\frac{\rho}{\varepsilon} \tag{A.42}$$

となる．ここで，

$$\frac{\mathrm{d}^2 \phi}{\mathrm{d}x^2} = \frac{\mathrm{d}}{\mathrm{d}x}\left(\frac{\mathrm{d}\phi}{\mathrm{d}x}\right) \tag{A.43}$$

であることに注意すれば，1 次元のポアソン方程式は，

$$\frac{\mathrm{d}}{\mathrm{d}x}\left(\frac{\mathrm{d}\phi}{\mathrm{d}x}\right) = -\frac{\rho}{\varepsilon} \tag{A.44}$$

となる．この両辺を x について積分し，$E = -\mathrm{d}\phi/\mathrm{d}x$ を利用すると，電界 E として

$$E = -\frac{\mathrm{d}\phi}{\mathrm{d}x} = \int \frac{\rho}{\varepsilon}\,\mathrm{d}x \tag{A.45}$$

が得られる．式 (A.45) から得られた $-E$ をもう一度 x について積分すると，電位 ϕ が

$$\phi = -\int E\,\mathrm{d}x \tag{A.46}$$

から導かれる．なお，電界 $\boldsymbol{E}$ と電位 ϕ を求めるときに，境界条件を用いることを忘れないでほしい．

付録 B

統計力学の基礎

B.1 エントロピーと絶対温度

エネルギーや粒子数などの観測される物理量が,時間に依存しない状態,すなわち定常的な量子状態にある系を考える.各々の量子状態は,はっきりと決まったエネルギーと波動関数をもっている.なお,同一のエネルギーをもつ量子状態は,同じエネルギー準位に属しているといい,一つのエネルギー準位に属する量子状態の数を**多重度** (multiplicity) あるいは**縮退度** (degeneracy) とよんでいる.状態数 W は,一般にきわめて大きな値,たとえば 10^{20} となるので,もっと扱いやすい数値にするために,**エントロピー** (entropy) σ

$$\sigma(N,U) \equiv \ln W(N,U) \tag{B.1}$$

を導入する.絶対温度 T は,**ボルツマン定数** (Boltzmann constant) k_B とエントロピー σ を用いて,次のように表される.

$$\frac{1}{T} = k_B \left(\frac{\partial \sigma}{\partial U}\right)_N \tag{B.2}$$

なお,$S = k_B \sigma$ で定義した S をエントロピーとして用いることも多い.

B.2 ボルツマン因子と分配関数

図 B.1 のように,系 $\mathcal{S}$ が,**熱浴** (reservoir) とよばれる非常に大きな系 $\mathcal{R}$ と熱平衡になっていると仮定する.また,全系 $\mathcal{R}+\mathcal{S}$ は閉じた系であり,全エネルギー $U_0 = U_\mathcal{R} + U_\mathcal{S}$ は一定とする.ここで,系 $\mathcal{S}$ が量子状態 s をとる確率を考える.このとき,系 $\mathcal{S}$ はエネルギー E_s をもち,熱浴 $\mathcal{R}$ はエネルギー $U_0 - E_s$ をもつ.系 $\mathcal{S}$ の状態は指定されているから,系 $\mathcal{S}$ の状態数は $W_\mathcal{S} = 1$ である.したがって,全系の可能な状態数 $W_{\mathcal{R}+\mathcal{S}}$ は,次のように,熱浴 $\mathcal{R}$ がとりうる状態数 $W_\mathcal{R}$ に等しくなる.

$$W_{\mathcal{R}+\mathcal{S}} = W_\mathcal{R} \times W_\mathcal{S} = W_\mathcal{R} \times 1 = W_\mathcal{R} \tag{B.3}$$

系 $\mathcal{S}$ が量子状態 s をとる確率 $P(E_s)$ と状態数 $W_\mathcal{R}$ との間には,次のような関係がある.

$$\frac{P(E_1)}{P(E_2)} = \frac{W_\mathcal{R}(U_0 - E_1)}{W_\mathcal{R}(U_0 - E_2)} = \frac{\exp[\sigma_\mathcal{R}(U_0 - E_1)]}{\exp[\sigma_\mathcal{R}(U_0 - E_2)]} = \exp(\Delta \sigma_\mathcal{R}) \tag{B.4}$$

ただし,$\sigma_\mathcal{R}$ は熱浴のエントロピーであり,

$$\Delta \sigma_\mathcal{R} \equiv \sigma_\mathcal{R}(U_0 - E_1) - \sigma_\mathcal{R}(U_0 - E_2) \tag{B.5}$$

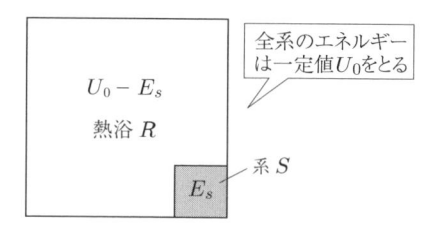

全系のエネルギーは一定値 U_0 をとる

$U_0 - E_s$
熱浴 $\mathcal{R}$

E_s　系 $\mathcal{S}$

図 B.1 系 $\mathcal{S}$ と 熱浴 $\mathcal{R}$ との熱的接触

とおいた．$\sigma_\mathcal{R}(U)$ を $\sigma_\mathcal{R}(U_0)$ の周りでテイラー展開し，$U = U_0 - E_s$ とおくと，

$$\sigma_\mathcal{R}(U_0 - E_s) = \sigma_\mathcal{R}(U_0) - E_s \left(\frac{\partial \sigma_\mathcal{R}}{\partial U}\right)_{V,N} + \frac{1}{2!} E_s^2 \left(\frac{\partial^2 \sigma_\mathcal{R}}{\partial U^2}\right)_{V,N} + \cdots$$

$$= \sigma_\mathcal{R}(U_0) - \frac{E_s}{k_\mathrm{B}T} + \cdots \tag{B.6}$$

となる．ただし，ここで式 (B.2) を用いた．式 (B.6) を用いると，式 (B.5) は次のように書き換えられる．

$$\Delta \sigma_\mathcal{R} = -\frac{E_1 - E_2}{k_\mathrm{B}T} \tag{B.7}$$

したがって，式 (B.4) は，次のように表される．

$$\frac{P(E_1)}{P(E_2)} = \frac{\exp\left[-E_1/(k_\mathrm{B}T)\right]}{\exp\left[-E_2/(k_\mathrm{B}T)\right]} \tag{B.8}$$

ここで現れた $\exp\left[-E_s/(k_\mathrm{B}T)\right]$ を**ボルツマン因子** (Boltzmann factor) という．

ボルツマン因子を用いて，**分配関数** (partition function) Z を次式で定義する．

$$Z = \sum_s \exp\left(-\frac{E_s}{k_\mathrm{B}T}\right) \tag{B.9}$$

この分配関数 Z を用いると，系 $\mathcal{S}$ が量子状態 s をとる確率 $P(E_s)$ は，

$$P(E_s) = \frac{1}{Z} \exp\left(-\frac{E_s}{k_\mathrm{B}T}\right), \quad \sum_s P(E_s) = 1 \tag{B.10}$$

と表される．また，系の平均エネルギー $U = \langle E_s \rangle$ は，次のようになる．

$$U = \sum_s E_s P(E_s) = \frac{1}{Z} \sum_s E_s \exp\left(-\frac{E_s}{k_\mathrm{B}T}\right) \tag{B.11}$$

B.3　ギブス因子とギブス和

図 B.2 のように，系が熱浴と熱的接触かつ拡散接触しているとき，ボルツマン因子を一般化したものを**ギブス因子** (Gibbs factor) という．

これから，ギブス因子を求めてみよう．系 $\mathcal{S}$ が粒子数 N_s，エネルギー E_s をもつ場合，その状態数 $W(\mathcal{R} + \mathcal{S})$ は，

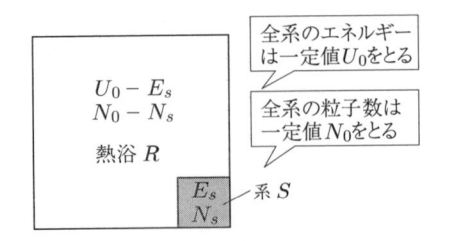

付録 B. 統計力学の基礎

図 B.2 系 $\mathcal{S}$ と熱浴 $\mathcal{R}$ との熱的接触かつ拡散接触

$$W(\mathcal{R}+\mathcal{S}) = W(\mathcal{R}) \times 1 = W(\mathcal{R}) \tag{B.12}$$

である．この状態をとる確率 $P(N_s, E_s)$ は，

$$P(N_s, E_s) \propto W(N_0 - N_s, U_0 - E_s) \tag{B.13}$$

である．また，エントロピーの定義から

$$W(N_0, U_0) \equiv \exp[\sigma(N_0, U_0)] \tag{B.14}$$

だから

$$\frac{P(N_1, E_1)}{P(N_2, E_2)} = \frac{W(N_0 - N_1, U_0 - E_1)}{W(N_0 - N_2, U_0 - E_2)} = \exp(\Delta\sigma) \tag{B.15}$$

$$\Delta\sigma \equiv \sigma(N_0 - N_1, U_0 - E_1) - \sigma(N_0 - N_2, U_0 - E_2) \tag{B.16}$$

となる．ここで，$\sigma(N, U)$ を $\sigma(N_0, U_0)$ のまわりでテイラー展開し，$N = N_0 - N_i$, $U = U_0 - E_i$ とおくと

$$\sigma(N_0 - N_i, U_0 - E_i) = \sigma(N_0, U_0) - N_i \left(\frac{\partial \sigma}{\partial N}\right)_{U_0} - E_i \left(\frac{\partial \sigma}{\partial U}\right)_{N_0} + \cdots \tag{B.17}$$

となる．したがって，$\Delta\sigma$ は次のように書き換えられる．

$$\Delta\sigma = \frac{(N_1 - N_2)\mu}{k_\mathrm{B} T} - \frac{E_1 - E_2}{k_\mathrm{B} T}, \quad -\frac{\mu}{k_\mathrm{B} T} \equiv \left(\frac{\partial \sigma}{\partial N}\right)_{U_0} \tag{B.18}$$

ここで導入した μ を**化学ポテンシャル** (chemical potential) という．

したがって，次の関係が導かれる．

$$\frac{P(N_1, E_1)}{P(N_2, E_2)} = \frac{\exp\left[(N_1\mu - E_1)/(k_\mathrm{B} T)\right]}{\exp\left[(N_2\mu - E_2)/(k_\mathrm{B} T)\right]} \tag{B.19}$$

ここで現れた $\exp\left[(N_s\mu - E_s)/(k_\mathrm{B} T)\right]$ がギブス因子である．

系 $\mathcal{S}$ が熱浴 $\mathcal{R}$ と熱的接触している場合，ボルツマン因子の和として分配関数 Z を定義した．一方，熱的接触かつ拡散接触している場合，ギブス因子の和として**ギブス和** (Gibbs sum) $\mathcal{Z}$ を次式で定義する．

$$\mathcal{Z} = \sum_{N=0}^{\infty} \sum_{s(N)} \exp\left(\frac{N\mu - E_{s(N)}}{k_\mathrm{B} T}\right) \tag{B.20}$$

ここで，和はすべての粒子に対して，系のすべての状態にわたってとる．また，和に $N=0$ を含めることに注意してほしい．

ギブス和を用いると，系が粒子数 N_1，エネルギー E_1 の状態にある確率 $P(N_1, E_1)$ は，

$$P(N_1, E_1) = \frac{1}{\mathcal{Z}} \exp\left(\frac{N_1\mu - E_1}{k_\mathrm{B}T}\right), \quad \sum_N \sum_s P(N, E_s) = 1 \tag{B.21}$$

と表される．

B.4 分布関数

B.4.1 フェルミ–ディラック分布関数

半奇数のスピンをもつ粒子を**フェルミ粒子** (fermion) という．**パウリの排他律** (Pauli exclusion principle) によって，一つの状態は，空であるか，あるいは 1 個のフェルミ粒子によって占有される．図 B.3 にフェルミ粒子の状態を模式的に示す．この例では，椅子を状態とし，フェルミ粒子を人で表している．

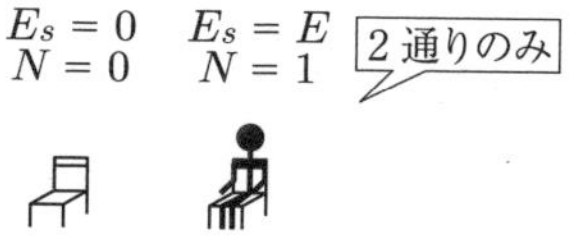

$E_s = 0 \quad E_s = E$
$N = 0 \quad N = 1$ 　2通りのみ

図 B.3 フェルミ粒子の状態

図 B.3 のように，フェルミ粒子の状態は 2 個だけなので，ギブス和は，

$$\mathcal{Z} = 1 + \lambda \exp\left(-\frac{E}{k_\mathrm{B}T}\right), \quad \lambda \equiv \exp\left(\frac{\mu}{k_\mathrm{B}T}\right) \tag{B.22}$$

となる．ここで，λ は，**絶対活動度** (absolute activity) である．また，$N = 0$ のとき $E_s = 0$，$N = 1$ のとき $E_s = E$ とした．式 (B.22) から，一つの状態の占有数の平均値 $\langle N(E) \rangle = f_\mathrm{FD}(E)$ は，次のようになる．

$$f_\mathrm{FD}(E) = \frac{0 \times 1 + 1 \cdot \lambda \exp[-E/(k_\mathrm{B}T)]}{1 + \lambda \exp[-E/(k_\mathrm{B}T)]} = \frac{1}{\exp[(E-\mu)/(k_\mathrm{B}T)] + 1} \tag{B.23}$$

これが，**フェルミ–ディラック分布関数** (Fermi-Dirac distribution function) である．なお，固体物理学では，化学ポテンシャル μ は，**フェルミ準位** (Fermi level) とよばれ，$\mu = E_\mathrm{F}$ と表現していることが多い．

B.4.2 ボーズ–アインシュタイン分布関数

整数のスピンをもつ粒子を**ボーズ粒子** (boson) という．フェルミ粒子と異なり，一つの状態は，任意の数のボーズ粒子によって占有される．図 B.4 にボーズ粒子の状態を模式的に示

図 B.4 ボーズ粒子の状態

す．この例では，椅子を状態とし，ボーズ粒子を人で表している．図 B.4 のように，1 個の状態を複数のボーズ粒子が占有することができる．

一つの状態が N 個のボーズ粒子によって占有されているとき，エネルギーを NE とすると，ギブス和は，

$$\mathcal{Z} = \sum_{N=0}^{\infty} \lambda^N \exp\left(-\frac{NE}{k_\mathrm{B}T}\right), \quad \lambda \equiv \exp\left(\frac{\mu}{k_\mathrm{B}T}\right) \tag{B.24}$$

すなわち，

$$\mathcal{Z} = \frac{1}{1 - \lambda \exp\left[-E/(k_\mathrm{B}T)\right]} \tag{B.25}$$

となる．一つの状態の占有数の平均値 $\langle N(E) \rangle = f_\mathrm{BE}(E)$ は，次のように表される．

$$f_\mathrm{BE}(E) = \frac{1}{\exp\left[(E-\mu)/(k_\mathrm{B}T)\right] - 1} \tag{B.26}$$

これが，**ボーズ–アインシュタイン分布関数** (Bose-Einstein distribution function) である．

図 B.5 にフェルミ–ディラック分布関数とボーズ–アインシュタイン分布関数を示す．この図において，実線がフェルミ–ディラック分布関数 $f_\mathrm{FD}(E)$，破線がボーズ–アインシュタイン分布関数 $f_\mathrm{BE}(E)$ である．

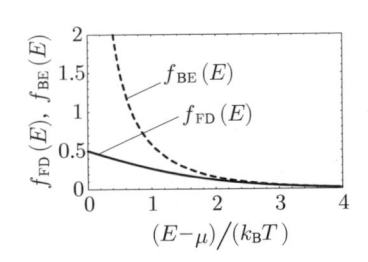

図 B.5 分布関数

付録 C

量子力学の基礎

C.1 シュレーディンガーの波動方程式

定常状態における量子状態は，定常状態におけるシュレーディンガー (Schrödinger) の**波動方程式**の解である**波動関数** (wave function) と**エネルギー固有値** (energy eigenvalue) を用いて記述することができる．一つの波動関数が，一つの量子状態を表していると考えればよい．

定常状態におけるシュレーディンガーの波動方程式は，次式で与えられる．

$$\left[-\frac{\hbar^2}{2m}\nabla^2 + V(\boldsymbol{r})\right]\psi_{n\boldsymbol{k}}(\boldsymbol{r}) = E_n(\boldsymbol{k})\,\psi_{n\boldsymbol{k}}(\boldsymbol{r}) \tag{C.1}$$

ここで，$\hbar = h/(2\pi) = 1.05457 \times 10^{-34}$ Js は**ディラック定数** (Dirac's constant)，$h = 6.626 \times 10^{-34}$ Js は**プランク定数** (Planck's constant)，m は粒子の質量，$V(\boldsymbol{r})$ は**ポテンシャル** (potential)，$\psi_{n\boldsymbol{k}}(\boldsymbol{r})$ は波動関数 (wave function)，$E_n(\boldsymbol{k})$ はエネルギー固有値である．また，n は量子状態の指標を表す**量子数** (quantum number)，$\boldsymbol{k}$ は**波数ベクトル** (wave vector) である．

波動関数の物理的意味は，波動関数 $\psi_{n\boldsymbol{k}}(\boldsymbol{r})$ とこの複素共役 $\psi_{n\boldsymbol{k}}(\boldsymbol{r})^*$ を用いて表した

$$\frac{\psi_{n\boldsymbol{k}}(\boldsymbol{r})^*\psi_{n\boldsymbol{k}}(\boldsymbol{r})\,\mathrm{d}V}{\int_0^\infty \psi_{n\boldsymbol{k}}(\boldsymbol{r})^*\psi_{n\boldsymbol{k}}(\boldsymbol{r})\,\mathrm{d}V}$$

が，微小体積 $\mathrm{d}V$ の中に粒子が存在する確率を表すということである．確率という意味から，

$$\int_0^\infty \psi_{n\boldsymbol{k}}(\boldsymbol{r})^*\psi_{n\boldsymbol{k}}(\boldsymbol{r})\,\mathrm{d}V = 1 \tag{C.2}$$

となるように波動関数 $\psi_{n\boldsymbol{k}}(\boldsymbol{r})$ を規格化すると，$\psi_{n\boldsymbol{k}}(\boldsymbol{r})^*\psi_{n\boldsymbol{k}}(\boldsymbol{r})\,\mathrm{d}V$ は，微小体積 $\mathrm{d}V$ の中に粒子が存在する確率そのものを表すことになり，便利である．したがって，波動関数の係数は，規格化によって決定することが多い．そして，$\psi_{n\boldsymbol{k}}(\boldsymbol{r})$ を定数倍した波動関数 $c\psi_{n\boldsymbol{k}}(\boldsymbol{r})$，$(c \neq 0)$，すなわち $\psi_{n\boldsymbol{k}}(\boldsymbol{r})$ と線形従属な波動関数は，$\psi_{n\boldsymbol{k}}(\boldsymbol{r})$ と同一の波動関数であると考える．この理由は，線形従属な波動関数に対して，粒子の存在確率は同じ結果となり，またエネルギー固有値も同一の値となるからである．別の言い方をすれば，$\psi_{n\boldsymbol{k}}(\boldsymbol{r})$ と定数倍の関係にない波動関数，すなわち $\psi_{n\boldsymbol{k}}(\boldsymbol{r})$ と線形独立な波動関数が，それぞれ異なった量子状態を表す．なお，異なった量子状態のエネルギー固有値が同一の場合，この量子状態は縮退しているという．また，量子状態を省略して，状態という表現もよく用いられている．

さて，量子力学では古典論と違い，物理量は**演算子** (operator) として表される．そして，観測される物理量，つまり**可観測量** (observable) は，期待値として表される．いま，演算子を $\widetilde{\boldsymbol{A}}$ とすると，期待値 $\langle\widetilde{\boldsymbol{A}}\rangle$ は，

$$\langle \widetilde{A} \rangle = \frac{\int_0^\infty \psi_{n\bm{k}}(\bm{r})^* \widetilde{A} \psi_{n\bm{k}}(\bm{r}) \, dV}{\int_0^\infty \psi_{n\bm{k}}(\bm{r})^* \psi_{n\bm{k}}(\bm{r}) \, dV} \tag{C.3}$$

で与えられる．規格化した波動関数を用いた場合，期待値 $\langle \widetilde{A} \rangle$ は，

$$\langle \widetilde{A} \rangle = \int_0^\infty \psi_{n\bm{k}}(\bm{r})^* \widetilde{A} \psi_{n\bm{k}}(\bm{r}) \, dV \tag{C.4}$$

によって求めることができる．

たとえば，粒子の速度を $\bm{v}$ とすれば，古典論における運動量 $\bm{p}$ は，

$$\bm{p} = m\bm{v} \tag{C.5}$$

であるが，量子力学では，運動量演算子 $\widetilde{\bm{p}}$ は，

$$\widetilde{\bm{p}} = -i\hbar \frac{\partial}{\partial \bm{r}} = -i\hbar \nabla \tag{C.6}$$

となる．そして，運動量の期待値 $\langle \widetilde{\bm{p}} \rangle$ は，規格化した波動関数を用いた場合，

$$\langle \widetilde{\bm{p}} \rangle = \int_0^\infty \psi_{n\bm{k}}(\bm{r})^* \widetilde{\bm{p}} \psi_{n\bm{k}}(\bm{r}) \, dV = \int_0^\infty \psi_{n\bm{k}}(\bm{r})^* \left(-i\hbar \nabla\right) \psi_{n\bm{k}}(\bm{r}) \, dV \tag{C.7}$$

によって与えられる．ここで，演算子は，演算子の後に書かれた波動関数だけに作用することに注意してほしい．つまり，式 (C.7) の例では，$\psi_{n\bm{k}}(\bm{r})$ を位置 $\bm{r}$ について微分するが，$\psi_{n\bm{k}}(\bm{r})^*$ については微分は行わない．

C.2 箱型井戸

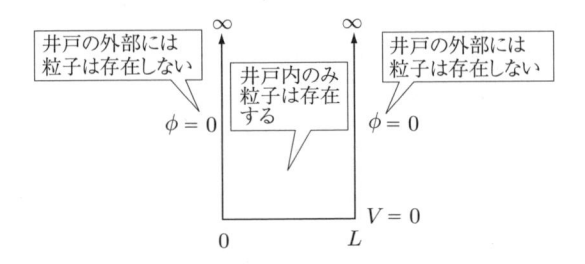

図 C.1 のようなポテンシャル井戸（箱形ポテンシャル）中に粒子が存在する場合のシュレーディンガー方程式を考える．図 C.1 において，箱形ポテンシャル $V(\bm{r})$ は，

箱の中では，$V(\bm{r}) = 0$
箱の外では，$V(\bm{r}) = \infty$

である．ここで，ポテンシャル $V(\bm{r})$ に周期性がないことに注意してほしい．

箱を 1 辺の長さ L の立方体とすると，波動関数 $\phi(x, y, z)$ の境界条件は，

図 C.1 箱形ポテンシャル

$$\left.\begin{array}{l}\phi(0,y,z)=\phi(L,y,z)=0\\ \phi(x,0,z)=\phi(x,L,z)=0\\ \phi(x,y,0)=\phi(x,y,L)=0\end{array}\right\} \quad (C.8)$$

となる．この境界条件を満たす解として，波動関数 $\phi(x,y,z)$ とエネルギー E は，次のように表される．

$$\phi(x,y,z)=\sqrt{\frac{8}{L^3}}\sin k_x x \cdot \sin k_y y \cdot \sin k_z z$$
$$E=\frac{\hbar^2}{2m}(k_x{}^2+k_y{}^2+k_z{}^2) \quad (C.9)$$
$$k_x=\frac{n_x\pi}{L},\quad k_y=\frac{n_y\pi}{L},\quad k_z=\frac{n_z\pi}{L}\quad (n_x,n_y,n_z=1,2,3,\cdots)$$

1 次元の箱形ポテンシャル (x 方向のみ) に対する波動関数 ϕ とエネルギー E を図 C.2 に示す．式 (C.9) からすぐわかるように，エネルギー E は**離散的**になり，その大きさは量子数 n_x の 2 乗に比例する．また，L が小さくなるにつれて，量子数の異なる準位間のエネルギー差が大きくなる．波動関数は，正の値だけでなく負の値もとる．しかし，波動関数の物理的解釈は，波動関数の 2 乗が存在確率を表すということであり，波動関数が負の値をとっても一向に構わない．

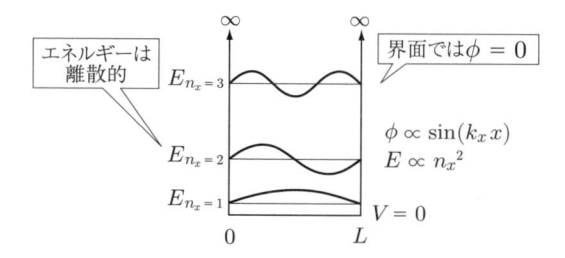

図 C.2 1 次元箱形ポテンシャルにおける ϕ と E

C.3 水素原子

ポテンシャル $V(r)$ が，定点から距離 r だけの関数である場合，シュレーディンガーの波動方程式は，角運動量演算子 $\boldsymbol{l}$ と極座標を用いて，次のように表すことができる．

$$\left[-\frac{\hbar^2}{2m}\left(\frac{\partial^2}{\partial r^2}+\frac{2}{r}\frac{\partial}{\partial r}\right)+\frac{\boldsymbol{l}^2}{2mr^2}+V(r)\right]\psi=E\psi \quad (C.10)$$

ただし，m は換算質量であり，水素の原子核の質量 m_N と電子の質量 m_e を用いて，

$$m=\frac{m_\text{N}m_\text{e}}{m_\text{N}+m_\text{e}}\simeq\frac{m_\text{N}m_\text{e}}{m_\text{N}}=m_\text{e} \quad (C.11)$$

と表される．なお，$m_\text{N}\gg m_\text{e}$ であることを利用した．

ここで，波動関数 ψ を動径関数 $R_{nl}(r)$ と球面調和関数 $Y_{lm}(\theta,\phi)$ を用いて $\psi = R_{nl}(r)Y_{lm}(\theta,\phi)$ とおき，シュレーディンガー方程式に代入する．動径関数 $R_{nl}(r)$ に対する方程式は，次のようになる．

$$-\frac{\hbar^2}{2m}\left[\frac{\mathrm{d}^2 R_{nl}(r)}{\mathrm{d}r^2} + \frac{2}{r}\frac{\mathrm{d}R_{nl}(r)}{\mathrm{d}r} - \frac{l(l+1)}{r^2}R_{nl}(r)\right] + V(r)R_{nl}(r) = ER_{nl}(r) \quad \text{(C.12)}$$

水素原子の場合，電気素量 e を用いると，ポテンシャル $V(r)$ は，

$$V(r) = -\frac{e^2}{4\pi\varepsilon_0 r} \quad \text{(C.13)}$$

だから，式 (C.12) に式 (C.13) を代入すると，次の方程式が得られる．

$$-\frac{\hbar^2}{2m}\left[\frac{\mathrm{d}^2 R_{nl}(r)}{\mathrm{d}r^2} + \frac{2}{r}\frac{\mathrm{d}R_{nl}(r)}{\mathrm{d}r} - \frac{l(l+1)}{r^2}R_{nl}(r)\right] - \frac{e^2}{4\pi\varepsilon_0 r}R_{nl}(r) = ER_{nl}(r) \quad \text{(C.14)}$$

このエネルギー固有値は，整数 n を用いて，

$$E_n = -\frac{me^4}{2\hbar^2(4\pi\varepsilon_0)^2}\frac{1}{n^2} \quad \text{(C.15)}$$

となる．また，動径関数 $R_{nl}(r)$ は，次のように表される．

$$\begin{aligned}
R_{10}(r) &= \left(\frac{1}{a_0}\right)^{\frac{3}{2}} 2\mathrm{e}^{-\frac{r}{a_0}} \\
R_{20}(r) &= \left(\frac{1}{a_0}\right)^{\frac{3}{2}} \frac{1}{\sqrt{2}}\left(1 - \frac{1}{2}\frac{r}{a_0}\right)\mathrm{e}^{-\frac{r}{2a_0}} \\
R_{21}(r) &= \left(\frac{1}{a_0}\right)^{\frac{3}{2}} \frac{1}{2\sqrt{6}}\frac{r}{a_0}\mathrm{e}^{-\frac{r}{2a_0}} \\
&\vdots
\end{aligned} \quad \text{(C.16)}$$

ここで，a_0 はボーア半径 (Bohr radius) であり，次のように表される．

$$a_0 = \frac{4\pi\varepsilon_0 \hbar^2}{me^2} \quad \text{(C.17)}$$

微小体積 $\mathrm{d}V = r^2\sin\theta\,\mathrm{d}r\,\mathrm{d}\theta\,\mathrm{d}\phi$ の中に電子が存在する確率は，$\psi^*\psi\,\mathrm{d}V$ に比例する．一

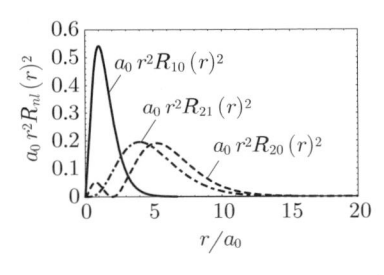

図 **C.3** 水素原子の動径 r における電子の存在確率

方，動径 r と $r+\mathrm{d}r$ の間に電子が存在する確率は，$r^2 R_{nl}(r)^2$ に比例し，図 C.3 のようになる．

半導体中のドナーは，この水素原子モデルで考えることができる．ただし，真空の誘電率 ε_0 を半導体の誘電率 ε でおきかえるとともに，電子の質量 m_e の代わりに電子の有効質量 m^* を用いることに注意してほしい．

付録 D

有効質量

D.1 有効質量の定義と意義

　半導体では，キャリアである伝導電子と正孔は，バンド端付近にのみ存在する．したがって，バンド端付近のエネルギーバンドの形状や，キャリアの有効質量がわかれば十分なことが多い．このように，エネルギーバンドのバンド端付近のみに注目して解析するときは，$\boldsymbol{k}\cdot\boldsymbol{p}$ 摂動法を用いると便利である．$\boldsymbol{k}\cdot\boldsymbol{p}$ 摂動法では，**ブリルアン帯域** (Brillouin zone) のある点 $\boldsymbol{k}_0$ 近くの特定のエネルギーバンドのみを考え，$\Delta\boldsymbol{k} = \boldsymbol{k} - \boldsymbol{k}_0$ を摂動パラメータとして，バンドの波動関数とエネルギーを求める．以下では，簡単のために $\boldsymbol{k}_0 = 0$ とする．

　定常状態におけるシュレーディンガー (Schrödinger) の波動方程式は，次式で与えられる．

$$\left[-\frac{\hbar^2}{2m_0}\nabla^2 + V(\boldsymbol{r})\right]\psi_{n\boldsymbol{k}}(\boldsymbol{r}) = E_n(\boldsymbol{k})\psi_{n\boldsymbol{k}}(\boldsymbol{r}) \tag{D.1}$$

ここで，$\hbar = h/(2\pi)$ はディラック定数，$h = 6.626 \times 10^{-34}\,\mathrm{J\,s}$ はプランク定数，$m_0 = 9.109 \times 10^{-31}\,\mathrm{kg}$ は真空における電子の質量，$V(\boldsymbol{r})$ はポテンシャル，$\psi_{n\boldsymbol{k}}(\boldsymbol{r})$ は波動関数，$E_n(\boldsymbol{k})$ はエネルギー固有値である．また，n はエネルギーの状態を表す量子数，$\boldsymbol{k}$ は波数ベクトルである．単結晶のように原子が周期的に並んでいる場合，ポテンシャル $V(\boldsymbol{r})$ が周期的だから，式 (D.1) の解として，次のような**ブロッホ関数** (Bloch function) を考えることができる．

$$\psi_{n\boldsymbol{k}}(\boldsymbol{r}) = \exp(\mathrm{i}\boldsymbol{k}\cdot\boldsymbol{r})u_{n\boldsymbol{k}}(\boldsymbol{r}) \tag{D.2}$$

$$u_{n\boldsymbol{k}}(\boldsymbol{r}) = u_{n\boldsymbol{k}}(\boldsymbol{r}+\boldsymbol{R}) \tag{D.3}$$

ここで，$\boldsymbol{R}$ は結晶の周期を表すベクトルである．式 (D.2) と (D.3) をまとめて，**ブロッホの定理** (Bloch theorem) といい，波動関数 $u_{n\boldsymbol{k}}(\boldsymbol{r})$ が波数ベクトル $\boldsymbol{k}$ に依存するとともに，結晶と同じ周期をもつことを示している．

　さて，$u_{n\boldsymbol{k}}(r)$ に対する波動方程式は，式 (D.2) を式 (D.1) に代入すると，次式のように表される．

$$\left[-\frac{\hbar^2}{2m_0}\nabla^2 + V(\boldsymbol{r}) + \frac{\hbar^2\boldsymbol{k}^2}{2m_0} + \frac{\hbar}{m_0}\boldsymbol{k}\cdot\boldsymbol{p}\right]u_{n\boldsymbol{k}}(\boldsymbol{r}) = E_n(\boldsymbol{k})u_{n\boldsymbol{k}}(\boldsymbol{r}) \tag{D.4}$$

ただし，ここで次のようにおいた．

$$\boldsymbol{p} = -\mathrm{i}\hbar\nabla \tag{D.5}$$

　式 (D.4) 左辺の [ ] 中の第 3 項と第 4 項

$$\mathcal{H}' = \frac{\hbar^2\boldsymbol{k}^2}{2m_0} + \frac{\hbar}{m_0}\boldsymbol{k}\cdot\boldsymbol{p} \tag{D.6}$$

を摂動と考えて波動方程式 (D.4) を解くのが $\bm{k}\cdot\bm{p}$ 摂動法であり，$\bm{k}\cdot\bm{p}$ 摂動という名前は，式 (D.6) の右辺第 2 項に由来する．ここで，$\mathcal{H}'$ は摂動だから，$\bm{k}$ ($\Delta\bm{k}=\bm{k}-\bm{k}_0$ において簡単のために $\bm{k}_0=0$ としている) が小さい範囲，すなわちバンド端付近のみを考えていることに改めて注意してほしい．

いま，$n=0$ のバンドに注目すると，$\bm{k}=0$ (摂動がない場合) に対する波動方程式は

$$\left[-\frac{\hbar^2}{2m_0}\nabla^2+V(\bm{r})\right]u_{00}(\bm{r})=E_0(0)u_{00}(\bm{r}) \tag{D.7}$$

となる．ここで，波動関数 $u_{n\bm{k}}(\bm{r})$ を $u_n(\bm{k},\bm{r})$，エネルギー $E_0(0)$ を E_0 と書くことにする．縮退がない場合 (nondegenerate case)，すなわち添字 n で表される状態と同じエネルギーをもつ他の状態 n' が存在しない場合，$u_n(\bm{k},\bm{r})$ として規格直交関数を選ぶと，波動関数 $u_0(\bm{k},\bm{r})$ は，1 次の摂動論によって，

$$u_0(\bm{k},\bm{r})=u_0(0,\bm{r})+\sum_{\alpha\neq 0}\frac{\langle\alpha|\mathcal{H}'|0\rangle}{E_0-E_\alpha}u_\alpha(0,\bm{r}) \tag{D.8}$$

$$\langle\alpha|\mathcal{H}'|0\rangle=\int u_\alpha^*(0,\bm{r})\mathcal{H}'u_0(0,\bm{r})\,\mathrm{d}V \tag{D.9}$$

で与えられる．なお，$\langle\alpha|$ と $|0\rangle$ は，ディラック (Dirac) により導入されたベクトルであり，$\langle\alpha|$ をブラ・ベクトル (bra vector)，$|0\rangle$ をケット・ベクトル (ket vector) という．一方，エネルギーは，2 次の摂動論の範囲で次のように表される．

$$E(\bm{k})=E_0+\frac{\hbar^2k^2}{2m_0}+\frac{\hbar^2}{m_0^2}\sum_{i,j}k_ik_j\sum_{\alpha\neq 0}\frac{\langle 0|p_i|\alpha\rangle\langle\alpha|p_j|0\rangle}{E_0-E_\alpha} \tag{D.10}$$

式 (D.10) から，**逆有効質量テンソル**は，次式で定義される．

$$\left(\frac{1}{m}\right)_{ij}\equiv\frac{1}{\hbar^2}\frac{\partial^2 E}{\partial k_i\partial k_j}=\frac{1}{m_0}\left[\delta_{ij}+\frac{2}{m_0}\sum_{\alpha\neq 0}\frac{\langle 0|p_i|\alpha\rangle\langle\alpha|p_j|0\rangle}{E_0-E_\alpha}\right] \tag{D.11}$$

式 (D.11) を用いると，式 (D.10) は次のように簡略化される．

$$E(\bm{k})=E_0+\frac{\hbar^2}{2}\sum_{i,j}\left(\frac{1}{m}\right)_{ij}k_ik_j \tag{D.12}$$

この式は，結晶の周期性の効果 (結晶のポテンシャルの周期性) を有効質量として質量の中に取り込んだ表現になっている．

ここで，有効質量の意義について考えてみよう．たとえば，量子井戸構造では，伝導電子は，結晶の周期ポテンシャルと量子井戸ポテンシャルの両方の影響を受ける．この場合，有効質量を用いて方程式を作れば，周期ポテンシャルの影響はすでに有効質量の中に取り込まれているため，量子井戸ポテンシャルの影響のみを考慮すればよく，解析が簡単になる．このような解析法を**有効質量近似** (effective-mass approximation) とよんでいる．

D.2 状態密度有効質量

波数ベクトル $\boldsymbol{k}$ の方向によって有効質量が異なっている場合, x, y, z 方向の有効質量をそれぞれ m_1^*, m_2^*, m_3^* として, 次のようにエネルギー $E(\boldsymbol{k})$ を表すことができる.

$$E(\boldsymbol{k}) = E_0 + \frac{\hbar^2}{2m_1^*}k_x^2 + \frac{\hbar^2}{2m_2^*}k_y^2 + \frac{\hbar^2}{2m_3^*}k_z^2 \tag{D.13}$$

$$k^2 = k_x^2 + k_y^2 + k_z^2 \tag{D.14}$$

ただし, 式 (D.13) からわかるように,

$$dE = \frac{\hbar^2}{m}k\,dk \tag{D.15}$$

のように表すことはできない. このため, 波数 k を用いて状態密度を表すときに不便である. この不便さを解決するために,

$$k_x' = \left(\frac{m_{\rm de}}{m_1^*}\right)^{\frac{1}{2}}k_x, \quad k_y' = \left(\frac{m_{\rm de}}{m_2^*}\right)^{\frac{1}{2}}k_y, \quad k_z' = \left(\frac{m_{\rm de}}{m_3^*}\right)^{\frac{1}{2}}k_z \tag{D.16}$$

とおいて, 式 (D.13) に代入すると, エネルギーは次のように表される.

$$E(\boldsymbol{k}) = E_0 + \frac{\hbar^2}{2m_{\rm de}}\left(k_x'^2 + k_y'^2 + k_z'^2\right) = E_0 + \frac{\hbar^2}{2m_{\rm de}}k'^2 \tag{D.17}$$

$$k'^2 = k_x'^2 + k_y'^2 + k_z'^2 \tag{D.18}$$

このとき, 式 (D.17) から

$$dE = \frac{\hbar^2}{m_{\rm de}}k'\,dk' \tag{D.19}$$

となって, 波数を用いて状態密度を表すときに都合がよい. ここで導入した有効質量 $m_{\rm de}$ を**状態密度有効質量** (density-of-state effective mass) という.

ただし, 波数空間の体積は, k を用いても k' を用いても, 同じでなくてはならない. したがって, 次式が成り立つ必要がある.

$$\int dk_x dk_y dk_z = \int dk_x' dk_y' dk_z' = \left(\frac{m_{\rm de}^3}{m_1^* m_2^* m_3^*}\right)^{\frac{1}{2}}\int dk_x dk_y dk_z \tag{D.20}$$

この式から, 状態密度有効質量 $m_{\rm de}$ は, 次のように表される.

$$m_{\rm de} = (m_1^* m_2^* m_3^*)^{\frac{1}{3}} \tag{D.21}$$

たとえば, ゲルマニウム (Ge) やシリコン (Si) のように,

$$m_1^* = m_2^* = m_{\rm t}, \quad m_3^* = m_{\rm l} \tag{D.22}$$

のときは

$$m_{\rm de} = \left(m_{\rm t}^2 m_{\rm l}\right)^{\frac{1}{3}} \tag{D.23}$$

となる. なお, ここで示した $m_{\rm t}$ は**横有効質量** (transverse effective mass), $m_{\rm l}$ は**縦有効質量** (longitudinal effective mass) $m_{\rm l}$ とよばれている.

D.3 伝導率有効質量

波数ベクトル $\boldsymbol{k}$ の方向によって有効質量が異なっている場合，x, y, z 方向の有効質量をそれぞれ m_1^*, m_2^*, m_3^* として，結晶中の電流密度 $\boldsymbol{j}$ は，次のように表される．

$$\boldsymbol{j} = j_x \hat{\boldsymbol{x}} + j_y \hat{\boldsymbol{y}} + j_z \hat{\boldsymbol{z}} \tag{D.24}$$

$$j_x = ne\mu_1 E_x = \frac{ne^2\tau}{m_1^*} E_x \tag{D.25}$$

$$j_y = ne\mu_2 E_y = \frac{ne^2\tau}{m_2^*} E_y \tag{D.26}$$

$$j_z = ne\mu_3 E_z = \frac{ne^2\tau}{m_3^*} E_z \tag{D.27}$$

ここで，n はキャリア濃度，e は電気素量，μ_1, μ_2, μ_3 は，それぞれ x, y, z 方向の移動度，τ は緩和時間である．また，$\hat{\boldsymbol{x}}, \hat{\boldsymbol{y}}, \hat{\boldsymbol{z}}$ は，それぞれ x, y, z 方向の単位ベクトルである．

さて，結晶の対称性を考えると，結晶内での x, y, z 座標の選び方は任意である．したがって，実際の電流成分は，x, y, z 方向の値を平均化したものになる．すなわち，

$$j_x = ne^2\tau \times \frac{1}{3}\left(\frac{1}{m_1^*} + \frac{1}{m_2^*} + \frac{1}{m_3^*}\right) E_x \equiv \frac{ne^2\tau}{m_c} E_x \tag{D.28}$$

$$j_y = ne^2\tau \times \frac{1}{3}\left(\frac{1}{m_1^*} + \frac{1}{m_2^*} + \frac{1}{m_3^*}\right) E_y \equiv \frac{ne^2\tau}{m_c} E_y \tag{D.29}$$

$$j_z = ne^2\tau \times \frac{1}{3}\left(\frac{1}{m_1^*} + \frac{1}{m_2^*} + \frac{1}{m_3^*}\right) E_z \equiv \frac{ne^2\tau}{m_c} E_z \tag{D.30}$$

と表される．ここで導入した m_c が，キャリアの**伝導率有効質量** (conductivity effective mass) であり，

$$\frac{1}{m_c} \equiv \frac{1}{3}\left(\frac{1}{m_1^*} + \frac{1}{m_2^*} + \frac{1}{m_3^*}\right) \tag{D.31}$$

すなわち，

$$m_c \equiv \frac{3m_1^* m_2^* m_3^*}{m_1^* m_2^* + m_2^* m_3^* + m_3^* m_1^*} \tag{D.32}$$

で定義されている．

たとえば，ゲルマニウム (Ge) やシリコン (Si) のように，式 (D.22) が成り立つ場合，伝導電子の伝導率有効質量 m_c は，次のようになる．

$$m_c = \frac{3m_t m_l}{m_t + 2m_l} \tag{D.33}$$

参考文献

半導体研究の歴史

[1] 菊池　誠：半導体の話　物性と応用（日本放送出版協会，1972）
[2] 菊池　誠：若きエンジニアへの手紙（ダイヤモンド社，1990），（工学図書，2006）
[3] 相田　洋：電子立国日本の自叙伝　上（日本放送出版協会，1991）
[4] 相田　洋：電子立国日本の自叙伝　中（日本放送出版協会，1991）
[5] 相田　洋：電子立国日本の自叙伝　下（日本放送出版協会，1992）
[6] 相田　洋：電子立国日本の自叙伝　完結編（日本放送出版協会，1992）

半導体材料，半導体デバイス

[7] 植村泰忠，菊池　誠：半導体の理論と応用（上）（裳華房，1960）
[8] 菊池　誠：半導体の理論と応用（中）（裳華房，1963）
[9] 川村　肇：半導体の物理第2版（槙書店，1971）
[10] 霜田光一，桜井捷海：エレクトロニクスの基礎（新版）（裳華房，1983）
[11] 御子柴宣夫：半導体の物理　改訂版（培風館，1991）
[12] 高橋　清：半導体工学　第2版（森北出版，1993）
[13] 日本物理学会 編：半導体超格子の物理と応用（培風館，1984）
[14] 小長井　誠：半導体超格子入門（培風館，1987）
[15] 岡本　紘：超格子構造の光物性と応用（コロナ社，1988）
[16] 江崎玲於奈 監修，榊　裕之 編著：超格子ヘテロ構造デバイス（工業調査会，1988）
[17] 古川清二郎：半導体デバイス（コロナ社，1982）
[18] 松本　智：半導体デバイスの基礎（培風館，2003）
[19] W. Shockley: *Electrons and Holes in Semiconductors* (D. van Nostrand, 1950), 川村　肇訳：半導体物理学　上（吉岡書店，1957），半導体物理学　下（吉岡書店，1958）
[20] S. M. Sze: *Physics of Semiconductor Devices* 2nd ed. (John Wiley & Sons, 1981) 柳井久義，小田川嘉一郎，生駒俊明 訳：半導体デバイスの物理 (1)（コロナ社，1974），半導体デバイスの物理 (2)（コロナ社，1975）
[21] S. M. Sze: *Semiconductor Devices, Physics and Technology* 2nd ed. (John Wiley & Sons, 2002), 南日康夫，川辺光央，長谷川文夫 訳：半導体デバイス　基礎理論とプロセス技術　第2版（産業図書，2004）
[22] S. M. Sze: *Semiconductor Devices, Pioneering Papers* (World Scientific, 1991) 1874年から1974年までに発表された主要な論文を集めたもの
[23] A. S. Grove: *Physics and Technology of Semiconductor Devices* (John Wiley and Sons, 1967) 垂井康夫，杉渕　清，杉山尚志，吉川武夫 共訳：半導体デバイスの基礎（オーム社，1995）

[24] E. S. Yang: *Microelectronic Devices* (McGraw-Hill, 1988), 後藤俊成, 中田良平, 岡本孝太郎 訳: 半導体デバイスの基礎 (マグロウヒル, 1981)
[25] G. Bastard: *Wavemechanics Applied to Semiconductor Heterostructures* (Halsted Press, 1988)
[26] S. Datta: *Quantum Phenomena* (Addison-Wesley, 1989)
[27] C. Weisbuch and B. Vinter: *Qunatum Semiconductor Structures* (Academic Press, 1991)
[28] H. Haug and S. W. Koch: *Quantum Theory of the Optical and Electronic Properties of Semiconductors* 2nd ed. (World Scientific, 1993)
[29] B. K. Ridley: *Quantum Processes in Semiconductors* 3rd ed. (Oxford, 1993)

光デバイス

[30] 末松安晴 編：半導体レーザと光集積回路（オーム社, 1984）
[31] 末松安晴：光デバイス（コロナ社, 1986）
[32] 末松安晴, 上林利雄：光デバイス演習（コロナ社, 1988）
[33] 末松安晴, 伊賀健一：光ファイバ通信入門改訂3版（オーム社, 1989）
[34] 伊藤良一, 中村道治 編 ：半導体レーザー（培風館, 1989）
[35] 応用物理学会 編：半導体レーザーの基礎（オーム社, 1987）
[36] 応用物理学会 編, 伊賀健一 編著：半導体レーザ（オーム社, 1994）
[37] 沼居貴陽：半導体レーザー工学の基礎（丸善, 1996）
[38] 米津宏雄：光通信素子工学（工学図書, 1984）
[39] 米津宏雄：半導体レーザと応用技術（工学社, 1986）
[40] 中島尚男：半導体レーザ入門（秋葉出版, 1984）
[41] 山田 実：光通信工学（培風館, 1990）
[42] 大越孝敬：光エレクトロニクス（コロナ社, 1982）
[43] 末田 正：光エレクトロニクス（昭晃堂, 1985）
[44] 島田潤一：光エレクトロニクス（丸善, 1989）
[45] 応用物理学会光学懇話会 編：オプトエレクトロニクス（朝倉書店, 1986）
[46] 末田 正, 神谷武志 共編：超高速光エレクトロニクス（培風館, 1991）
[47] 神谷武志, 荒川泰彦 共編：超高速光スイッチング技術（培風館, 1993）
[48] 池上徹彦 監修, 土屋治彦, 三上 修 編著：半導体フォトニクス工学（コロナ社, 1995）
[49] H. Kressel and J. K. Butler: *Semiconductor Lasers and Heterojunction LEDs* (Academic Press, 1977)
[50] H. C. Casey, Jr. and M. B. Panish: *Heterostructure Lasers A, B* (Academic Press, 1978)
[51] G. P. Agrawal and N. K. Dutta: *Semiconductor Lasers* 2nd ed. (van Nostrand Reinhold, 1993)
[52] W. W. Chow, S. W. Koch, and M. Sargent III: *Semiconductor-laser Physics* (Springer, 1994)

[53] P. S. Zory, Jr. ed.: *Quantum Well Lasers* (Academic Press, 1993)
[54] A. Yariv: *Optical Electronics* 4th ed. (HBJ, 1991)
[55] T. Numai: *Fundamentals of Semiconductor Lasers* (Springer, 2004)

固体物理学，物性

[56] 青木昌治：電子物性工学（コロナ社，1964）
[57] 川村　肇：固体物理学（共立出版，1968）
[58] 黒沢達美：物性論 ―固体を中心とした―（裳華房，1970）
[59] N. W. Ashcroft and N. D. Mermin: *Solid State Physics* (Holt-Saunders, 1976)，松原武生，町田一成 訳：固体物理の基礎上・I，上・II，下・I，下・II（吉岡書店，1981，1982）
[60] J. M. Ziman: *Principles of the Theory of Solids* (Cambridge, 1972)　山下次郎，長谷川　彰 訳：固体物性論の基礎第 2 版（丸善，1976）
[61] 浜口智尋：電子物性入門（丸善，1979）
[62] W. A. Harrison: *Solid State Theory* (Dover, 1979)
[63] W. A. Harrison: *Electronic Structure and the Properties of Solids* (Dover, 1980)，小島忠宣，小島和子，山田栄三郎 訳：固体の電子構造と物性 ― 化学結合の物理 ― 上，下（現代工学社，1983）
[64] 佐々木昭夫：現代電子物性論（オーム社，1981）
[65] 花村榮一：固体物理学（裳華房，1986）
[66] 花村榮一：基礎物理学演習シリーズ 固体物理学（裳華房，1986）
[67] C. Kittel: *Quantum Theory of Solids* 2nd ed. (John Wiley & Sons, 1987)
[68] 坂田　亮：物性科学（培風館，1995）
[69] 上村　洸，中尾憲司：電子物性論＝物性物理・物質科学のための（培風館，1995）
[70] L. Mihály and M. C. Martin: *Solid State Physics Problems and Solutions* (John Wiley & Sons, 1996)
[71] C. Kittel: *Introduction to Solid State Physics* 8th ed. (John Wiley & Sons, 2005)　宇野良清，津屋　昇，森田　章，山下次郎 共訳：固体物理学入門 上，下第 8 版（丸善，2005）
[72] 沼居貴陽：改訂版　固体物理学演習（丸善，2005）

電磁気学，統計力学，量子力学

[73] 高橋秀俊：電磁気学（裳華房，1959）
[74] 霜田光一，近角聰信 編：大学演習 電磁気学 全訂版（裳華房，1956）
[75] 久保亮五：統計力学 (共立出版，1971）
[76] 久保亮五 編：大学演習 熱学・統計力学 修訂版（裳華房，1998）
[77] C. Kittel and H. Kroemer: *Thermal Physics* 2nd ed. (W. H. Freeman and Company, 1980)，山下次郎，福地 充 訳：熱物理学第 2 版（丸善，1983）
[78] 沼居貴陽：熱物理学・統計物理学演習（丸善，2001）

[79] 小出昭一郎：量子力学 (I), (II)（裳華房, 1969）
[80] 阿部正紀：電子物性概論　量子論の基礎（培風館, 1990）
[81] J. J. Sakurai: *Modern Quantum Mechanics* Revised ed. (Addison-Wesley, 1994), 桜井明夫 訳：現代の量子力学 上, 下（吉岡書店, 1989）
[82] 大槻義彦 監修：演習 現代の量子力学 — J. J. サクライの問題解説 —（吉岡書店, 1992）
[83] L. I. Schiff: *Quantum Mechanics* 3rd ed. (McGraw-Hill, 1968), 井上　健 訳：量子力学（上）（吉岡書店, 1970), 量子力学（下）（吉岡書店, 1972）
[84] A. Messiah: *Quantum Mechanics, vol.1, vol.2* (North-Holland, 1961), 小出昭一郎, 田村二郎 訳：量子力学 1（東京図書, 1971), 量子力学 2（東京図書, 1971), 量子力学 3（東京図書, 1972）

索　引

■あ 行

アインシュタインの関係　30
アクセプター　15
アクセプター準位　18
アバランシェフォトダイオード　132
イオン化率　49
イオン注入　140
移動度　27
インパットダイオード　124
ウェット酸化　141
エネルギー固有値　189
エネルギー準位　10
エネルギーバンド　10
エミッタ　66
　　── 共通回路　70
　　── 接地　70
　　　　── 電流利得　71
　　── 注入効率　71
塩化セシウム構造　8
塩化ナトリウム構造　8
演算子　189
エントロピー　184
エンハンスメント形　101
オーミック接触　62
重い正孔　22

■か 行

外因性半導体　15
回転　180
ガウスの定理　175
ガウスの法則　178
化学ポテンシャル　186
可観測量　189
拡散　30
　　── 係数　30, 136
　　── 長　43
　　── 電位　33
カソード　1
活性化エネルギー　136
価電子帯　11
軽い正孔　22
ガン効果　122
間接遷移　129
　　── 型半導体　13
ガンダイオード　123
緩　和　128
ギブス因子　185
ギブス和　186
基本並進ベクトル　4
逆有効質量テンソル　195
キャリア　19
吸　収　128
凝集エネルギー　10
空間電荷層　33
空乏層　32
　　── 容量　37
グリッド　1
クーロンの法則　177
結　晶　4
　　── 軸　7
　　── 面　6
ゲート　89
ケット・ベクトル　195
光学遷移　127

格　子　4
　　── 定数　7
　　── 点　4
勾　配　181
降　伏　49
誤差関数　137
コレクタ　66
　　── 収集効率　71
混成軌道　15

■さ 行

最大発振周波数　85
サイリスタ　113
磁　界　180
仕事関数　54
指数面　6
自然放出　128
遮断周波数　82
縮退度　184
シュレーディンガーの波動方程式　189
状態密度　20
　　── 有効──　21
　　── 有効質量　22
状態密度有効質量　196
ショックレーダイオード　113
ショットキー障壁　55
ショットキー接触　61
ショットキーダイオード　63
真空管　1
真空準位　54

索　引　**203**

真性キャリア濃度　22
真性半導体　14
真性フェルミ準位　23, 33
ストークスの定理　179
ストークスの法則　181
スピン　19
正孔　14
接合容量　37
絶対活動度　187
摂動論
　　1次の──　195
　　2次の──　195
閃亜鉛鉱構造　8
ソース　89
ソーラーセル　132

■た　行
ダイヤモンド構造　8, 15
多重度　184
縦有効質量　22, 196
単位構造　4
単純六方格子　8
短チャネル効果　103
チャネル　89
直接遷移　129
　　──型半導体　13
ツェナー降伏　49
抵抗率　27
ディプレッション形　101
ディラック定数　189
電圧　181
　　──増幅率　69
　　──利得　69
電位　176, 181
電界　177, 181
　　──効果トランジスタ
　　　90
電気素量　27
電気伝導率　27

電子親和力　54
電子なだれ降伏　49
伝導帯　11
伝導電子　14
伝導率有効質量　26, 197
電流増倍係数　49
電流増幅率　71
電流輸送率　68
特性因子　47
ドナー　15
　　──準位　16
ドーピング　15
ドライ酸化　141
ドライブイン　139
ドリフト電流密度　27
ドレイン　89

■な　行
熱拡散　136
熱酸化　141
熱浴　184

■は　行
バイポーラトランジスタ
　　66
パウリの排他律　10, 187
波数ベクトル　189
発散　176
波動関数　189
反転分布　129
半導体　14
バンドギャップ　10
バンド端　13
pn接合　32
　　階段状──　33
　　傾斜状──　38
pn接合ダイオード　32
光導電セル　130
ビルトイン電位　33

ピンチオフ電圧　100
フェルミ準位　20, 187
　　真性──　23
フェルミ–ディラック分布
　　関数　19, 187
フェルミ粒子　19, 187
フォトダイオード　132
フォノン　129
不純物半導体　15
フラットバンド電圧　97
ブラ・ベクトル　195
ブラベ格子　4
プランク定数　21, 189
ブリルアン帯域　194
プレート　1
ブロッホ関数　194
ブロッホの定理　194
分配関数　185
ベース　66
　　──共通回路　68
　　──接地　68
　　　　──電流利得　69
　　──輸送効率　71
ポアソン方程式　34, 183
ボーア半径　192
飽和電流密度　44
補誤差関数　137
ボーズ–アインシュタイン分
　　布関数　188
ボーズ粒子　187
ボルツマン因子　185
ボルツマン定数　20, 184

■ま　行
面指数　6

■や　行
有効質量　13
　　状態密度──　22, 196

縦 ── 22, 196
伝導率 ── 26, 197
横 ── 22, 196
有効質量近似 195
有効寿命 45
有効状態密度 21
有効リチャードソン定数

63
誘導吸収 128
誘導放出 128
ユニジャンクショントランジスタ 118
ユニポーラトランジスタ 89

横有効質量 22, 196

■ら 行

ラッチアップ 169
量子数 189
励起 128
レーザー 129
六方最密構造 8

著者略歴
沼居　貴陽（ぬまい・たかひろ）
- 1983 年　慶應義塾大学工学部電気工学科卒業
- 1985 年　慶應義塾大学大学院工学研究科
　　　　　電気工学専攻修士課程修了
- 1985 年　日本電気株式会社入社
　　　　　光エレクトロニクス研究所勤務
- 1994 年　北海道大学助教授（電子科学研究所）
- 1998 年　キヤノン株式会社入社
　　　　　中央研究所勤務
- 2003 年　立命館大学教授（理工学部電気電子工学科）
　　　　　現在に至る

例題で学ぶ半導体デバイス　　　　　　© 沼居貴陽　2006

2006 年 11 月 7 日　第 1 版第 1 刷発行　　【本書の無断転載を禁ず】
2017 年 9 月 20 日　第 1 版第 3 刷発行

著　　者　沼居貴陽
発 行 者　森北博巳
発 行 所　森北出版株式会社
　　　　　東京都千代田区富士見 1-4-11（〒102-0071）
　　　　　電話 03-3265-8341／FAX 03-3264-8709
　　　　　http://www.morikita.co.jp/
　　　　　日本書籍出版協会・自然科学書協会　会員
　　　　　JCOPY ＜(社)出版者著作権管理機構 委託出版物＞

落丁・乱丁本はお取替えいたします　印刷／モリモト印刷・製本／協栄製本

Printed in Japan ／ ISBN978-4-627-77361-5

MEMO

MEMO